U0960324

城市结构原理

PRINCIPLES OF URBAN STRUCTURE

[美] 尼科斯·A·萨林加罗斯 著

阳建强 程佳佳
刘 凌 郑 国 译

中国建筑工业出版社

著作权合同登记图字：01-2009-2841 号

图书在版编目（CIP）数据

城市结构原理/（美）萨林加罗斯著；阳建强等译.
北京：中国建筑工业出版社，2010.10
ISBN 978-7-112-12366-7

Ⅰ.①城… Ⅱ.①萨…②阳… Ⅲ.①城市规划—文
集 Ⅳ.①TU984-53

中国版本图书馆 CIP 数据核字（2010）第 158302 号

责任编辑：白玉美 率 琦
责任设计：陈 旭
责任校对：王金珠 王 颖

城市结构原理
[美]尼科斯·A·萨林加罗斯 著
阳建强 程佳佳 刘凌 郑国 译
*
中国建筑工业出版社出版、发行（北京西郊百万庄）
各地新华书店、建筑书店经销
北京千辰公司制版
北京云浩印刷有限责任公司印刷
*
开本：787×1092 毫米 1/16 印张：14 字数：350 千字
2011 年 1 月第一版 2011 年 1 月第一次印刷
定价：**45.00** 元
ISBN 978-7-112-12366-7
(19634)

目　录

谨以此书献给我的堂弟小迈克尔（Michel "Junior"）。2004年6月，小迈克尔在他40岁生日前不久，不幸被海难夺去了宝贵的生命。

本书分章版权声明

Chapter1 originally published in the Journal of Urban Design, Vol 3 (1998), page 53-71

Chapter2 originally published in the Journal of Urban Design, Vol 4 (1999), page 29-49

Chapter4 originally published in the Journal of Urban Design, Vol 5 (2000), page 291-316

These three chapters are reprinted with permission from Taylor and Francis, UK

Chapter3 originally published in Environment and Planning B: Planning and Design (1999) Volume 26, page 909-923, reprinted with permission from Pion Limited, London, UK

Chapter5 originally published in the Architecture Research Quarterly, Vol. 4 (2000), page 291-316, reprinted with permission from Cambridge University Press, UK

Chapter7 originally published in the Journal of Information Science, Vol. 30, issue2, page107-118, 2004, reprinted with permission from Sage, UK

序　言

我第一次了解到尼科斯·A·萨林加罗斯的工作要追溯到1998年。通过网络搜索我发现了“城市网络原理”。当时我们自己的设计工作室——“网络城市[a]”刚成立仅仅一年时间。城市网络的构造本质——节点、联系和分级，为我们提供了网络城市的基础概念。“城市网络原理”以及之后为了本书而精选的文章，确立了尼科斯·A·萨林加罗斯作为一个现代城市规划（以及建筑学）的思考者地位。与那些大量使用等式来证明研究领域科学深度的研究者不同，在他的文章中几乎找不到什么数学等式。因为如果在此采用大量等式的话可能会适得其反，这好比采用绘画这样的语言来解释美国作家多罗西娅·帕克（Dorothy Parker）的作品一样，因为萨林加罗斯的写作目标群体是教师、学生以及城市规划的参与者，这正是他为何努力尝试应用城市设计的形式语言的原因。有人也许会说，萨林加罗斯正在尝试给老式教条注入数学的新戏法。

《新雅典宪章》于2003年出版，晚于原先的宪章70年。原宪章作为主流城市规划的教条一直沿用到今天。这么多年来，重要的乃至挑战未来城市的种种变化几乎发生在我们可以想象到的每一个领域。主流的城市规划教条已经难以应对这些变化，因为根据萨林加罗斯的研究：1933年的《雅典宪章》基于的是两项错误的前提：“（1）将功能过于理想化地集中到巨大的组件中；（2）每一个组件中的几何块是同类型的。然而，一个城市包含了诸多复杂的功能，以至于我们无法孤立它们，更无法集中它们。因此将一个简单的几何形式强套到城市形态上的做法抑制了让城市活力四射的人类活动”（《模式语言的结构》）。并且，巨大的同类组件与对汽车的依赖一起（Dupuy），很大程度上造成了今天悬而未决的城市机动性问题。

《新雅典宪章》中的很多表述如此的恰到好处，比如联系性、可持续性和类似性等。但是，我们仍然需要将它转化成为新的设计工具，这样才能充分发挥它的作用，并且借助它重申城市规划所具有的最为根本的力量。比如说，信息和通信技术的发展和推广是城市设计必须要应对的问题。萨林加罗斯恰恰已经对此提出了类似的问题，即“如何综合物质联系和电子联系”（见本书第7章“城市的信息建筑”）。如果要把“网络城市”这种新样式转化为土地使用的综合规划和城市技术的网络，就需要应用信息和通信技术。

当人们急切地寻找城市规划设计新工具的时候，常常会发现尼科斯·A·萨林加罗斯在这一领域的研究贡献卓越。他概念性地向我们展示了该如何联系城市，教会我们如何重新阅读经过时间洗礼的经典著作，特别是克里斯托弗·亚历山大（Christopher Alexander）的著作（值得注意的是，萨林加罗斯的写作还启发了由英国查尔斯王子陛下建立的基金会的实践工作）。

这本书试图将尼科斯·A·萨林加罗斯的思想呈现给更多城市设计方面的教师与学生，特别是那些仍然信奉陈旧的设计方法的人们。而本书的价值与作用主要在于有条理地整理了那些零散的文章，并伴随章节的介绍一步步将萨林加罗斯的研究成果展示给大家。

就像另一位物理学家鲍劳巴希（Barabási）应用新的网络科学，从多学科的角度去研究复杂的网络那样，作为一位应用数学和物理专家，萨林加罗斯从专业学科以外的视角来观察事物内部，让我们学会一些新的方法。他已经将这种方法扩展应用到了复杂的网络，即我们所说的城市。看来，现在是需要我们将视角从本专业内部转向更广阔的外专业领域的时候了。

保罗·德鲁（Paul Drewe），2005 年 3 月

---

[a] *http：//www.networkcity.nl*

德鲁教授和萨林加罗斯教授（右）共进晚餐［摄影：艾娜·克拉森（Ina Klaasen），2004 年 6 月］

前　言

这本书针对的主要读者是那些职业规划师、学生和教师，他们想了解城市是如何以及为什么会依靠对形式、构成和子结构的需要来决定城市的成败，与此同时本书还期望它能够成为城市科学开端的一个标志。我的方法是去发现那些隐藏在我们观察到的现象后面的原理，并且在理论范围内证明它们。尽管一些研究团队的学者已经开始使用科学方法研究城市规划，但是这些规律性受到那些还未被证实（并且明显是错误的）就被人们奉为信仰的原理的阻碍。我所说的原理是一种召唤，即唤起人们捍卫我们的建筑环境。人类需要遵循那些已经被证实行之有效的逻辑，而不是用理性伪装过的教条去定型并修改城市，因为一座生机勃勃的城市根本不是我们在 20 世纪建造的那样。

现在，像这种关于城市形式和结构的基本原则的论述还没有出现。我尝试从不同的视角去观察城市，勾勒出反映城市诸多方面的宏伟图景。我首先选择一座运行正常的城市，从为这座城市肌理提供基础的城市网络着手研究，我坚持认为一座有活力的城市依赖于大量不同的路径和连接，而且城市区域从“死亡”到“活跃”的演变往往只在短短的瞬息之间；接下来再转向建筑环境与人们互相影响的方式，我试图解释为什么有些城市空间为人们所利用，而有些却被闲置。一个由周围表面所共同创造的信息领域限定了道路与节点的位置。我奉行的是城市以人为本的理念作为规划的基础，所以确立了优先考虑步行领域的基本原则。

在任何有活力的系统（包括生机勃勃的城市）中，路径和单元的分布都遵循着逆幂法的排列——必须只有很少的大规模的组件，一些中等规模的组件，以及许许多多的小规模的组件。这个结论至关重要。通常情况下，人类的大脑需要首先加工处理从周围环境所获得的几何形信息，然后再与环境产生深刻的关联。我们下意识地借助逆幂法排列出来的尺度等级，来辨识出那些我们看上去以及感觉上去“自然”的环境，并相应地做出反应。在那些有意义的环境中，各个等级的分形等级清晰可见，所呈现的数学特征恰恰就是这些尺度的逆幂法排列。

克里斯托弗·亚历山大的“模式”扼要概括了关于设计方案的反复推敲以及人类活动的信息。一个模式是一种传统的、演变的解决方案。如果将观察到的模式联系在一起，就可以融合形成城市界面的模式，从而精确地界定出对任何生机勃勃的城市都必不可少的具有渗透性的城市区域。因此，人们应该把城市理解成复杂的相互影响的系统。具体而言，利用紧密的本地连接和减少混乱的远程联系，可以把城市的形式连贯成一体，并用等级分明的组件形成城市空间。城市连贯性只能在正确的几何形和连接的基础上产生。分形结构区分了人性化和非人性化的城市。在现今的城市中，不同类型的城市系统相互交错重叠，从而建立起城市的复杂性。

现代学者把几何类型学强加到全世界的城市上，其产生的破坏远远不只是体现在城市的肌理上。那些类型学具有相应的破坏性，因为它们的目的是利用那些还未被肯定的几何学抽象元素来替代传统的，并且还包含了城市生活的城市肌理。然而人们能够立即辨认出城市肌理中分形的特征已被消除的蛛丝马迹，这种消除颠覆了不同尺度分形正常的逆幂法排列，往往通过消除小尺度分形来满足大尺度分形的需求。现代学者的城市几何学体现在冷漠的建筑结构上，这些建筑没有负担起积极地联系人们情感与活动的责任。

城市形态可理解为网络和几何学之间复杂的相互作用。当今的网络城市是全球经济的基础，然而人们对它的运行机制的认知少之甚少，更不用说掌握。导致的结果则是城市中网络系统与城市的几何模式之间产生日益严重的失衡，并且体现在明显的网络竞争上。所有现存的当代城市都缺少所有生活结构所具备的两个数学内涵特征——连接性和分形细分。鉴于恢复城市形态要求的技术与城市分形化所要求的技术完全不同，区分这两者就显得十分必要。

城市是由信息化建筑组成的体系，是信息交换的场所，诸如环境的视觉输入、个人联络、远程通信以及人们的运动等。我们将体会到今天那些充满活力的城市中具有联系性的结构，当我们认识到城市的真正职能的时候，自然为接受本书中提及的结果做好了准备。与现代主义者规划的条例相反，城市并不只是一个组织得井井有条的区域平面。网络模型延展用以完善随后城市中的信息流，在创新策略上有助于我们对城市的规划和改建。

形式组织的准则可以放之四海而皆准，但是不能主观独断地臆造。尽管还存在更大的无限性，与这些准则可能有所不同，但是我们可以接受借助这些形式组织，同时通过某些方法创建富有不同结构的人类联系。这些想法与普通人对于已建环境好坏的评判标准一致。每一位敏感的人都能觉察出20世纪的城市或多或少存在一些问题。但是十分不幸的是，选择的权利往往受限于管理者追求的利润和立法机关之中，并被独断的明星建筑师所左右。

尽管这样，我们欣慰地看到还是有一些例外。还有一些新传统主义者和新城市规划专家，他们的理念和研究课题正在飞速发展，同时也获得了人们的尊重。他们试图建造更加人性化的环境，这一举措将与那些感觉自己被边缘化和被现代主义建筑、城市规划所取代的人群建立起联系。在此，人类价值和情感是至高无上的，与我们期望建立的新的自然环境相辅相成。我们将共同致力于用一个人类适宜的城市环境，来代替现在这种枯燥无味的并且由混凝土与沥青所禁锢的城市牢笼。

过去10年来的科学成果对建筑具有直接的启发作用，这些成果支持了克里斯托弗·亚历山大、莱昂·克里尔（Léon Krier）、查尔斯王子以及其他人士所提出的人性化环境的观点。如今，我们开始理解有机和无机的事物是怎样将自身组织成为高级复杂的整体。人类从物理学、复杂性理论、分级制度理论、系统分析、计算机科学、人工智能和分形理论得出的种种结论，几乎可以描绘出一个深刻而又错综复杂的宇宙新图景，这样的图景与我们在20世纪的城市规划中看到的大多数景象完全不同。伟大的历史性建筑与城市将各种材料组织起来，并且相互建立联系，彼此连贯成整体，这样的手法和自然结构相比简直是如出一辙。

在这里我们还需要澄清现代城市规划者对科学的滥用。教科书告诉我们现代主义是怎样基于逻辑和科学方法展开的，但那只是一个精心编造的谎言。事实上，现代主义者习惯性地规避科学研究，并把十分武断的想法强加给世人——这是一种基于想象和不容异议的个人观点之上的极权主义。现代主义的创立者对于19世纪的科学理念不过才一知半解，却滥用它们来为自己破坏性的城市理论提供佐证。他们甚至丝毫不理解当时的相对论和量子力学等科学，他们虚构了自身的理念与相对论之间所谓的“联系”，目的可能只是为了宣传而已。

建筑学与城市规划是人类思想迈向人工结构等级排序的延伸。数千年以来，人类创造了具有条理的复杂性，这种复杂性已经达到了与其智慧发展相匹配的程度。然而20世纪却否定了整个过程，并开始颠覆这种复杂性。由于忽视城市的复杂性，推行过分单纯的现代主义模型，我们的城市备受摧残。这种举动就相当于为了简化一个有机体而切除在它的机体上我们尚未明白的那些部分，这样做得到的就只能是它的残骸。新的城市形态改变了我们的生活方式，但是这种改变却朝着坏的方向发展。人们每天的交流方式影响着社会，这些交流由网络、道路和城市结构的一些基本要素所决定。尽管现代主义城市规划自由化的想法还是一个谜，但事实是，我们的设计毫无自由可言，设计和规划都是在遵循20世纪20年代建立起的死板原型的基础上展开。如今这些模型已经被证明是灾难性的，然而十分可悲的是，人们仍在虔诚地追随它们。

当今世界上的很多地方，还存在着从前那样的具有连贯性的建筑和城市空间，包括建筑、道路、墙体和我们能联想到的建筑装饰。但是它们正面临着消失的风险，因为人们忽略了它们在文明进程中的价值。政府手握新筹集到的资金，想要用新事物替换那些前人留下的遗产，甚至是任何看上去略显陈旧的东西，因为这些让他们想起了过去。但是城市体验是一种身体体验，而不只是一种单纯的视觉体验。我们中的大多数人至今还没有一个关于高品质的城市空间应该给人什么感觉的概念。但是那些过去的空间一旦消失，我们就将失去最后的代表。

需要指出的是，我所引用的许多实例都在美国，例如区划法规和特定城市实践活动。然而，我希望我的作品可以被尽可能多的读者读到，我也引用了一些来自于欧洲和拉丁美洲的城市体验。我希望我的想法能够有效，并且可以独立地论证各个特定的城市背景下的城市规划。

克里斯托弗·亚历山大鼓励我把精力放在对建筑环境的理解和研究上。在与他在《秩序的本性》一书中的合作中，我从涉及的建筑与城市规划的内容中学到很多，以及该怎样将我的理解和研究撰写成书。同时，我的合作者也提供了很多有价值的内容。

本书内的所有章节都以先前的出版物为基础，我很感激那些出版社允许我再次使用这些资料。最后，我要感谢阿尔弗雷德·P·斯隆（Alfred P. Sloan）基金会，在我从事在建筑与城市结构中寻找科学规律的调查研究中，基金会给予了我莫大的支持。

尼科斯·A·萨林加罗斯

第1章　城市网络理论

• 本章编者按

——*阿瑟·范·比尔森(Arthur van Bilsen)*

本章[a]所包含的诸多概念在接下来的各章节中都能看到，这些概念中的大部分源自于新城市主义之外的一些理论规则。本书很含蓄地指出可以将科学知识应用到城市设计之中。这真的可能实现吗？实际上，正如克拉森（Klaasen）所强调的，为城市设计建立一套科学的知识体系是十分明智的（2004）。长期以来，城市设计总是拒绝被科学化地描述，原因之一就是因为其固有的复杂性，这一点在本书的第4章“复杂性与城市的连贯性”中有所阐述。

在本章中，所阐述的中心理念就是城市网络理念[b]，尤其在邻里尺度层面的城市网络。城市网状理念向我们呈现出对城市地块思考的多样性。在这样的网络中，最重要的并不是几何形式，而是一些活动场所以及它们之间的物理连接（在本章指的是道路）。在城市规划设计中，一个活动场所通常独立成为集体活动的载体，它一般会设置在公共交通的附近。然而在本章节所指的活动场所，可以是吸引人群的任何一个地方：一幢房屋、一个热狗摊、一个遮阳长椅甚至交通站点。通过增加或者变更活动场所，可以使一个毫无生气的地点生动起来，这就是所谓的将一个城市地区的复杂性有机组织起来（Jacobs, 1961）。

很多城市设计师也许并不了解这些概念（活动场所、分形、有组织的复杂性、模式[c]）。然而，花时间去了解它还是值得的，因为为城市设计建立科学的知识体系需要这些概念，这样的一套知识体系可以为全世界的城市规划师、设计师沿袭所用。为了让规划师、设计师更好地理解使用，本章的下半段将阐述该理论是如何付诸实践的。例如，我们将建议这些路径该置于哪里，还有哪些要素要单独处理，哪些又要考虑其相关性，这样才能架构起一个既具功能性又具生动性的成功的城市网络。

编者按参考资料：

Klaasen, I. T. 2004。“Knowledge-based design: developing urban & regional design into a science”，博士论文。代尔夫特（荷兰）：代尔夫特大学出版社。

Barabási, A. 2002。“Linked: the new science of networks”。剑桥（美国马萨诸塞州）：Perseus出版社。

Alexander, C., Ishikawa, S., Silverstein, M., Jacobson, M., Fiksdahl-King, I. and Angel, S.（1977）。《模式语言》。纽约：牛津大学出版社。

Jacobs. J. （*1961*）。“*The Death and Life of Great American Cities*”。纽约：*Vintage Books*。

---

[a]*最早出版于“Journal of Urban Design”，Vol. 3，1998，pp. 53-71。更早的观点见于 Resource for Urban Design Information 于 1997 年出版的电子版，芬兰语译本为：“Kaupunki Verkostona”，坦佩（Tampere）理工大学，城市规划学院，出版物号：33（2000）。*

[b]*亦被称为“城市网络”，网络理论可以成功地应用于诸多领域（Barabási, 2002）。*

[c]*本章的词语模式采用它的通用模式，我们可以在克里斯托弗·亚历山大的《模式语言》一书中见到（Alexander et al, 1997）。*

插图 A
阿姆斯特丹（荷兰）的丹姆广场（Dam square），一个功能多样性组织失败的案例。行人、自行车，电车和汽车的路径既没有组织也没有明确分开，这样会导致危险发生（摄影：艾娜·克拉森）

插图 B
阿纳西市政厅（Annecy Hall）（法国）前广场。一个经过组织的功能多样性的案例。这条通道已设置了边界和安全结构（见第 4 章的图 4 和图 5）以保障交通中行人的安全。广场设法保持一个正方形，而不仅仅是可以穿越的地方（摄影：阿瑟·范·比尔森）

• 本章正文

本章将阐述城市设计背后的基本过程。这些规则源自于复杂性理论、模式识别以及人工智能中的相关原则。任何一种城市的设施都可以被分解为每组人群活动的节点，以及这些节点之间的内在联系。这些联系可以被当作数学问题加以处理（这需要采取某种定性的方式）。当不同的节点之间可以建立起有机的联系时，这样的城市设计才堪称成功。数学本身依靠建立各个概念之间的联系，能够建立这种联系的能力是人类智慧的一个核心组成部分。建筑环境的创造过程驱使我们使用数学的方法。

1. 引言

建筑和城市设计一直都拒绝被赋予科学公式化，部分原因是因为设计本身的复杂性。与此情况相同的还有医学，直到现在，基础医学的科学性在医学中的分量还基本等同于迷信成分所占的分量，所以其科学基础也迟迟没有建立起来。过去，为了使城市规划具有理论的规范性，人们做出了诸多的努力，比如观察城市形态后进行定义，但是这些努力对实际发展影响甚微。目前有三种值得关注的尝试：（1）克里斯托弗·亚历山大所做的开创性的工作（Alexander，1964；1965；2002；Alexander，Ishikawa，Silverstein，Fiksdahl-King and Angel，1977；Alexander，Neis，Aninou and King，1987），为本章节提供了主干文本；（2）在塑造城市形态的过程中，把城市视为相互关联的层次和微观结构的分形分析研究（Batty and Longley，1994；Batty and Xie，1996）；（3）按照关系和活动将城市问题进行公式化表述，使控制城市发展的力量可以清楚地显现出来（Hillier，1996；Hillier and Hanson，1984）。在这里，我们将重点关注基于城市网络组织的相关进程。

人类智慧的一个核心组成部分就是建立连接的能力。各种概念想法之间的联系使我们可以更好地理解自然界。那些被不用心的观察者所忽视的隐晦的认识模式，往往是科学发展的关键之处。神经学研究表明，人脑的绝大部分都参与视觉感知，这说明智商的进化有助于知觉的发展（Fischler and Firschein，1987）。建立适用于视觉的连接能力，是一个不太显而易见且更加抽象的过程，受益于这种能力的持续发展，人类才得以超越于其他物种。我将找出人类思维关联与城市元素关联之间的相似之处，这些关联促使一座城市或城市中某处景观的品质得到提升。

城市网络是一种复杂的空间组织结构，主要存在于建筑物之间的空间之中

（Gehl，1987）。每幢建筑都围合或遮蔽出一个或多个人类的活动场所，外部结点的范围从完全敞开到不同程度的部分闭合。城市网络包括所有和外部有关联性的元素——比如行人和绿地、独立的围墙、人行道，以及那些为承载更大交通流量而由原来的自行车道扩建成的高速公路。实践观察表明，关联性越强，网络的结构性越鲜明，城市就越有活力（Alexander，1965；Gehl，1987）。

这里首先阐述三条一般性的原则，这些原则后来都发展成为城市网络理论，为该理论提供了实用性的规则。这些不同类型的连接需要加以讨论。关于不正常连接路径的数学结果表明，仅从平面而没有从其他角度观察城市通常是不够的（图 1）。下面我将呈现一个应用在分子生物学中的模型，分子生物学中将元素双双连接，这作为显示连接存在的研究范本，我们将在以后进一步使用它。该模型表明：城市网络不可能没有最低限（或者最高限）的连接数量的存在。

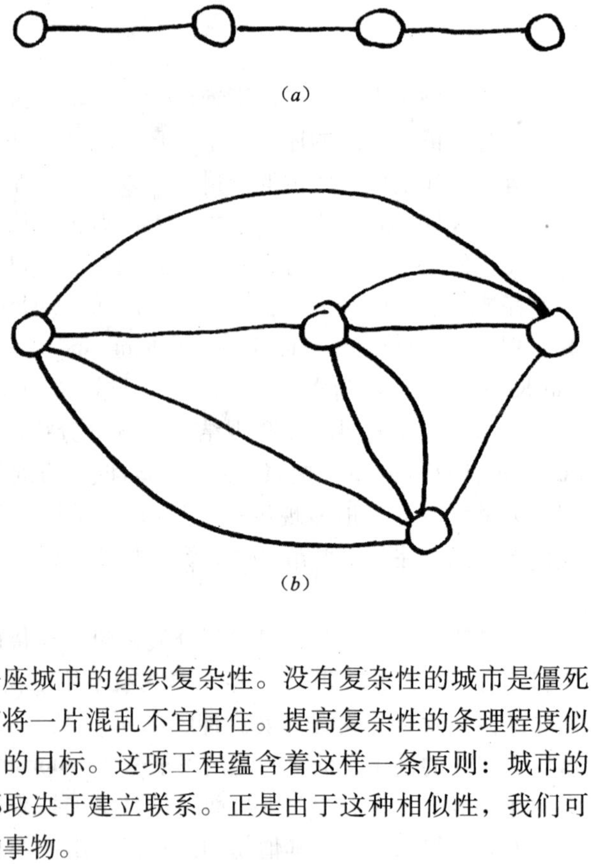

图 1

无论是放置节点和节点之间的连接都必须适合人类活动。（*a*）4 个节点位置之间的联系从空中看是显而易见的，但是这种显而易见却隐含着比最简单联系更为复杂的相互关系。（*b*）从平面上看 4 个节点在空间上存在多种连接

下面我将阐述该如何去验证一座城市的组织复杂性。没有复杂性的城市是僵死的；但如果复杂性没有条理，城市将一片混乱不宜居住。提高复杂性的条理程度似乎是人类一代接一代最基本的努力的目标。这项工程蕴含着这样一条原则：城市的进化就是人类思维的进化，二者都取决于建立联系。正是由于这种相似性，我们可以创造出错综复杂，但并非神秘的事物。

本章的后半段列举了该理论的一些实例。公路和道路之间存在着网络关联，我们测试它们的分段结构和适当的层级关系，为规划者提供了如何改善社区的建议和

切实可行的方法，并用于意见征询。有一些很简单的努力往往可以事半功倍地恢复现有社区的邻里关系。同时还提及了该如何促进一个商业地块的成功。最后讨论了如何合理利用边缘地带。在许多情况下，人们需要做的可能是抑制或控制连接，而不是在任意的尺度中都建立连接。在一个健康发展的城市里，切断两个有可能会相互毁坏的地区的关联性十分必要。

2. 城市网络的结构性原则

城市网络的发展进程可以总结为三条原则，虽然不够面面俱到，但是基本涵盖了大部分内容，同时在本章中也讲述了这些理论原则是如何付诸实践的。任何事情都和关联以及拓扑学有关。这三条原则如下所述：

（1）节点。城市网络的构成主要在于节点的内在联系。这里有几个特征明显的节点：居住地、工作地、公园、商场、饭店、教堂等。自然的和建筑的因素促使这些节点彼此之间建立联系，并依据其道路发展开来。网状的结构决定了空间和建筑的布局，而不是空间和建筑的布局决定了节点。两个相隔太远的节点无法用步行道路相连。

（2）关联性。只有两两互补的节点才是真正的活动场所，相似的节点无法关联起来并形成活动场所。步行道路由连接活动场所的短且直的片段构成，任何一段步行道路的长度都有上限。为了在两点之间构建起多样的关联，一些道路必然是弯曲或不规则的。在同一时期建构过多的关联会使通道的承载超过负荷。成功的道路往往建在两块性质不同的地块中间，且顺着相交的边缘地带延伸。

（3）层次性。如果允许的话，城市网络应该建立一个自我组织，这个自我组织是有序的，同时有若干不同尺度层次的规模，其中的网络可以四通八达，却不会杂乱无章。组织的过程要严格遵循这样一条规律：从尺度最小的开始（步行路径），然后逐步扩大尺度（扩容后的道路）。如果组织中任何一层关联有所缺失，这个网络就都是病态的，它的层次性就无法一次性建立起来。

这些原则也出自数学的理念。说法其实并不新鲜（Lynch，1960），但提出该原则的研究者在此从事的是比前人都更加具体的工作。因此，这个结论更加有说服力，并且对所有允许的解决方案都有较大的限制。历史上大部分城市的成长都遵循着类似的规则。然而，本世纪的城市规划所包含的原则和上述的三项原则在很多地方都存在相悖之处。这里要阐述的是采用那些和有关数学原则相抵触的、专断的设计风格，是如何毁坏城市网络的（Batty and Longley，1994）。

3. 建筑和城市规划设计中的关联

在建筑设计中，结构元素和空间会紧密地糅合在一起，体现出一种共同的凝聚力。而城市设计中的关联性则将三种鲜明的元素彼此联系起来：自然元素、人类活动场所和建筑元素。自然元素包括了河岸、树群、巨砾或者一片草坪；人类活动形成的场所可以指工作地点、居住地、商店或者可以坐下来喝杯咖啡的地方；建筑元素则涵盖了一切将自然元素和人类活动场所联系起来的那些要素。

3.1 相关联的人类活动场所

城市的某个节点并不完全是著名建筑或纪念碑之类的构筑物所界定的。这些节点也可以是流动性较强且特征并不鲜明的小区域，比如一个热狗摊或一条遮阳凳，以及诸如此类可以吸引人群的小地方。所以说即使是一幢建筑或者纪念碑，它也必须在有明显的人类活动或集中的时候，才可以被认定为一个空间节点。著名建筑或纪念碑如果是因为向人们提供活动场所而成为道路的焦点，那这样的构筑物就是成功的。反之，不能突显人类活动的建筑场地是不成功的，它们把自己从城市网络中孤立开来。

卓越而成功的规划来自于视觉关联和连接人们出行活动的道路之中。正如凯文·林奇（Kevin Lynch）(1960）所强调，后来又被比尔·希列尔（Hillier，1996；Hillier and Hanson，1984）进一步推进的理念所言：视觉的联系不仅对于定位十分必要，而且对于创建城市设计视觉画面的连贯性也是至关重要的。不过，由于它们还无法将小路和公路之间的关系协调好，所以在这里我们就不做重点阐述。而视觉联系和路径之间的相互依赖也十分复杂，本书的其他章节将再做论述。

人类活动场所之间的关联数量繁多，类型各异。自上世纪 40 年代以来，规划师们一直遵循着规划要高度符合几何规则形的原则，尤其是市中心的规划（Alexander，1965；Batty and Longley，1994；Gehl，1987）。这些举动都是建立在一些专断的设计理念之上，这些理念阻碍了活动场所及其之间关联性的发展，并且集中体现在过于追求简约的整体布局中。这样带来的问题则是人们的活动场所往往被忽视，当人们意识到这点的时候则已经为时已晚。这样的设计迫使人们的活动必须被动地去适应已经存在的建筑群体，然而要让人们的活动去适应那些建筑群体，希望微乎其微。所以在设计之初，这些活动场所之间的关联性就需要加以考虑（见图 1）。

建筑元素之间即使在远距离时也存在着相互关联，此种关联通过视觉上的对称、相似以及一些中间形式来实现（Salingaros，1995）。但是建筑之间的关联和人类活动的关联有所不同。节点之间存在着功能性的关联，如果仅仅从对称性角度考虑很难把握，因为建筑物的形态复杂繁多。在城市布局建筑的时候，人们一般不会考虑活动场所是否对称。正是这种城市网络功能的复杂性——而不是其他因素，决定了城市的整体形态（见图1）。组织结构将多样的关联性和有序的层次性整合在一起。城市网络中的某一块地区可能看上去井然有序，但实际上内部之间却缺乏关联。相反，另一块地区从规划的角度看上去也许是混乱不堪的，但是实际上内部关联紧密并且功能性很强。

3.2　相关联的路径多样且不规则

一直以来，由于和人类活动相关，城市规划里的每种元素都蕴含着各自的意义。城市机体形成的复杂过程就是将城市网络中的不同节点联系起来的过程。这些联系让人们可以轻松便捷地从一点到达另一点，并且有多种路径可供选择；城市内邻近关系的地块该如何布局，其实和在空中鸟瞰的感受没有太大关系。关联紧密的、规划有序的城市地块从高空往下看往往是不规则的（Gehl，1987；Hillier，1996）（图1和图2）。城市规划中的几何规则被当作机体组织的原则是有用的，但是在实际应用中不一定非要严格执行不可（Batty and Longley，1994）。

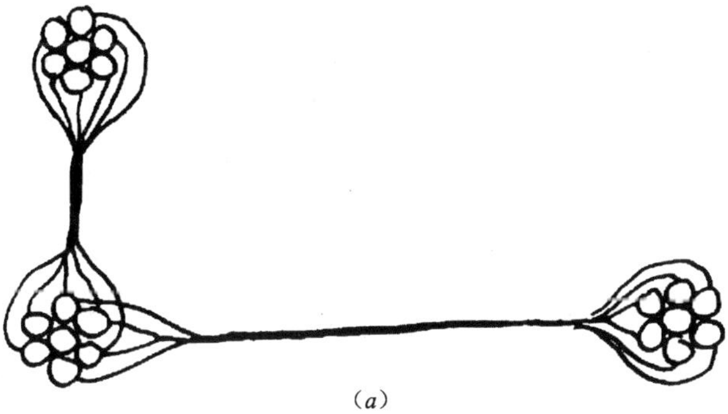

（*a*）

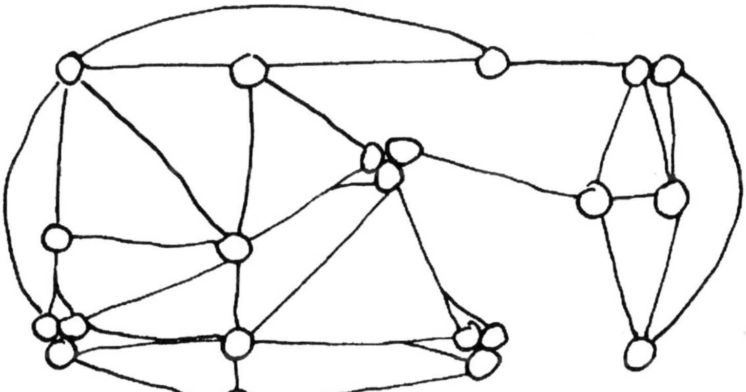

（*b*）

图2
过度集中的节点和连接创建出的奇异效果。（*a*）节点集中在三个不同的组，所有连接被迫分为两个渠道，这种连接超出渠道的承载能力。（*b*）有相同的节点分布与连接会做得更好

数学定理告诉我们两点之间有且只有一条直线，但是如果由曲线连接则有无数条。当我们希望两个区域间连接有尽可能多的途径时，就不能只采用直线网格相互连接。正如卡米洛·西特（Camillo Sitte）和其他研究者所指出的，中世纪的那些蜿蜒的街道往往是最富情趣的。现代一些城郊地区的发展往往仿效中世纪这种做法，但是在建成的实例中，内外部的联系还不够充分。

和上面所说的设计理念背道而驰的是，将功能严格分区的专断的设计理念和将市区和郊区截然分开的方法在一些案例中表现得十分明显。在这些设计中，市区的设计体现了几何学规则，相反，非几何学的规则却被用于郊区。上世纪60年代，房屋间用蜿蜒的街道相连曾经风靡一时，环状的街道和死胡同大幅度地削弱了地块的关联性。这种方式以孤立活动场所为目的，实际上是阻碍了城市网络的形成。这里我们学到的不过是中世纪城镇不规则规划的表象，只是得到视觉效果上的相似而已，其实并未理解和抓住其根源性的精髓（人们的活动给予功能区之间高度连接）。

随着在物理学领域取得的进步，关联的多样性理论逐渐得到了人们的认可。在费曼（Fegnman）的路径积分与量子力学中我们可以看到，两个物体间的相互作用被认作是这两个物体所有可能存在的路径之间相互作用的总和。为了估算出总的活动强度，需要首先把所有可能连接两点的路径，和根据发生概率所推算出的适当强度放在一起考虑，然后综合其所有的路径，从而得到相互作用力度的总和。以此类推，如果希望加强每个场所的关联，只有通过建构不规则的多样性的路径才能实现（东京的地铁就是很好的网状层叠路径结构的实例）。

然而并不是说要把所有的街道都变成曲径，那样做既没有必要，同时也不是我们真正的需要。原则上讲矩形的路网结构无可厚非，并且在秩序上有着明显的优势。我们要批判的是那些在实际应用时僵硬照搬的做法，那样的做法很大程度上限制了关联的发生。其实我们完全可以通过添加另一网络去建立对角线的做法来实现网络的关联；同时这也带来了关联的多样性。文章的后面部分将会论述到在矩形里必须允许路径的相互交叉。

我们可以保留矩形网状的清晰度，但也要削弱部分的次级分割。与此同时，我们需要对更多的平行的机动车道和人行道进一步分割成矩形网络，从而建立起交错的关联路径，如果分割网络的是机动车道，那么街区的尺度就会被缩减。当今，大城市和城郊的街区往往通过阻止内部路径的相交来削弱交叉的相关性。比如在大型的商业、居住或政府办公区域，其内部的路径必须要切断，否则这些区域就会孤立于城市网络之外。大型停车场禁止行人入内，所以它们的通道必须有高起的路面和遮雨篷作为保护。城市区域间的联系由很多更小的片区构成，它们本身多样且不规则。

3.3 用稳固性应对关联的缺失

人们发现如果大规模地应用网络的概念，可以切实可行地建立起复杂的城市。当我们拥有越来越多的连贯城市节点的路径，即使切断其中一条路径，城市也不会受到影响。这就像是大脑的活动原理（Fischler and Firschein，1987）。即使因为创伤、手术或老化让大脑失去一些联系能力，但是大脑的活动仍然在继续。这是因为大脑内存储了太多的信息还在相互作用。电路却与此相反，哪怕只是损坏一个细小的线路，整体也会立即瘫痪。所以用稳固性来应对网络系统被切断的观点和后面所说的为复杂性建立门槛的理念可以相互补充完善。这方面已经有了一些研究，如果我们考虑对整个网状系统中的每条路径都可能被切断的情况下的应对措施，那么这些研究成果就可以直接应用于城市网络理论之中。

3.4 避免通道超负荷

关联的多样性有诸多功能方面的影响因素，通常太多的途径会汇合到一条通道上（见图2）。当所有关联都是一种类型时，它们之间会相互竞争，并使得通道流量超过负荷。这种在数学上被称为无限量的情况如果发生在城市交通上，就会造成拥堵。举个例子：在多种连接汇合的地方，相比之下较弱的连接将会消失。比如人行道和自行车道无法存在于高速路上。不同层面的关联可以交错存在，但不能汇聚。

3.5 来自生物进化学的“玩具模型”

复杂的新科学支持我们的城市设计提议。我们应用在生物进化学的随机图像理论来建立有组织的城市网络，并据此模拟历史上某些城市的建造过程，在这一实验的过程中我们发现，今天在构建城市网络过程中所遇到的情况与历史上的构建过程中的情况基本相同，我们要做的是把这些城市中的现实要素联系起来。通过调整这些要素，最大限度地实现有机系统的建造：移动它们，修饰它们，这样节点和建筑元素就可以远距离地连接起来，一直以来我们的目标都是要建立起这样的连接。

有机体系可以从成对连接的角度来研究问题。假定现在有独立存在的 N 个元素，任意选择一对加以连接，连接后的元素再次两两连接，不断重复下去。每一个连接建立起来时，很多小的关联也会随之成立。最大的关联一开始也是很小的，但它却可以通过这样的方法逐步发展起来。两个或更多的点在某种程度上连起来就形成链条。到 $\left(\frac{1}{2}\right)N$ 阶段，元素很大程度上成对连接，这些成对连接的元素本来是独立存在着的。当成对连接的数量超过 $\left(\frac{1}{2}\right)N$ 时，小的链条开始扩大，成为大的错综多样的链条（Bollobás，1985；Kauffman，1995）（图3）。体系越大，发生的这种连接就越是突然。这时，体系已经进入一个逐步转变阶段，逐渐从无体系到达有体系状态。进一步的成对连接将扩大最大链条的尺度，但增加量会逐步减小，因为它可能已经将超过 80% 的元素连接在一起（Bollobás，1985；Kauffman，1995）。

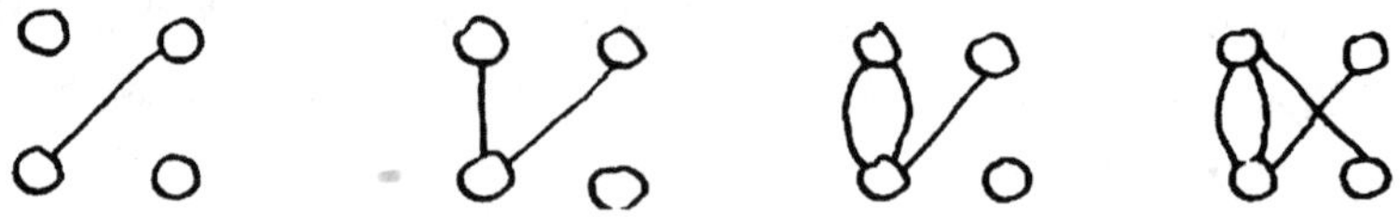

图 3

N 个高度简化的节点之间在 $\left(\frac{1}{2}\right)N$ 步随机连接后有 80% 被连接成对。也就是说，4 个节点里的 3 个节点在第二步之后就连接了起来

以上结论可以用如下方式应用到城市设计之中：规划的过程可以在电脑里通过建模模拟现实来体现，也可以在多年的建筑实践中实施。增加场所间的连接将会明显改善整个结构组织体系，而这些改进已为人们所熟知。改进的效果将十分显著，并且这也是一个逐渐发展的过程。当几乎每个元素都汇聚起来时就会达到某个特定的临界点：有机组织结构已经形成。每个观察者都将见证这个整合过程。

复杂性的形成也是逐步渐进的；对于城市来说，当截然不同的节点间的连接数量超过一个数值时，很大一批节点将会在瞬间联系起来。我们可以应用该理论进行城市分类、理想化城市的规划以及设计城市的几何形态。此说法甚至还和城市表象有关，这个过程模式好比流水：当水流经多孔的容器，水流会一下子穿透。同样，森林里如果布满了树的话，大火会迅速蔓延。同理，它也存在于快慢之间的逐步发展阶段。

4. 有机的复杂性和绝对空旷

建筑和城市规划的过程可以被理解为复杂的有机体系渐进发展的过程。关于该体系的文字已经很多，尤其是从生物学角度进行的论述（Kauffman，1995；Simon，1962）。不同的过程一起对体系发挥作用；就造成了复杂性（Weaver，1948），没有这些过程，复杂性就无从开始。另一方面，如果复杂性存在但是不够有序，我们就会面临混乱的局面。人类的思维还无法理解这种状态，因为它已经超越了我们的观察能力（Simon，1962）。

人们总是想方设法地努力促成复杂周边环境的有序性，并且使之与不断改进的自然体系之间保持协调一致。但是，本世纪却经历了与此截然相反的过程。建筑师和规划师们开始沉迷于视觉的简洁，却忽略了有机体系形成的基本过程。然而事实是这个基本过程看上去并不那么简洁，现在由于内部连接被切断，城市中内部地区关联的复杂性也随之逐渐消失，这样的实例不胜枚举（Batty and Longley，1994）。规划中对于纯粹视觉的追求已经严重束缚了人们的活动行为，这也最先直接导致了缺乏关联性的城市形态（图 4）。

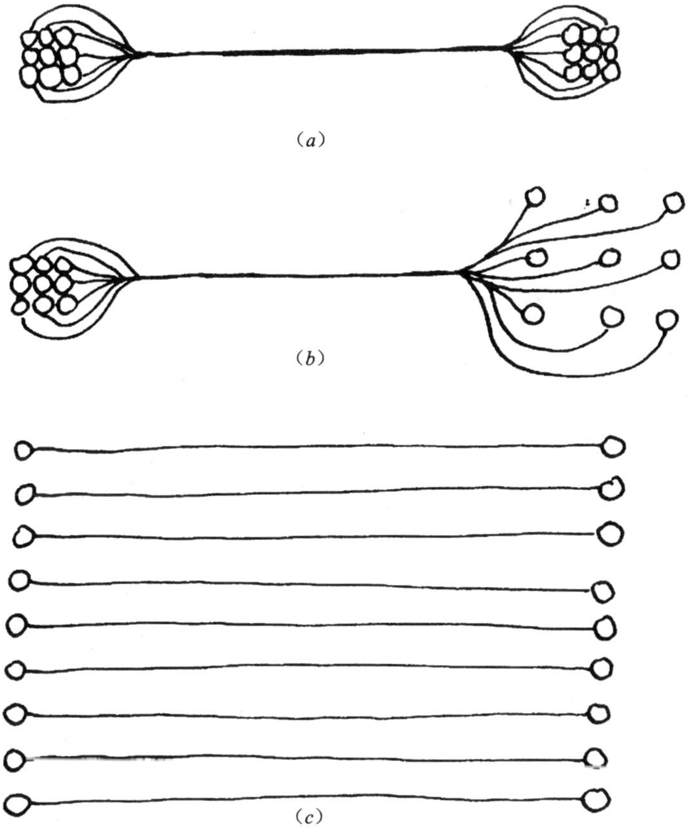

图 4

阳光城里最少的连接。（*a*）办公楼由超载通道与高层公寓楼相连。（*b*）工厂与郊区住宅相连。（*c*）精确地讲，（*a*）和（*b*）相当于平行的非交互链，却没有形成网络

20 世纪规划的主导模式——阳光之城，就不允许创建网络连接。这个模型所提倡的是家庭和工作地之间的成对连接，而不是其他连接（见图 4）。我们拥有的是独立的场所之间成对的连接，而这些连接之间没有互动。与此相同的还有：办公区与公寓高楼之间的连接，正如工厂与城郊空地之间的连接，暗含其中的模式是没有相互关联的。成对连接的数量等于$\left(\frac{1}{2}\right)N$，这是之前提到的“玩具模型”的那道门槛，过了这道门槛，内部的联系开始形成。一个充分连接的图形需要更多的$\frac{1}{2}(N-1)N$连接。在阳光之城中，促进人类生活持续发展的活动连接被巧妙地回避了。

凯文·林奇曾经向我们介绍了一种方法：用意念中的城市画面作为评价城市成功与否的标准（Lynch，1960）。比尔·希列尔强调了对于城市的可理解性和观察城

市路径体系一样简单（Hillier，1996）。在这里，人们可以感受到指出层次组织之间的连接和简化的关键所在。一个混乱繁复的过程可以有步骤地加以简约，同时并不损失其内在要素。复杂多样的元素被放在一起就能相互作用，因此可以有所简化。但相反的是，纯粹的单一化是一个削减性的过程，会丢失很多体系中固有的信息。把这两者混杂在一起就很容易给我们的城市带来灾难性的后果。

现在我们越来越了解这个可见的过程，可以将城市网络与人类的思维相类比。其实二者很相似，都包括了不同层面上连接起来的网络，城市的一条道路和人类思维的某个想法，都是围绕网络相关的部分产生而建立起来的。在产生的同时还会产生多种的备选方案供城市或人类比较选择，最终的连接路径正是详细思考后的答案。然而，我们却被迫使用由规划师给定的唯一路径，但我们自己的思维方式却不像机器人那样只会服从，而没有自己的思考（Fischler and Firschein，1987）。今天我们对人造智能的探索，其目的就是试图将人造智能从盲目简单的层面提高到可以完成复杂组织的程度。

任何复杂系统的有机程度，都直接取决于连接数量与活动场所数量之间的比例，下面的对比或许对人们有所启示。在传统的数码电脑中，连接的数量和节点的数量有可比性，可以在最小化的连接图形里看到粗略的描述。在人脑里，连接的数量一般比节点数量（神经细胞）要放大 4 个数量级（即 1000 倍）。像神经系统一样复杂的电脑系统，如果需要成功识别图形，其连接数量大概介于 1 ~ 1000 之间。如前文所述，城市网络类似于人类的思维，所以在一座成功的城市中，必然存在着很高密度的连接关系。

5. 理论应用

本章其余的部分将探讨一些实际案例。前面提到的三条原则促使我们采用新技术，以创造更好的邻里关系，推动理念向前发展，同样它们也适用于各种尺度的城市规划。如果想要恢复现有的邻里关系，首先要做的就是更改和增加连接关系，以最大限度地加强地区的功能。在亚历山大及其合作者的著作中，对此已经有十分翔实的解决办法和操作描述（Alexander，2002；Alexander et al.，1977；Alexander et al.，1987，Gehl，1987，Greeberg，1995）。巴蒂、希列尔以及他们的合作者所做的研究也提供了相关的理论支持（Batty and Longley，1994；Hillier，1996；Hillier and Hanson，1984）。在这里，我们将阐述如何把本章前半部分中的理论和方法应用于实践之中。

5.1 路径连接互补节点

很多规划师出发点很好，在其设计中加入步行路径，但是人们似乎并不领情，这些设计实际使用得很少。于是他们将这归咎于人们其实不愿意步行，所以在下一期的设计中会削减步行路径。现在看来这种做法毫无依据。在全世界范围内的一些比较古老的城市和郊区里，还存在着一些没有被不明智规划破坏的区域，在那里人们更愿意以步代车出行，把步行作为日常交通的方式，而不仅仅是娱乐或锻炼。规划师们竟然忘记了人类这一最基本的出行方式，他们所建造的交通结构竟然会破坏步行的方式，这是多么的难以置信。

直到现在，我才讲述为何规划出的路径却很少有人问津的原因。首先是连接行为发生的本身：总的看来联系只产生在相反或者互补的两个节点。这遵循的是建筑学里一个最基本的规则（Salingaros，1995），该规则本身也符合物理原则（图5）。电流或者水流只有在相异的两极间流动。城市网络形成于从家到学校，到商店，到办公室或者公园这样的流线中。而从一个家庭到另一个家庭所产生的流线就变得不是那么重要。一个人的密友通常会住在不同的区域，而不是集中居住在一个小片区里，彼此紧紧相邻。

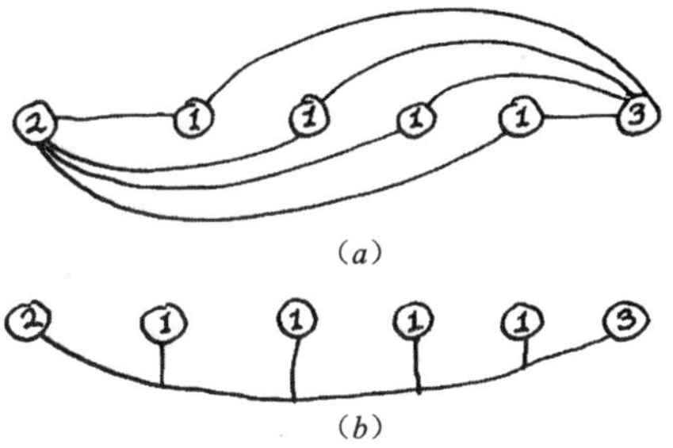

图5
自然形成的连接只出现在对比或互补的节点之间，不同类型的节点（饭店、学校、办公楼、商店）有明确的数字加以显示。(*a*) 怎么建立连接使住宅节点1与商店节点2和公园节点3相邻。(*b*) 使连接变成可以使用的道路

邻里关系的功能性只能体现在相异互补的两个节点，只有这样它们之间的连接才是动态和活跃的（见图5）。这是建构城市网络的关键：相异互补的节点之间会建立起多样性的联系，之后汇合成路径，这些路径再去连接其他的节点。与此相矛盾的是，相似的节点间建立的连接往往太过微弱以至于不足以建成路径。这就是为什么城郊活跃不起来的原因。我们需要在相似和相异的节点间找到平衡点。在汇合这些连接形成路径的过程中，要注意不能让通道超过负荷，但这往往只是在高密度的情况下才会加以考虑（见图2，图4）。

如果没有足够数量和种类的节点，功能性的路径（相对一些仅供装饰的、没有实际用途的路径）就无法形成。现在我们面临的情况是，功能的隔离和集中已经毁掉了现在的城市网络（见图4）。在任何一个同类的城市区域中都没有足够相异的节点去形成网络。即使有建立的可能性，连接也会被不合理的区划法规所阻断。各异的元素，如居住、商业和自然，必须是通过相互联系来催化连接形成的过程（Alexander et al.，1977）。功能有缺陷的城市往往是把相同类型的节点聚集在一起建造，

而功能性强的城市则是将功能相异的节点成对建造。

出乎意料的是，仅在相异互补的场所间建立关联，恰恰正是现代郊区规划实施中所隐含的意图。然而，这项意图已经完全被今天的一些规划师误用。他们一味地从机动车出行考虑，忽视了其实更加重要的步行所需的道路连接。在不同类型的道路上划分出明晰的层次，对于建立网状连接至关重要，这一点将在下面部分阐述。由于过多的反转短路径和长路径，城市里所有的步行连接和汽车与行人的连接，都已经在现在的城市交通发展中遭到严重阻碍。

6. 人类尺度和分段连接

行人的活动需要一定尺度的限制，否则将无法实现功能（Gehl，1987）。比如人们步行的最远距离不能超过两个节点间的距离（这是根据经验的推断）。这就是说，实用的行人路径是分段连接的，它有关联性，但不是直接相连（图6）。一些大广场之所以十分失败的原因往往就是内部步行路径的距离过长；多数情况下，这些路径是在露天的或者是设计上存在缺陷，从而使得步行功能有所缺失。总体来看，城市郊区就是一个缺少短距离路径连接的节点，正是它们导致了城市无法形成有效的网络。

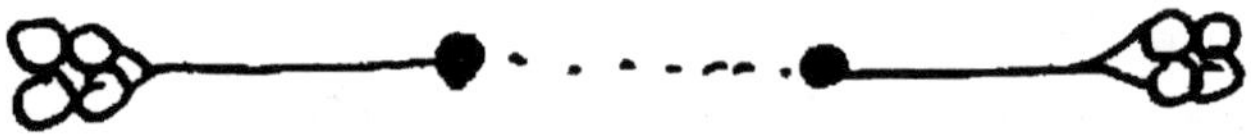

（*a*）

（*b*）

图6
徒步的联系由小而直的单元形成，它的最大长度取决于文化和地域。两个节点只可以通过引入最小单元所需的中间节点来连接。（*a*）这两个节点组不能被连接。（*b*）引入两个新的节点让一个徒步的联系变得稳固

用数学方法可以建构起单独的路径片段：两点间最短的是直线。所以行人去另一端时会选择最短的直线路径，避开拐弯、台阶或者高低落差（Gehl，1987）。然而这些选择只能适用于最小尺度。正如前文论述，在较大尺度的范围里，人们则会期望会有许多蜿蜒曲折，没有规则可循的道路可供选择。这并不是自相矛盾，因为从数学上另一规则的角度来，这两种情况实际上是紧密相连的：任何弧线在微小的测量方式的限制下，呈现出的是一条短小的直线。

整个规划过程实际上是从在两个节点之间确定一个合适的步行连接开始的。

如果两个节点相隔较远，就需要附加一些节点去弱化这段距离，否则连接功能无法体现（图6）。节点间如果需要加以连接，就要建造路径，反之就需要建造其他节点。这些新的、适中的节点要和现有邻近的节点关联起来，这就要建立新的路径，如此类推。这样的话，城市网络得以自我再生。子结构越连贯，稳定性就越强。

6.1 层次和分形

如果我们从高空俯视一座规划成功的城市，画面会很清晰地呈现出分形的特点（Batty and Longley，1994），这并不仅仅是视觉上的巧合；迈克尔·巴蒂和他的研究团队通过严密的研究得出城市网络分形的精髓。与此相反，一座僵硬的城市所呈现的画面总是人工痕迹很重，也十分规则，但却没有小尺度的区域。在第一个实例中我们会看到网络的层次性，所有的层次都在不同尺度上息息相关，从高速公路到行人小道皆有体现。小尺度的结构最终保证着城市的居住适宜度；大尺度的连接则有利于更大范围内的流动和交往。

希列尔和他的同事（Hillier，1996；Hillier and Hanson，1984）已经在用电脑模拟出城市网络孕育的过程。在与此相关的结论中，有一个事实令人震撼：城市空间结构是历史上小尺度的要素不断增加变化所形成的产物，而通常这种变化是在事先没有规划的情况下发生。最终产生的图形既不符合几何规则，也不具备功能简约性。城市的设计在当地有序的体系中自我现形。对此本文不再去重复这些结论，它们都是强调从小尺度开始的重要性，然后再逐渐进化，最终融入到大尺度范围之中。

6.2 商业区和广场的成功

迈克·格林伯格是一位城市规划的热衷人士，他分析了成功商业地块中连接所起的作用（Greenberg，1995）。步行道路的本质是要在各个小片区间建立起最大长度的连接。尺度适中的场所越多，网状结构就越密集。老式的商业街让每个场所彼此紧密靠近。场所的多样性和与自然的密切结合，最终会形成商业区。大型的室内购物商场在此基础上更进一步提供了面对面的商铺之间的连接。这在户外商业街上一般不太可能发生（Greenberg，1995）（图7）。

在成功的广场设计中用到同样的手法。步行区不只是简单地禁止机动车入内，这里必须含有阡陌交错的路径。值得我们学习的是，成功的广场设计中采取的往往是步行整体化的手法，尤其是当仅仅靠一条或者两条路径无法实现建立步行连接时。如上所述，不同的路径必须把互补的地点富有趣味地巧妙连接起来。功能性强的广场里往往布满不同的小场所。如果没有交通去妨碍一个行人，且所有的路径覆盖整个广场区域，那么做成一个步行整体区域要比做成许多个分开的单独路径更加高明。

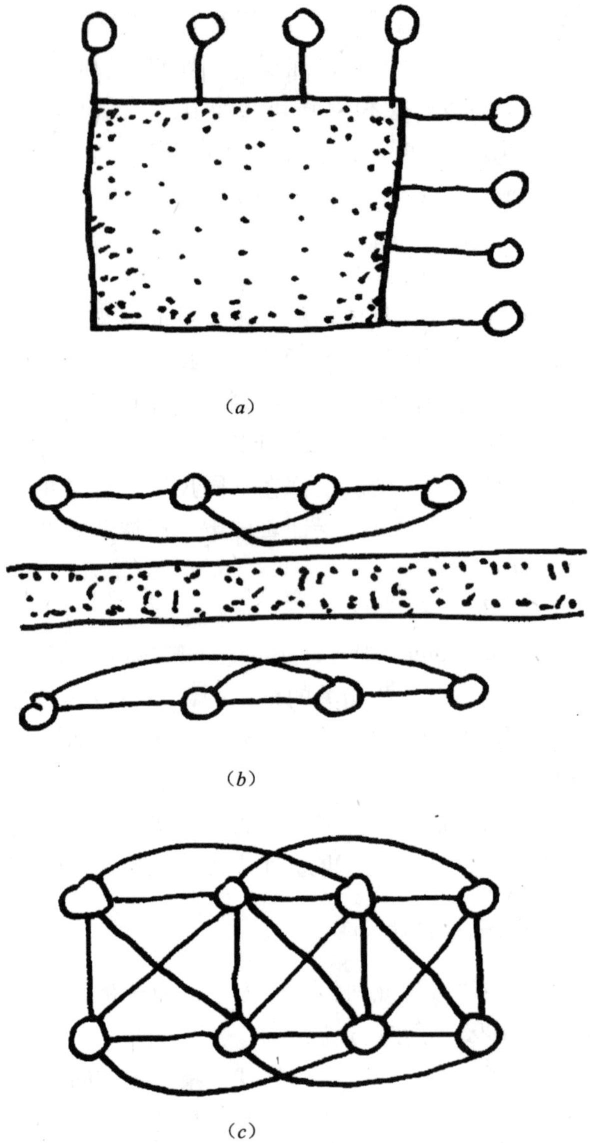

图 7

一个商业区的成功取决于步行联系的密度，这样的排列是为了提高效率。(*a*) 带状购物中心，每个商店只与停车场相连。(*b*) 主要购物街的每一侧都有商店。(*c*) 步行街或室内商场内的商店有更多的联系，从而互相强化

6.3 作为区域边缘的路径

我们可以这样来定义路径：它是一种线性数学的要素，用来区分和对比区域之间的不同之处。一条通过一个统一的领域的路径是含糊不清的，因为它既可以把该领域划分成类似的两个部分；也可位于该领域内的任何地方（请注意，多种明确的路径和确定单一的路径正好与此相反）。只有当它恰逢一个地区的边界，比如一幢

建筑的边缘，才是成功的路径（Gehl，1987），因此，凯文·林奇认为两个城市要素相结合时必须有一个基本方式：路径和边界（Lynch，1960）（图8）。在没有现存边缘的情况下，一面墙体创造了沿着路径发展的分割依据。而凯文·林奇指出，有时路径会沿线性的边缘发展。我们坚持认为，路径和边缘有可能是一种潜在的元素。在图像理论中，我们建议把道路和边缘都作为了解城市网络的手段。

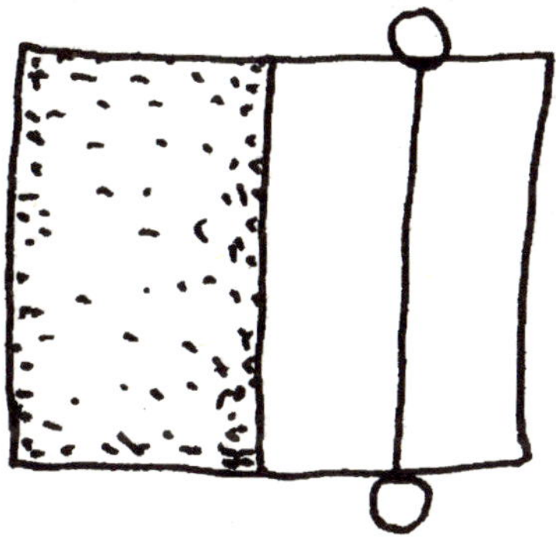

(*a*)

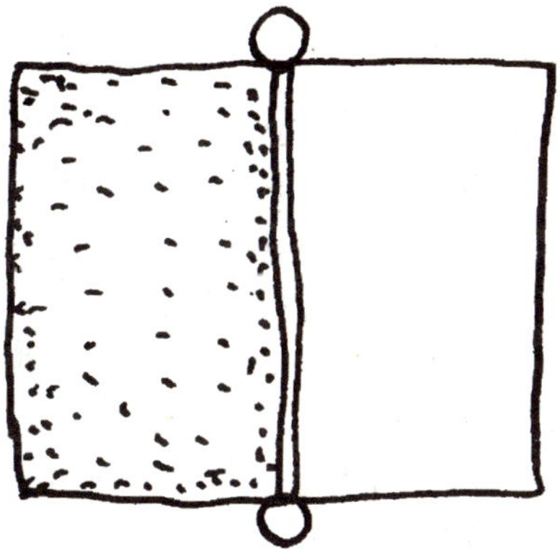

(*b*)

图8
路径作为地区的边缘。(*a*) 节点和路径的放置是无效的；如果不创造另外一个边界是无法界定这条路径的。(*b*) 自然边界有助于修复和维持这个连接

如果城市想要保持最大的稳定，就需要城市网络上的每个元素对所有其他元素保持强化的作用。否则将引发使设计失衡或者被打乱的力量。单独从某个地区的角度来看，路径扰乱了某一地块原有的统一性；它对该地块是一种入侵，因此不受该地块的支持。但是当我们沿着两个不同的地块的边界沿线创建路径的时候，情况则截然不同：路径对两边的地块都有所支持，所以路径受到地块的欢迎。某条建筑法规定了单元如果要分割，其未来的接口就必须满足这样的要求（Salingaros，1995）：任何分割必须使该单元的两块成为互补的关系，而不是类似的关系。

此外，人们的心理因素无疑也强化了路径的价值。如果两边的环境相同，人们

就并不乐意穿过中间的空格（无论环境是公共或者私密，还是在四周围墙封闭中）（Gehl，1987）。这是一种存在于潜意识内的情感，期望身处危险之中可以受到保护；所以人们希望靠近稳固的、有面朝外的物体。路径则需要边缘的保护。这就是为什么索链式栅栏无法取代墙壁，巨大的停车场为什么如此的不合人意。当然还有另一个极端，如果路径的两边都是围墙，就会形成幽闭空间。广场工程如果可以提供大量的边缘来让周围的多条路径通过是再好不过的设计。

6.4 步行路径优先

城市网络包括重叠的连接网络。今天许多规划者认为不同的网络可以相互重叠起来，这实在让我们没有理由认同。不同类型的连接存在着不同的尺度，因此在理论上它们无法一致。只有当网络上实现了不同层次之间的交叉和重叠，并且提供交叉连接，网络的结构的强度才能有所体现。当连接是被迫进行的时候，就会产生异样的连接（很多情况下是集中于一个路径）。异样的连接是无法运作的，因为它们的负荷超过了通道的承载能力（见图2、图4）。

在城市道路网络中，供行人使用的路径应该远远大于现有的数量。在过去70年中，我们一直在采用的消减步行路径，以及任意强加矩形（或其他限制性）道路网的做法，这些现象成为了一种不幸的趋势（Batty and Longley，1994）。第二个错误是相比较于人行道，我们优先考虑的是车行道。而亚历山大和同事们的研究中所建立起的网络连接的情况则不同（Alexander et al.，1987），他们得出的结论是城市道路网络的建设应该遵循以下最佳的顺序：最先确定的应该是步行路径和绿地，其次是步行路径的连接，最后是建筑物和车行道（Alexander et al.，1987）。我们的前人在过去建造的最大的城市正是遵循了这样的规律。如果仔细研究城市网络可以清楚地看见，今天的人们正在以相反的顺序建造城市，并逐步消除了人行道和实用的绿地。

社区的活动场所必须由功能性的步行路径所连接。今天这一现象只会发生在有些年代（20世纪40年代前）的社区，集群的房屋也应该有自行车路径相连。我们这样说，并不一定意味着需要单独开辟多种道路，但我们可以提供可靠的方式，以便让人们骑自行车不下车或身处繁忙的街道中没有什么危险（这个概念是由格林伯格在1995年提出的）。当集群的房屋只能提供和本地通行的普通道路时，步行路径和自行车的联系就会被忽视。此外，在大多数情况下，房屋前的道路并不是严格界定的地方，而是变成了繁忙的双向道路，这使情况变得更糟。

步行路径不必一定要和车行路径完全分开，也不是必然要独立于街头；这一切都取决于交通的密度。事实上，行人在视觉方面渴望有沿着街道的小路，这也是提高安全性所需要的，被视为孤立的步行道可能是危险的。只要流量不是大到令人不安，步行道就可以和旁边的街道并行。通常情况下，设置了适当减速设施的步行道甚至是可以配合车行道的（Gehl，1987）。

6.5 保障特殊路径的功能

在前面的部分，我们谈论了应该尽可能地建立具有多样化的连接节点路径的城市网络，但是这样一个过程也是有限制条件的。和所有自然连接的系统一样，我们希望只建立那些可用的连接；然而城市真正所需的，却是多样化的连接。一些指南或许可以帮助我们判断：哪些连接是有用的，而哪些不是。我们希望避免连接那些无论出于何种原因都不会用到的元素，包括在这里没有讨论到的元素。例如，现在有一种解决城市问题的方案经常被提到，那就是减少地块大小，实际上这样做很难保证新建的跨街通道有足够的流量承受力。同时这种方案的提出需要考量付出的额外代价，并且保证使用者的安全和远离犯罪（Hillier and Hanson，1984）。

在另一种情况下，城市要为跨越商业的公共通行权做很多斗争。如果这条道路使用情况并不好，城市设计就会以“为未来的使用”的名义将它删除掉。城市设计师必须优化条件，以能够使某个特定的路径有能力承载足够的流量。从几何规则的角度，设计而不考虑通行需求的道路往往存在着功能障碍；在这种形态中，错误的路径被假定具有为创造某种视觉对称效果的作用。尽管现在城市网络的模型使我们摆脱了这种错误的做法，但这不过只是短期内的游离，从一个工程里划分出一条道路，并不是从平面图上看看就能决定的。当然还有许多其他因素影响着一条道路的顺利建成，以及能否良好使用。

一些头脑灵活、善于观察的人声称步行城市已经死亡，它们存在的生存条件已经一去不复返了。我并不同意这样的说法。他们如此悲观的理由是人行道似乎已经不再工作了。我在这里要说明的是：今天绝大部分不能使用的通道都是被人工设计的、装饰过度的路径。它们所对应的是草图上错误的线条。为了修复现有的城市地区，我们必须清除这些错误的线路，也就是摆脱或转换这类无用的、令人沮丧的路径。如果不能成功，现有的取消道路的做法，必将会阻碍在建筑旁边建立一个功能性的道路，从而造成影响城市网络的障碍。在许多地区，如此的取消人行道的做法，已经取代过去设置有益路径的做法，从而建立起有缺陷的、却被当代城市规划者复制的模板。

6.6 作为组织原则的道路模式

车辆交通的目的是促进人类活动。在自然因素、建筑元素和人行道的连接建立之后，道路的组织连接常被引导到更高的层次上（Alexander et al.，1987；Greenberg，1995）（图9）。这其中关键的是要正确建立车辆的道路等级。在任何复杂系统中，应该把组织的收益从小到大排列，每种类型的道路交通意味着不同的密度，任何单一的规模都无法容纳所有这些问题。若干独立的网络将不得不在许多不同的交叉点连接。每种类型的交汇提出了有待解决的特殊问题，如果问题得不到解决，流通将被中断（Alexander et al.，1977；Greenberg，1995）（交叉点的分析暂不在本章论述）。

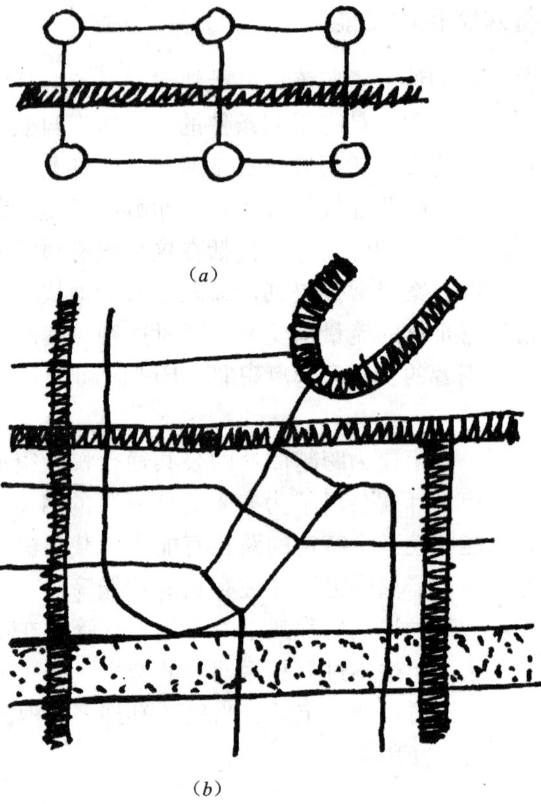

图 9

行人、自行车和机动车交通存在的不同路网有不同的通行能力。在不太宽的流动方向上有不同相交时，较弱的连接必须得到更有力的保护。（*a*）步行道路交叉并且连接到周边的街道。（*b*）当周边街道即有步行道路又有自行车道时，则应引入穿行道路

现在的道路功能丰富、可以容纳中等密度的汽车，努力提供（有限的）承载，负荷着大量不同类型的交通流量。同时有环状闭合的道路防止直行交通陷入新的郊区分支系统。但是这样的道路与实际的适用性是矛盾的，因为它在试图减少交通流量的同时，还要保持道路的宽度和表面来适应高速公路（Gehl，1987）。这种道路无视和削减了可以有效穿越城市的、低承载量的步行道路和自行车道路。此外，连接着的网络必须在各个方向延续，因此如果任何道路停止通行，人行道和自行车交通还可以继续走房屋之间的道路。步行和自行车路径应该是完全独立于汽车道路网络之外的体系（Alexander et al.，1977）（见图 9）。

我们需要密切观察这种复杂系统：层次组织要求能够适应不同大小的组成部分，并且能够恰如其分地将其纳入到整体之中。城市网络的局部或许很简单，它们交互

的方式也可能很简单，但它们之间的联合却十分复杂。如果我们需要用某种方法把它们连在一起，就应该尊重这种复杂性（Alexander，1964；1965）。而不是某天在纸面上动动笔，就希望解决组织进程中固有的问题。分层系统依赖于用恰当的方法，连接那些众多不同层次而相互作用的因素，这就肯定需要一个让这些因素增长的动态过程。任何简单化的组织尝试，必然要错过许多有助于内部稳定的连接。

本模式还没有发展到如何处理动态的街道和道路，以及如何映射城市的表现。一座城市的格网看上去可能杂乱无章，但是内部的逻辑从根本上说就是人的活动关联，许多城市空间的性能就是关联后的产物（Hillier，1996；Hillier and Hanson，1984）。这来源于希列尔、汉森和他们的同事从事的空间结构研究（Hillier，1996；Hillier and Hanson，1984）。这项研究尝试联系网络，协助减少人行道、街头犯罪与交通拥塞，特别是在居住区内。在此背景下，交通分配模型为许多出发地和目的地分配流量，以大大减少如图 2 和图 4 的路径。如此简化城市道路网格的方法，往往会恶化原本试图解决的问题。

6.7 必要的不连续性和分离

并非每一个节点在网络中就应连接到对方。以生物系统为例，不同的器官会互相干扰彼此的功能，除非它们被恰当地分离开。同样，城市网络的元素有可能会损坏相邻元素，除非我们对它们加以关注并且有效隔离。例如，一条高速公路旁的公寓楼，一道小径旁的高速公路，一片重工业区旁边的房屋，一个高档住宅区旁边的贫民窟（图 10）。所有这些都是城市必要的组成部分，却通常被某种屏障孤立起来（Alexander et al.，1977）。这并不是一个社会学的声明，只是一种实际观察的结果。凯文·林奇（1960）也强调边界作为边缘的重要性和必要性。

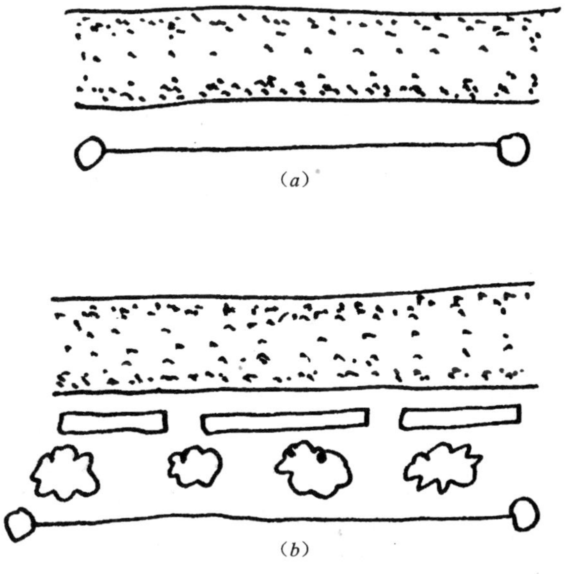

图 10
什么是不能连接必须分开的。障碍是保护人行道与高负荷道路分离所必需的。(a) 高速公路旁的人行道是无用的。(b) 公路两侧用以保护人行道和自行车道的相互间隔的矮墙和树木

毗邻繁忙的高速公路的人行道因为很危险，所以很少有人使用。在今天的规划者看来，这是不合时宜的道路，现在只是零星见于交通流量低、速度慢的小城镇中。如今在解决步行道和小汽车之间相互影响的问题时，人们已经不考虑步行道。在这种情况下，人行道应当被一条隔离带分隔开：要么是一段实墙，要么是宽广的种植树木的绿化区（见图10）。因此在人行道和高速交通之间没有必要加以连接（除非是一种视觉效果上的）。如果某种原因无法让人们把汽车停下来，以便接送乘客的话，它就应该被有效地隔离，道路的设计应遵循如此的方式。

如果我们可以恰当地采取一些隔离措施，那些截然不同的城市功能和邻里往往会更健康并且平衡地共存（Alexander et al.，1977）。我们谈论的并不是把原本相互依存的商业搬离出居住区，而是如何让两者之间的边界对它们发挥更加有益的作用。今天，高密度的道路有效地贯穿城市网络，其他解决方式包括围墙，河流，或一个大公园；所有这些在过去的城市中都能找到。但在新的发展中，河流被覆盖，因为它们不符合矩形网格，从而浪费了原本极好的天然屏障。通常情况下，现有的障碍导致了地区的不平衡增长。在其他情况下边界则提供了长期稳定的居民区。

我们在这里提到的边界，是因为它们全部被放置在了错误的地方。从数学上来说，我们有的仍然仅仅是网络的节点和连接。正如前面指出的，墙是加强通道和道路的理想途径，它们常常被用来隔断连接。我们需要在一面实墙上开口，允许道路的通过。比如公路这样强大的连接元素，需要在某个点引入城市。但是并不是放在那里的分离就是必要的，它们无一例外地跨越和断绝现有的连接。连接组织和绝缘要素是相辅相成的，今天我们对它们出于相反目的的使用，实际上是源于我们对城市网络的误解。

从这点来看，地区的轻微犯罪也可能摧毁一直运作良好的街道连接。当城市网络遭到威胁，它的有机反应就是建起围栏来保护自身，就好像生物的伤口会长出疤痕一样。这种单一的行为重组了社区空间，切断那些人们认为是犯罪根源的连接。如果来源不是局部的，每一个节点或一组节点都用围栏自我孤立，那就撕裂了城市网络。一个社区可以在一些轻微犯罪后恢复起来，但城市网络永远不可能在被封锁后重新建立。

7. 结论

本章推导出了一套从数学方面考虑的规划原则，并总结了产生城市网络的连接过程。遍布世界各地的所有成功的城市环境大都符合这些原则。另一方面，那些失败的、不友好的、令人不快的、孤立的、毫无尊严的城市环境却在践踏着这些原则。

区划法则的应用违反了基本连接要求，我们要为这些失败而负责。但是，根据适当的数学原则创造城市和人类的活动是有可能的。

保留大量多样的路径和绿地花费很大，这是不可避免的代价。但是种种迹象显示，如果这些解决方案都没有得到执行，社会将会付出更高的成本。邻里间的障碍将导致疏远和犯罪的增多；随后是郊区的衰败和物业价值的降低。最终的结果是在财政方面实施拯救性的条例草案，以期达成城市要素的适当平衡，造成该地区部分税收收入的重大损失。对人类而言，结果可能是灾难性的。这些最终的代价都应该引起城市规划者们重新的思考。

致谢

本章的撰写得益于和迈克·格林伯格（Mike Greenberg）进行的激烈而富有启发的讨论。

第 2 章　城市空间及其信息领域

• 本章编者按

——*阿瑟·范·比尔森*

本章[a]讲述了该如何体验城市空间。我们的现实环境正在不断地尝试与观察者进行着沟通，向我们的感观传达信息。这种交流的成功在一定程度上依赖于环境的可读性[b]。对城市设计师来说，城市的公共空间是独特的网络，它所围绕的表面，包括地面，都向观察者传递着信息，并从主要信息建立起信息场。

了解信息感知进程的基础知识可以在林奇（Lynch，1960）和吉布森（Gibson，1979）的研究中找到相关的定律。他们认为这是指在环境中几何元素的外观。而其他的研究（Appleyard，1969；Golledge and Spector，1978）认为感知过程中显示出的象征性、文化性和个人因素也在传达信息，例如一座纪念馆。

有效的信息可以分为客观信息和主观信息。主观的信息涉及象征、文化和对个人的意义。客观的信息来自几何外观，这可以加以量化，表达也相对自由。在信息理论中已有衡量信息量准确的公式（也是熵公式！）(Shannon and Weaver，1949)。更进一步有关信息和熵公式的内容可以在本书第 3 章的"结构平均信息量、信息和缩放等级"中找到。在这里作者将不会试图去完全量化信息，而是把它看做是提交给观察者的单向函数信息。

在本章中，三条规则为城市空间带来了成功。"成功"通常是指使用的空间，此外，成功的城市空间在某种程度上也感染着观察者的情绪，而这往往成为设计师和城市规划师新的陌生的追求目标。从实际角度观察一个人如何利用那些经过设计的城市空间的时候，会发现所见的城市不只是在传达结构化的信息，而且还在强调整体的形式，并且要求被观察地点附近要素的尺度也应较小，如纹理表面。这些可以帮助城市规划师和设计师在使用形式语言的同时也可以使用模式语言[c]。和手边熟悉的鸟瞰图、比例模型或地图相比，人们往往低估了通过体验者的视角（查看或经历通过主要用户眼中的世界）所观察到的情景。

编者按参考资料：

Shannon，C. E. and Weaver，W. 1949。"The Mathematical Theory of Communication。" Urbana(美国)：伊利诺伊大学出版社。

Gibson，J. J. 1979。"The Ecological Approach to Visual Perception"。波士顿（美国，马萨

诸塞州）：Houghton Mifflin。
Lynch. K, 1960。"The Image of the City", 剑桥（美国，马萨诸塞州）：MIT出版社。
Appleyard, D. 1969。"Why buildings are known"。"Environment and Behavior", Vol. 1: 131-156。
Golledge, R. J. and Spector, A. 1978。"Comprehending the urban environment: Theory and practice"。"Geographical Analysis", Vol. 10: 403-426。
Salingaros, N. A. 2003。"Two Languages for Archicture"。"Plan Net Online Architecture Resources"（2003年2月）。重印于"Architecture, Community, and Participation: Which Language?"。University of Rome Ⅲ (Aracne Editrice, Roma, 2003), pp41-45。
参见：*http://www.plannet.com/features/twolanguages.html（2003年2月）。*

---

[a]*最早出版于"Journal of Urban Design", Vol. 4, 1999, pp29-49。*

[b]*"可读性"一词是由凯文·林奇引入的。城市的可读性是指城市中容易让人认识并且组织和归并到一个连贯的整体模式的那些部分（"模式"为一般意义）。*

[c]*模式语言包含形式语言，模式语言包含了人类如何通过建筑形式建立互动，而形式语言包括提供给该问题的共同规则（Salingaros, 2003）。*

插图C
阿姆斯特丹（荷兰）的马克斯·尤维（The max Euwe）广场。和丹姆广场一样（见第1章），这个广场也是最简单的组织。但是在这个广场里危险的情况比较少见，因为广场只允许车辆慢行和边界最小化（路边）的情况。和丹姆广场相比它有更富趣味性的信息领域，因为它的规模较小，有树木和不同的材料提供了广场的触觉环境（本章的关键词）。它还有很多吸引人的地方，比如酒吧、商店和一个露天下国际象棋的地方（在照片的左边人们聚集在一起下国际象棋）。最后，因为周边的公寓可以看到整个广场，广场夜间的安全性有所提高（摄影：艾娜·克拉森）

• 本章正文

本章提出了一个基于信息领域和光学定律的城市空间新理论。城市空间的利用与由周围外表面产生的信息场有关，同时也与步行者可以轻松接收信息的程度有关。历史性建筑的外观常常呈现出一种分段的凹形，呈现出不规则的朝向，使传递信息在视觉与听觉信号上可以最优化。成功的城市空间还可以让人们在坐下和站立的时候从建筑物中获得触觉信息。这些信息的总和反过来决定了最优的步行道路和节点的安置。难以置信的是，在我们今天的时代却忽略了这种人类和建筑环境复杂的相互影响。反过来，这也恰恰可以解释为什么大量历史久远的城市空间为人们提供了孕育情感的环境。

1. 引言

是什么促使我们使用（或者回避）城市空间？事实上这要归因于周围表面的信息场所，它遍布于空间内并且将空间与人类意识相联系，而并不仅仅是那些在平面上就可以定义的空闲空间。空间体验以信息场地与人们的相互作用来定义。但是在20世纪末，人们趋向于把空间假设成空的体量。在这样的观点上，观察者是起不到什么作用的。空的体量往往采用大比例几何定义，它仅仅存在于一个抽象的数学判断之中。并且独立于周围建筑物以及任何其他观察者之外。更为关键的是，抽象的空间与人去体验的空间几乎无关。城市空间开放于天空，人们最容易对其进行平面定义，而且城市设计师也将注意力集中于这个平面的正规设计上。

需要提出的是，城市空间与人们对待其信息领域的基本态度有关，它的存在随着该领域中人类感受的强弱发生相应的变化。信息由周围表面产生：建筑立面、人行道和当地活动场所（比如树木）以及街道设施，这些在平面上关联甚少，而事实上，城市空间给人的感受关键在于周围表面的信息内容。建筑是人类思维延伸到环境的产物。我们建造建筑物，由此能够与其建立起关联；这扩展了对当前环境的感知。从另一方面讲，如果不能与周围表面相关联，那么人们就将发现自己生活在一个陌生的环境，最基本的本能将驱使他们离开这个环境。

除了身体接触还有视觉和听觉上的接触，我们还借助连接稳定的边界来定义生存空间，室内空间几乎完全被建筑物围合起来，严格来说，室外空间根本不需要建筑物；它们需要的只是那些环境周围的表面，供人们坐着和站着的活动空间以及道路。由于大部分城市空间开放于天空，那些与人们联系的细小的部分就变得十分重要，因为它们可以向我们感官系统中任何一个细小部分传达信息。城市空间依赖于界面良好的结构，它需要得到比建筑的室内空间更多的关注。这就是为什么理想的城市空间边界是由一些细小部分相结合产生的。

城市空间远比我们习惯的数学思维精密得多。从不变的、没有相互影响的简单形式，到来自于现实的极端复杂程度，事实上，我们得到的是一个同时联系着静态和动态，并且维持它们之间互相关联的复杂系统（Madanipour，1996）。最重要的是，该系统与其使用者之间建立的是一种非线性方式的关联。由于观察者的存在增添了信息容量，城市系统的状态发生了改变，从而使城市空间变得更加有用（同时增加它的使用频率）。在过去几年中，随着对复杂系统的深入理解，让我们在应对城市空间这种复杂问题的时候，不会被迫作出极端简单的假设。

1.1 生成城市空间的定律

城市空间遵从了一个影响其成长的社会逻辑，该逻辑的部分组成曾经被比尔·希列尔（Bill Hillier）和他的合作者们分析过（Hillier，1996；Hillier and Hanson，1984）。我们尝试找出城市设计的定律如下：道路、空间和建筑物的设计都依赖于某种类型的关联性，在目前来看，这些关联十分清晰。但是想要准确地描述这些基本的联系却十分困难。城市肌理由许多不同的组件组合而成，这些组件的基本机制人们尚未完全领会（Madanipour，1996）。人们用模型的方式从不同的角度解读，然后把理解结合起来形成完整的画面，所呈现的非线性性能产生于单独组件之间的相互影响，创造了最值得记忆的特征。如果从这一视角来理解就会容易很多。

如果城市空间引发了人类的感受与感情，那么城市空间就应该具备某些特质。历史空间是直觉、传统规则、社会条件以及建造材料之间互动的结果（Madanipour，1996；Moughtin，1992）。它们可能既不是理性思维的产物，也不是应用一系列规则后的结果。如今，人们与空间之间相互影响的复杂性变得更加令人困惑；如果我们能提供一系列城市空间的规则，将会很有帮助。大自然为我们提供了细小结构的实例，并且在历史的城市空间中确实包含分形的特性。拉克伦·罗伯逊（Lachlan Robertson，1995）和克里斯托弗·亚历山大（Alexander，1998）都相信，空间的肌理是由在各尺度上都相同的规则管理着；可以大到星球的尺度，也可以小到一块鹅卵石的尺度。

从成功的城市空间（即使用着的，并且可以感染人们情绪的空间）产生的过程，我们可以总结出以下三个公理：

（1）城市空间由显示明确信息的表面界定。

（2）空间信息领域决定了道路和活动场所的联系网络。

（3）城市空间的核心是让行人活动空间受到保护，且不受汽车交通的干扰。

这三个城市空间公理影响了公共空间和建筑布局。它们还提供控制建筑正立面形状（而不是设计）、结构细节和材料的一般性规则。在帮助确定城市空间时，所有这三条公理相互依存，相互影响，同时起到决策作用。公理主要在于基本层面而非大尺度的设计决策。平面、模式、对称性、轴，这些虽然重要，但相对于产生城市空间的基本过程都是次要的。这三个公理可用来支持由卡米洛·西特（Collins and Collins，1986）和罗布·克里尔（Rob Krier）（Krier，1979）所记录的成功城市空间的不规则性。然而在我们这个时代，那些更加侧重于平面的正规几何的城市规划者并没有创造出能为人们使用的城市空间。

令人惊讶的是，这三个城市空间公理不但与城市规划息息相关，它们和建筑的关系也同等重要。人行道上和建筑物正立面的、表面分化、颜色和纹理等，都是定义城市空间的基本要素。这其中包括一些结构的细分，以及历来被归为“装饰”的小尺度上的清晰程度。人行道和建筑正立面装饰的功能，是为了保证让每一位使用者在任何距离和建筑周围的任何区域可以产生互动。城市空间的成功取决于这种互动（Moughtin，Oc and Tiesdell，1995），本章的目的之一正是要说明这样讲的原因。

汽车和行人之间的关系是城市空间的主要议题。行人需要得到保护，同时又需要与汽车保持联系。尽管城市空间的核心是人行道网络，但在大多数情况下，空间也包含那些必须设置在外围，不侵犯核心的道路（但不是高速公路）。连接汽车的道路和人行道都至关重要，即使在狭窄的街道也要保证适当的运动密度。然而在很多时候，车辆交通的侵占毁坏了城市空间，城市空间最好的案例往往来自汽车还没有占主导地位的时期。道路虽然限制了城市空间，但道路或停车场不应该是定义空间垂直边界的边缘。城市空间应该由建筑物、树木和墙体界定，而不是被路肩界定，也不应该为汽车所限制。

成功的城市空间特征可以从历史实例（Krier，1979；Moughtin，1992；Moughtin，Oc et al.，1995；Paumier，1988；Wiedenhoeft，1981）中来推断。然而新的城市和郊区必须遵循机动化城市的模式，为了满足它们的要求，人们建设了大尺度建筑物。这样做往往摧毁了城市空间。今天存在着的郊区形式和现代化规划遭到大家一致的批评（Greenberg，1995；Madanipour，1996；Paumier，1988；Wiedenhoeft，1981）。本章的目的并不是要再一次攻击它们；相反，笔者认为，城市空间确实能够存在于今天的城市和郊区中，并提供了一个创建它的模板。

2. 空间信息领域

2.1 几何学对信息领域的影响

粗糙表面一般会把光线和声音漫反射到四面八方，反射的最大峰值是在垂直方向（与表面呈 90 °）。这就是为什么人们在阅读时大多保持视线与页面垂直，这样可以优化隐藏在表面下呈现的信息。同时，反射也会相当大程度地影响到物体的几何形状。通过定向围合出一片周围空地的构造片段，可以使它们呈现出最大量的信息，生成一个凹形边界。这样一来，光学和声学决定了局部地区（即小规模）内城市空间边界的几何形状。这一过程影响了亚历山大的“积极空间”——他所提出的一个相关结构共用的基本性能（Alexander，2002）。

但是几何和表面纹理信息领域最大化同时也带来了信息过载的可能性。这种现象往往会造成混乱，但信息过载至少可以避免依据数学上的对称性和联系使整体一致。其中协调的过程超出本章讨论的范围，而亚历山大详细描述了设计师应该如何从众多的困难中寻找平衡的解决之道，并且和与不同的设计部分合作，最终得到“整体性”的结果（同前），当然这种状态的确很难实现。但是值得注意的是，实现统一绝不意味着要从环境中消除一部分信息，让缺少整体一致的事实看上去不是那么的显而易见，即使后者的做法确实可以减少些视觉障碍（Salingaros，1997）。

2.2 信息利用以及城市空间的成功

在此我们必须先区分两个基本的概念：(1) 内容，(2) 可访问性。信息的内容即所描述的（即字面上的文本意义），而它的可访问性，是信息向人们传递的反向作用力（即阅读的容易程度）。作为第一步，即信息使用频率或使用强度是一个具有可访问性内容的最需要的要素。这两个要素之间需要保持一定的平衡。对于某一个特定的任务或情况需要，可根据它与信息内容的直接关系，来把信息划分成不同的等级。如果现成的资料内几乎没有什么相关的内容，就会导致在后期，人们会减少对这一信息的使用或者根本就不去使用。另一方面，对于那些不容易获得的信息，人们也不会多次去使用它。

人类可以被理解为是信息处理的某种设备，人类的存在依赖如何解释其周围环境所呈现的信息。进化而来的感知工具使我们必须能够立即判断和应对环境信息，正是这种能力使我们成为人类。此外，在复杂的生物系统的一系列功能中，空间的信息起到了基础性作用，所以系统对它们的需求，就如同我们对赖以生存的空气和营养的需求。同时，建筑信息的复杂性和组织性对人们的精神状态十分重要（Salingaros，1997）。对空间物理属性的利用和对空间所产生的信息领域的利用，在此被视为是同等重要的。

在通信工程中，我们可以假设信息的可访问性有赖于没有损失的检索和传输能力。但是人的感觉产生于瞬息之间，所以人们可以从建筑外观即时获得建筑信息，而不是在信息传输后获得。今天，我们对建筑形式的看法可以大致分为两个方面：(1) 信息的内容取决于建筑物的设计、几何形式以及它们的细分，这种细分可以一直分解到用特殊的方式组织起信息内容包含的所有元素的程度。(2) 信息的获得是由其表面的定位、分化的最小尺度以及材料的微观结构所决定。这些独立的因素产生了信息领域，继而又决定了城市空间的使用。

城市空间周围表面的信息内容会因为空间的空洞无趣或平淡无味而显得信息量很少。如果表面存在饶有趣味的图案，那么信息内容就会有所升高；在混乱不堪到让人沮丧的环境里，信息内容会变得过量。人们可以在这里使用 L 法 (Salingaros, 1997) 来界定表面信息的复杂性，辨别哪些是空洞的表面。另一方面，和前面截然不同的是，有些空间存在有组织或无组织的复杂性，这和前面的例子相反。可访问的因素是一个独立的问题，问题取决于人们的身体接触面以及在行走中的接收和接受。建筑的表面和受保护的道路密度之间存在着一种非线性的互动关系。尽管这种信息对人的情绪的影响还难以量化，但很显然，人们很容易对影响信息的可获得性的因素产生定性思维。

在过去有关城市设计的文学作品中，尽管从未出现如同今天我们期待看到的陈述，但是在 19 世纪后期，众多文学作品的作者已经理解到：今天被我们称之为的“信息领域”保证了城市空间的使用 (Madanipour, 1996; Moughtin, 1992; Moughtin, Oc et al., 1995)。其中，西特 (Sitte) 在这一问题上的研究颇有成绩，他的研究表明：每一个伟大的外立面都有一个相应的可以体验到它的城市空间 (Collins and Collins, 1986)。同样，每一个成功的城市空间往往将一个有趣的建筑外立面作为空间的一个边界面，城市空间将现实生活加入其中，并且让人们愿意在此逗留 (Collins and Collins, 1986)。

2.3 汽车取代城市空间

作者认为，汽车是这个时代面对城市威胁的时候人类情感的保护者。第二次世界大战后汽车逐渐取代了城市空间。汽车的内部装饰设计一直是令人惊叹的事；它们可以概括为舒适的，可以让人们触摸的松软泡沫物，过去很少有人能够感受到这样的环境。随着大规模生产，每个人都可以在路途中用这样一个凹壳把自己环绕其中。一旦有了汽车，就意味着人们又有了一个场所，这个场所向人们传达的信息是：你是受到保护的。于是在城市中，汽车与人们早已习以为常的步行体验开始直接竞争。城市步行空间能够给予人们的唯一好处就是为人们提供了与他人面对面交流的可能性 (现在随着汽车电话的出现，这种好处也被部分抵消)，以及与大自然接触的机会。

如果要在汽车内部的那个凹形空间和行人的城市空间之间做出选择的话，前者通常会占上风。部分原因是战后城市空间的系统消减 (后面的部分对此将详细说明)。其实，城市的确有引进高效率的汽车交通的需要，但是这种需要本应该服从于城市空间中的步行街（Krier，1979；Paumier，1988；Wiedenhoeft，1981）。然而实际应用的解决方案却与之相反，汽车交通粗暴地摧毁了城市的步行环境。而成功的方案则需要在城市交通中保持车行和步行的平衡，而不是简单地减少步行联系。如果我们不小心的话，就很容易创建一个和步行环境完全对立的环境，这样只能迫使人撤退到那些能够给他们的身体和心灵提供安全的地方——那就是汽车的内部。

2.4 与地面平行的已建实例

以下几节我们要讨论城市信息领域的创造。首先，我们需要列出可以尽可能说明表面信息的结构实例。世界各地建筑外表所呈现的建筑特色都产生于人类对空间信息的需要。这些影响只有在整个结构完全建造好的情况下才会发挥作用；而单独一座建筑物往往还不能反映出它的影响力。我们用下面图纸上的直角坐标系上的图来数字化地表达这些影响。其中 x 轴和 y 轴定义了水平面，z 轴垂直于 x 轴和 y 轴定义的水平面。观察者立足于 x 轴和 y 轴定义的水平面上，面朝 x 轴的方向。根据指标轴所示，文中以下图表反映的是在 x 轴和 y 轴定义的水平面上的图形，或者是 x 轴和 z 轴之间的侧视图。虚线显示的是应该有，但是实际上却并不存在的视觉和听觉上接触；实线显示的则是该物体对观众实际传输的信息。

（1）垂直层面和凹凸条纹接近地面。为了向观众反射出视觉和听觉的信息，建筑物表面必须有各种不同水平角度的反射。以此为依据，人们从结构上再次细分出垂直层面——在立面上刻画细长、纵向并且凹凸不平的条纹——以提供许多不同角度的反射（图 1）。当非反射面与观众正交时，建筑物能够传递出最多的信息，而平整的墙壁和矩形截面上的凸出元素就只能提供普通的传递点。需要注意的是，这个反射机制是在人们位于地面或是接近地面地方才会有效；向上延伸的建筑物垂直面或超过视平线的褶皱，并不会更多地传递人们所需的信息。

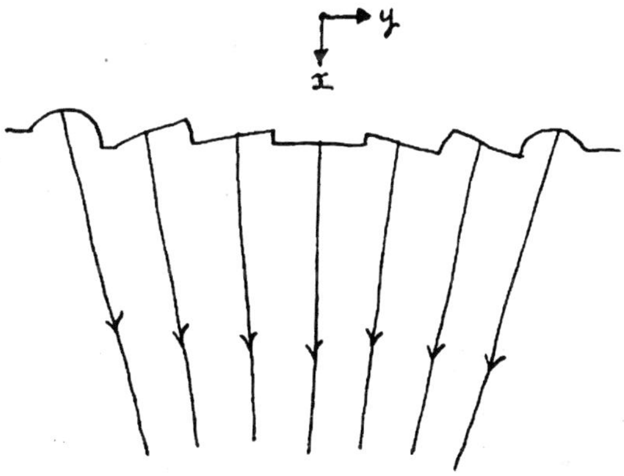

图 1
将建筑表面从地面层分解到垂直面和褶皱

（2）圆形露天剧场。古希腊的剧院是一个典型的露天凹形结构，其中的曲率给出了十分精确的声音和视觉的焦点。中世纪广场使用的凹度也收到良好效果。然而今天的广场总是长方形，要么过于封闭，要么过于开放（Whyte，1980）；人们往往无法从中抓住信息的焦点。

（3）庭院。整个地中海地区的住宅建筑多采用庭院来作为最大的生活空间。庭院的边界小心地把信息引向庭院内部。该模式也应用于中世纪的伊斯兰宗教学校、旅店、基督教修道院。与此同时，这样的模式也广泛应用于今天，比如很多大学周围布置绿色或铺设庭院采用的就是这种样式。

（4）柱廊。在古代世界里，柱廊定义了城市空间，并且它们还在现存的一些街道中继续发挥这样的作用。中间有一定间隔的柱子创造出半围合的空间（图2）。请注意，与连续而平整的墙面相比，柱廊有更多的连接点，因此在城市空间中，这将成为更为有效的边界。

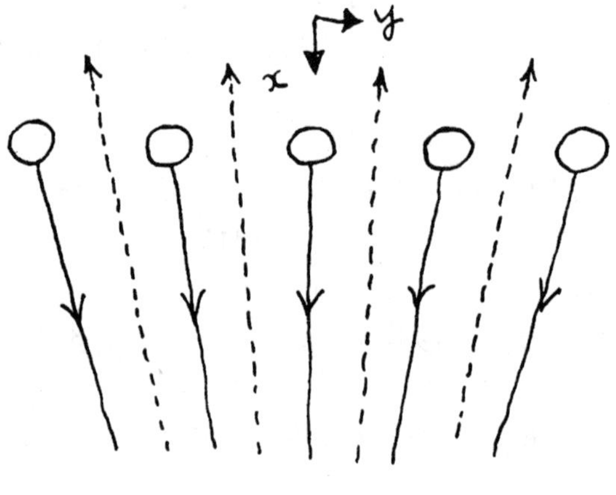

图2
每一根柱子提供了一个连接点

（5）圆柱和壁柱。在平直或向外凸起的墙体前面排列一排柱子，会增加墙体的反射率。排在前面的柱子既可以是一根根独立的圆柱，也可以是在半面镶嵌在墙体上而另一半面浮雕凸现出来的壁柱（图3）。前一种解决方法多用在古希腊建筑的前立面上，后一种解决方法则大多出现在欧洲中世纪和文艺复兴时期的建筑中。

（6）圆柱上的凹凸条纹。一个孤立的没有凹凸条纹的柱子所呈现的是一个单一反射正常直线的凸表面。柱上的褶皱将原来的凸表面变成了分段的凹面，从而成倍增加了的连接点（图4）。在更大的尺度上，多角小平面或边缘尖塔也应用了同样的原理。

图 3
沿着平坦墙壁的嵌入式圆柱提供了连接点

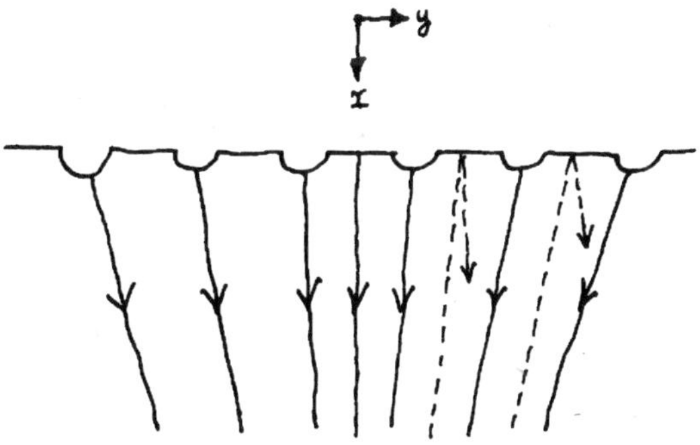

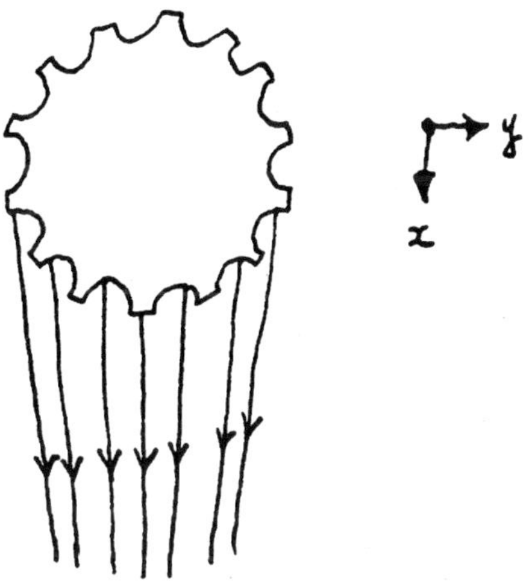

图 4
柱列上的凹凸条纹成倍增加了的连接点

（7）柱群。在欧洲中世纪教堂中的主要柱列中，最重要的一根柱子的四周往往伴有四根小半柱。这样随着柱子凹面的改善，柱子的反射特性相应的也得到增强（图 5）。这样的解决方法同样出现在需要打破的圆柱形建筑的凸外墙上。

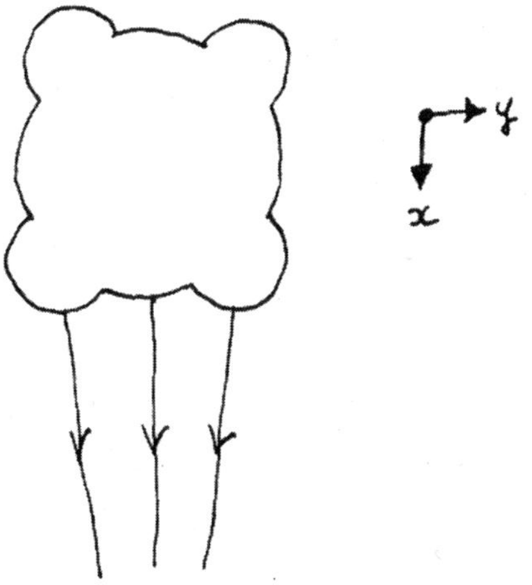

图 5
复合柱群增加了连接点

2.5 从地平线向上看的实例

在前面的例子中，获取信息的方式仅限在平行于地面的水平面。我们还必须考虑从视平线上升到建筑总高度时，在所有延伸的垂直角度中向人们传递信息。除了水平面上的解决方案，当观察者向上看的时候，视觉和听觉联系的情况会出现（这里暂时不探讨城市空间周围的最优建筑高度这一关键问题）。值得注意的是，现代建筑的风格在高于水平面的任何角度都很少提供表面信息，因为这种功能很少为人们讨论。然而如此严重的信息缺失，带来的问题就是会大幅度减少在这些现代建筑前面的城市空间。

（1）视平线以上的水平平面以及凹凸条纹。为了能够向下散播光线和声音给观察者，建筑的表面不得不在反射的垂直平面里小心翼翼地调整角度。人们往往用水平条纹或凹凸条纹界定和引导向下的各个角度（图6）。一般情况下，建筑物的特点是在视平线附近呈现垂直分布状，在视平线以上呈现水平分布状。比如印度的历史性建筑，尤其是传统印度教兴都庙宇（Hindu temple），会采取这样的解决办法，其取得的效果往往很好，而在正交的角部上呈现水平的关节就无法传达这种预期的信号。

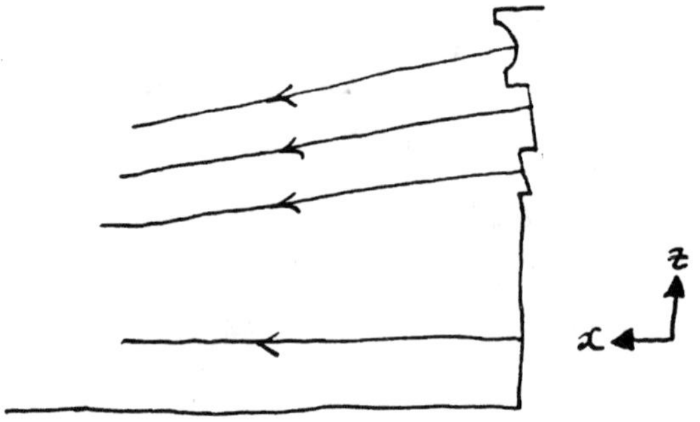

图6
将垂直墙横向分解为水平平面和凹凸条纹

（2）屋顶边缘。由于异常的沙漠气候，建筑物长久以来有凸出的屋顶边缘或飞檐的惯例。如果没有这种边缘，行人与建筑物高度之间的联系就将丢失。这种丢失曾经发生在路易斯·沙利文（Louis Sullivan）设计的 CPS 百货大楼（Carson Pirie Scott building）上，20 世纪 50 年代，原有的飞檐屋顶在“现代化”的驱使下被拆除了（Elia，1996）。

（3）屋顶角部。中国、日本和韩国的庙宇屋顶都在角部向上卷曲。建筑物向观察者突出了视觉的模糊性，暗示了可能存在的威胁，而这一被强调的角落部位将底部的表面信息传达给正在接近的行人。这就向建筑物以外更远的区域扩展了有效的信号。

（4）窗楣。纵观历史，窗户曾有窗楣或较深的外部框架，可以在视觉和听觉上联系窗外的观察者。而现在，窗户往往与外墙齐平——好像它们是出自“同一表皮”。这样做消除了传递信息的媒介，没有留下任何其他的连接点（图7）。

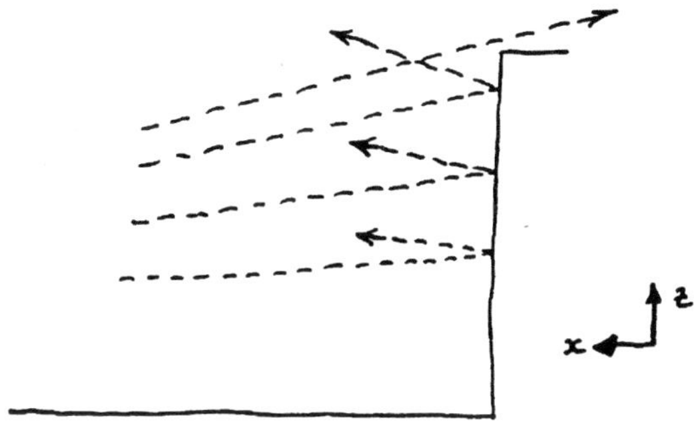

图7
在视平线以上，没有差异的建筑物表面无法提供信息连接点

（5）拱门。罗马式门廊宏伟的石刻、清真寺和旅店的塞尔柱入口以及帖木儿王朝（Timurid tiled iwans）的建筑，都是是基于拱形的凹元素。所有这些都关注了表面的信息。在我们这个时代，悉尼歌剧院是一个开放拱门的例子。街道层面的拱门对于接近的行人有着同样的目的。

（6）圆顶和拱顶。从万神殿，到圣索菲亚大教堂，到梵者都可汗的（Oljeytu Khan）陵墓，再到锡纳（Sinan）众多的清真寺，这些伟大的建筑物都对室内进行了重新创造，让人们明知空间是封闭的，却又让人感受起来如同身处室外。这些内部空间为我们营造城市空间提供了经验和教训。在一个小规模建筑中，有顶结构让人们免受天气影响，或者在独立基础上加一个垂直的覆盖物也有相同的效果。

（7）三角墙和装饰横条。古希腊和印度教的雕塑头饰建筑以及伊斯兰建筑的装饰头饰，使得即使是分散的领域也可以向各个方向散射光线；反射方向主要是向下。尽管它们与艺术和宗教价值没有太大关联，但是它们却是视觉和听觉的重要信息来源。

2.6 曲率、分形和多重观察者

以上例子描述的是信号被单个观察者接受的情况。同时我们有必要考虑另外一个问题，如果把以上的方法综合考虑，那么拿出的解决方案又如何呢？这就等于是问：即如果有很多不同的观察者，并且处在不同地点的位置，将怎样能够接收到来自某个特定建筑的信息？显然，焦点就不能只有一个点，因为这很可能造成不在这个点上的其他观察者收不到任何信号。基于有凹凸的面优于平滑直面的原理，曲面是一个上佳的选择，因为曲面允许多种角度的反射，将信号传达给许多不同的观察者。这个简单的规则解释了为什么传统的建筑外表在一个或多个尺度上会采用曲线元素。

每个单独的部分可以不必是凹形的——当然在实际上，一些方案会要求有凸元素——但总体而言，分段凹形需要一种在更小或中等尺度的部分进行多样化地分化。有了足够的分割，在任何尺度上建筑都将显示不同的子结构。这就是一种分形（Batty and Longley，1994；West and Deering，1995）。随机分形确实由十分复杂的随机过程以及环绕城市空间的详细结构产生。在过去的例子中，点缀和装饰在许多不同尺度的情况下将外表进一步地细分：其中最有效的是创建一个分形几何（Moughtin et，Oc and Tiesdell.，1995）。通常情况下，分形结构和主导尺度之间的联系往往是独立于设计风格之外的。

迈克尔·巴蒂（Michael Batty）和他的研究小组（Batty and Longley，1994；Batty and Xie，1996），以及皮埃尔·弗兰克豪泽（Pierre Frankhauser）（Frankhauser，1994）均证明，成功的城市形态在本质上是分形的。这个结果主要反映在城市的平面上，并同时应用于大尺度的设计和道路分配。然而分形结构同样可以扩展到建筑元素的层面上，如环绕城市空间的建筑外墙通过几何细分的手法加强信息领域的深远感，并且还从宏观的建筑物整体到微观的建筑材料的不同尺度对建筑外观进行细分。成功的城市空间具有分形边界（Eilenberger，1985；Robertson，1995）；同样，明显失败的城市空间则往往边界模糊不清。

2.7 凹入及围合

围合的想法并不新鲜。例如，英国的威尔士亲王——查尔斯陛下将“围合”确定作为他的“十项原则”之一（Charles Prince of Wales，1989）。查尔斯陛下通过对英国、欧洲和东方传统建筑的观察得出了以上这些原则。他对当代建筑有过毫不客气的批评，其中一部分就是关于它们没有为人们提供户外空间的围合感，而另外一部分的批评则主要是针对那些不再围合，并且只是被遗留在大厦外部空地上的室外空间（Moughtin，1992；Moughtin et al.，1995）。其实凹入要比围合更普遍：围合在根本上是规模最大的凹入。并且界定出空间信息领域是整个尺度等级的凹入必不可少的基本要素。

根据第106号模式“积极的室外空间”，克里斯托弗·亚历山大和他的同事明确提出开放空间中同时存在凹入和围合的需要（Alexander，Ishikawa et al.，1977）。这些需要恰恰与我们之前关于“空间需要有信息的传递”的讨论相吻合。最强烈的陈述出现在《城市设计新理论》（Alexander，Neis et al.，1987）中：行人、街道、园林空间，甚至是停车场，都应由周围的建筑物围合形成，而不是依靠以上这些元素来围合建筑。这些空间都是重要的，而建筑物是加以界定这些空间的手段。每当建筑物成为关注的焦点，就意味着空间的界定被人们遗弃。而在《秩序的本性》一书中（Alexander，2002），亚历山大更进一步地强调了在那些具有连续带状的公共空间中城市肌理的重要性。

在亚历山大之前，西特（Collins and Collins，1986）和赫尔曼·泽格尔（Sörgel，1918）就提出凹表面应对公共空间有所约束的理论。他们认为：所有成功的空间必然具有一定的几何特征，我们在创造新的城市空间的时候，应当遵守这些几何特征（Moughtin，1992；Moughtin，Oc et al.，1995）。戈登·卡伦（Gordon Cullen）的著作《简明城镇景观》(The Concise Townscape）自1961年首次出版以来，就被大家一致地认为对城市规划影响深远（Cullen，1961），但今天的设计根本无视书中的那些说法。如果明确应用卡伦的意见，实现他所提出的“典型的城市不应该是先开辟街道后沿着道路盖建筑，而是由一系列建筑来创造出空间的序列”的想法，过去40年内的大部分建筑环境可能会变得更加人性化：令人遗憾的是，在过去，甚至一直到现在，规划专业人员都忽视了这份关于城市景观的陈述。

2.8 材料、纹理和颜料

建筑外表所用的材料在建立空间信息领域时起到了十分重要的作用；建筑外表的品质成为一个独立于几何之外的因素。高科技材料是任何新建筑的必要组成部分。然而事实上，在所有界定这些新材料品质的描述中，存在这样一个共同的特点：它们均减少了表面信息。因此，新材料对城市空间的主要影响之一就是它们减少了人们获取信息的途径（在后面的部分我们将论证，这样做其实是有意的）。如果希望帮助城市空间形成，那么就应当开始同时使用新的和过去的材料，并以此用来增加建筑表面的信息。

历史性建筑物采用的传统材料，能够使建筑在各个角度的光学和声学信息达到最大限度的优化：一个事件的信号被分散到各个方向，以便它可以被众多观察者接收到。具有这样作用的表面有其特殊的特点。具体反映在：(1）有纹理的，并且铰接在一起，可以向不同的方向传递信息；(2）涂上了颜色值高、接近于白色的明亮色彩。一方面缓解表面纹理和雕刻的装饰向各个方向的反射声和光，同时色素可以吸收偶然光（非镜面反射），然后在所有方向重新辐射能量（散射）。其最终的效果应该基本相同。

传统建筑使一面墙壁在一个斜角的范围内进行反射，并同时发散出声和光。相比之下，打磨光滑的墙壁上的反射只能在表面的一个普通角度（正交）进行。视平线以上没有光的接触（图7）。更糟的是，反射镜面还阻止了所有的联系，因为人们的眼睛无法集中在一面镜子上（当然，把小镜子并列放置在有雾的地区的时候还是有益的）。在另一个极端情况下，任何十分暗色调的颜色，特别是磨砂黑、灰黑色和黑褐色会吸收所有的可视光谱，在任何角度都不能重新传递光谱。这种颜色的建筑外墙减少了传递信息的途径，和表面信息的传递毫无关系。光秃秃的水泥通常是一个中性的灰色亚光，具有较差的光反射和散射特性。

大窗格的平板玻璃制造了模糊的信息：视觉上的信号告诉人们在这里存在一个表面，但该表面上却没有任何信息传递。依赖于角度的不同，暗色的窗要么就是过于透明或者反光，要么就是过度吸收光线来定义空间边界。加强视觉信号的唯一办法是使用玻璃窗之间的结构框架；只要玻璃能放在相对较小窗格内，它就可以提供信息，这个解决方案几百年后都有效。亚历山大在模式第239号“小型窗格”中指出需要采用小型的玻璃窗对室内透光（Alexander，1977），当然，我们这里所关注的是户外反射光。

3. 信息如何决定节点和道路

3.1 信息领域影响空间

本文的第一部分建立了生成空间信息领域的方法，认为它可以定义成功的城市空间，并且据此将信息领域与周围表面联系在一起。在本文的第二部分，我们则更进一步地将信息领域联系到它所渗透的开放空间结构。存在于空间的道路和节点事实上是由信息领域所确定的。对大多数读者来说这一结果令人惊讶，因为它意味着对于人们来说开放空间根本不需要什么设计。“设计”已经被周围表面修复；人们只需要简单地发现它。不幸的是，这个基本结论在整个历史上都被忽略。在许多情况下，一个开放的空间一旦被“设计”之后，其结果却与周围建筑产生的信息场所往往毫无关系。

城市空间里每一对元素中的任意一个（即建立的边界，或空地），如果把它独立放置没有什么问题，但它们往往不能被随意地放在一起。因为每个组件不能加强另一个，这样做反而会削弱形成的整体，从而无法做到统一。最好的城市空间依赖于那些借助信息可以相互加强效果的组件。历史证明，当空间及其周围建筑缺乏联系的时候，城市空间会有所削弱。这个问题的基础是设计（这通常意味着一种强加的顺序）与发现（代表潜在特质有待提出）之间的二分法。目前我们还没有同时使用两种方法的指导方针。不过我们将试图提供一些解决方案来改变这种情况。

3.2 空间与道路的互补性

可居住的空间定义了一个三维体量，这个体量对人类活动和相互作用的路径起着围合和指引的作用（Bacon，1974）。同时，道路和活动场所也需要城市空间的围合和保护。道路、活动场所和空间在每一个成功的城市地区内相辅相成。前文已经介绍了城市网络连接图表的理论模型。城市空间的道路结缔组织作用是成功的关键因素。不仅如此，道路的实际使用情况是由几何和城市边界的内容所决定。观察者与空间信息领域之间的互动将保证有足够数量道路的存在。这种互动决定了城市的道路结构，同时道路结构又反作用于互动的存在。

在数学中总存在着不同性质的联系。举例来讲（忽略那些特殊的案例），每个研究对象既有质量也有数量；每个表面都有另一面；每根开放的线都有两个端点。同样的道理，每个功能性的城市空间既是功能的流通点，同时也是使道路网络产生滞留的节点。这一事实有着尚不为我们周知的重要影响。节点和道路形成城市网络和它的补充部分，城市空间不能仅仅只依据某个规律的平面就决定下来，因为道路往往只会依照它们自己的规则发展（参看先前章节）。当区域中所有的结缔组织元素都组织有序的时候，整体的对称形式才会有些作用。但是形式本身并不能确定道路，相反的是形式可能破坏道路。如果我们强行切断路径，将会严重破坏城市空间。

如果我们把空间和道路作为一个不可分割的整体，将有助于建立适当的连续性。道路不会突然被结束；它们穿过空地，并切断了建筑区域。城市空间服从于相同的拓扑结构（联系性），因此空间不能被孤立。在理想情况下，所有的城市空间应该被连接在一个巨大的连接中。它不仅体形较大，构成了城市的开放空间，而且每条人行道和节点都定义了城市空间的某一局部地区，因此会有大量不同尺度的道路和节点（Bacon，1974；Paumier，1988）。相反，城市空间的两个区域如果是由一个空间联系而不是由道路联系，那么两个区域就并没有真正联系起来。

3.3 城市空间的核心是行人

本文讲述的并非步行区域和历史广场；它要描述的是建筑物之间的整体环境。所有城市空间的核心都是行人，任何结构都是用来加强而不是破坏这一核心的。建筑、墙体、商场及人行道都是通过生成信息领域来定义城市空间。公路、高速公路、行车天桥、停车场等基本要素，我们应该围绕步行的核心，认真地对它们进行设计，否则稍有差池就会破坏这一核心。这些因素为人们提供了城市交通上的视觉刺激，从而增强了城市空间的感染力，同时也把人行道加入到城市的交通网络中。我们并不是主张从形式上将人行道从车辆交通中分离出来，而是倡导在认真保护行人的前提下，应该保持行人和车辆之间的互相联系。

城市信息领域通过与观察者的互动会产生瞬间的行人节点。当信息被人们关注，或由交叉和不同信号共振集中的时候（在汽车中这是不可能的），一个人会不由自主地在某些地点停留。这种由信息诱导的节点代表某个瞬间的行人停留点，这样的停留点的产生可能是短暂的，但它们出现的频率相当频繁。它们对城市空间的重要性远远超过像一条长凳这样的固定节点。其他行人的存在增加了在聚集人群中临时节点的数量，并普遍形成人与人之间复杂的相互作用。行人流量开始让人们仔细研究临时行人节点之间的较短道路（Whyte，1980）。

除了刺激一个人对所处的环境细节产生兴趣，城市空间还需要消除对两种不同情况的隐忧：(1) 边界面的模糊；(2) 来自汽车或其他车辆的威胁。二者无论哪一种情况都会对行人的心理造成消极的影响，这种心理为该地区的衰落埋下了伏笔。在本篇文章开始就给出的城市空间公理，正是基于环境心理学的核心而产生的。概念化的空间和未使用的空间具有产生明确边界的先决条件，并能在这些边界内产生自由活动。这是“间隙空间”的概念，或是在儿童心理学中所认定的良好环境。

众所周知，人类在环境的压力下，大脑会“降档”进入更原始的一部分，较高层次的思想和高级的思考被迫停止。这种情况一旦发生，知觉领域就会变窄，我们就会失去理性和创造性思维的能力。当人感到威胁时学习能力就会随之下降，所以，一个产生焦虑的环境将抑制我们的智慧。这就是糟糕的城市空间的典型反映。人类大脑不断努力把感官数据转化处理为信息；希望再将信息组织成模式。当大脑感受到材料表面的存在却接受不到信息时，所产生的挫败感会让人感到压力。

仅在少数地方，区域里的人行道得到足够的安全保障，可以和车行道和谐相处，该区域的城市空间也得到很好的巩固。然而在大多数城市和郊区，城市空间每隔几米就被车行道打碎，1 米宽但没有足够安全保护的人行道，其周围的实际宽度不得不受到影响而收缩得更窄（Greenberg，1995）。在停车场周围，新开的商店采用的是老式立面，本应当可以界定城市空间，但通常沿着店面的只有断开的人行道。造成城市空间如此巨大损失的部分原因就是人们往往粗心地将车行道路与人行道混合在一起。如果我们不小心处理，相比之下较强的元素——车行道将会完全取代人行道。

3.4 基于空间信息领域的解决方案

城市空间不是一个纯粹而抽象的设计；它是一种复杂的人类经验，这取决于观察者和信息领域的互动：说得更具体些，城市空间是人们在视觉、听觉、热感觉和触觉领域接收信息后的组合。一个连贯的含有大量信息的表面有助于产生城市空间。空间性和结缔组织的特性共同决定了城市空间的成功，我们应该分不同情况来区别对待道路结构。为了避免读者错误地以为这种理论只适用于一段距离之外的墙壁，我们首先讨论城市所在地的行人节点，并强调从表面接受触觉信息的重要性。而在今天，人们早已把城市空间中那些涉及触觉方面的种种问题彻底地遗忘。

3.5 身体接触的需要

任何令行人停止的功能，哪怕只是暂时的，都定义了一个节点，这是由一些可触摸的物理结构强化的。行人坐立的节点应提供明确的触觉信息。如拱门、壁龛、柱列灯箱或可靠近的树木等这些当地构造物，正是它们为人们提供了身体的接触点，可以说它们是城市空间必要的组成部分（Gehl，1987）。一片可让人触碰的墙壁表面如果和本地节点结合，将有助于与行人有所接触，并可创造成功的街道（Gehl，1987；Moughtin，1992；Moughtin，Oc et al.，1995；Whyte，1980）。该结论在人们坐下来的情况下也同样有效。使用最多的广场往往也是座位最多的地方，但人们总是把檐篷和固定座椅放置在所有错误的地点（Gehl，1987；Paumier，1988；Whyte，1980）（下文对这种行为会给出一个合理的解释）。

一旦信息与行人之间建立了强大的连接，节点就会提供触觉信息，这会在很大程度上影响城市空间，当然在这一过程中也会受到全球环境的影响。但是现在，即使行人节点存在于正确的地方，仍旧会因为设计的不当而流失掉那些视觉和触觉的信息，以至于在这种情况下信息无法传递。今天的柱子、灯箱、长椅以及座位由沉闷或边缘锋利的反射金属、突兀的石头或混凝土简单地做成某种具体的形状。巨大的、线条流畅的混凝土花盆没有向人们提供任何接触。如果最小的建筑结构都无法产生一个丰富而复杂的信息领域，那它们组合而成的就只能是一些无效的节点和杂乱无章的城市空间。

3.6 行人节点定位

理性的秩序往往会削弱城市空间的功能。根据它们各自的规则，边界、节点和路径结合起来的组织，其实并不能真正实现城市空间的功能。大多数情况下，那些通过建筑物内部平面以及向外延伸的那些建筑外部节点，往往会干预道路结构。建筑物只是定义了城市空间的空间界限，而外墙和角落为道路和人行道提供了切入点。根据在绘图板上构想的抽象几何所建设的广场往往是不成功的，因为它们忽略了广场内包含的诸多要素，然而所有这些要素之间的相互作用却具有高度的复杂性。在某些情况下，历史上的很多城市空间，其中有些是不朽的经典案例，依然对道路的不对称性等某些属性有所包容。

确定城市节点的正确顺序正是城市空间成功的关键。通常在现有的道路和道路系统中，一旦建筑物被建造起来，人们必然会去判断建筑物的外表是否可以提供足够信息以支持城市空间。如果可能的话，人行道必须要重新界定（在大多数情况下，人行道和城市空间会一起有所改变），以获得最大限度的信息互动。然后人们会确定哪些节点的信息足够强烈，以及如果想要获得较好的信息，选择位置的最好方法（例如窗台、天棚、亭或树木；或者反过来说，有些情况下需要清理附近的一些障碍物）。这些决定只有身临其境才能做到。但是今天的现实状况是，我们仅仅是从平面上看看之后就马上开始处理这些物体，做出的决定往往把抽象的对称性作为城市空间的基础，这就是为什么如果采取后一种程序（现在它就是所谓的“标准”）就无法创建城市空间的主要原因。

在理想情况下，设计应该从空间开始，并将建筑物安置在空间的周围。植被和自然特性的补充可以更好地帮助人们确定城市空间，同时反过来，所有其他已建的要素也可以保护城市空间，以使其不受侵犯。在亚历山大的第 104 号模式“现场维修”中，他建议保留土地最优美的地方，并将建筑安置在那些需要修复的地区（Alexander et al. , 1977）。这种方法赋予空间、城市或乡村优先权，并使用建筑加强空间，而不是用空间加强建筑。树是固定在地面上，同时也是富有生命的对象；它有一个奇妙的分形结构，并在任何距离上都可以提供丰富的信息场。你可以选择在任何地方放置建筑物和道路，但你需要一个世纪或更长的时间以等待一棵树苗长成参天大树。

3.7 作为城市空间的室内商场

本章概述的原则同样也可以创建成功的室内城市空间。我们应该延续过去大圆顶建筑的传统以及封闭的集市，比如在伊斯兰世界里那些沿街道密布的商店和 19 世纪米兰的广场等，在那里，室内空间取代了室外城市空间。商场的规划者定义了一个分段凹面，并围合出一个在视觉与触觉上充满丰富信息的行人区域，在那里，连盆栽都得到保护。部分的信息领域由展示在商店橱窗中的商品所产生，而其余部分则由购物者提供，这就是为什么通常人们不会经常去那些总是只有极少数人进去的商场。

尽管人们在商场设计方面大获成功，取得显著的经济效益，但是创建成功的室内城市空间的经验，仍没有被人们好好掌握和正确应用。在今天的城市里，一个室内商场可能是唯一的城市空间，使密集人群在没有汽车情况下也能积极互动。这证明了我们的观点：（1）信息和互动的需要；（2）行人领域心理上安全的需求。室内商场将城市空间与免费并且方便靠近的停车场分开。这种形式唯一的缺陷是，室内商场周围的停车场往往会把外面的行人道路和商场本身隔离开来。这种典型的美国模式在世界的其他地方并不是都可以看到，然而异曲同工的是，其他地方的停车可能在一个商场的顶部。

3.8 人行道、城市街道和街角

世界各地的人们不约而同地使用了极为普通且毫无特色的表面（哪怕这些表面是由昂贵的材料制成），却使行人与人行道失去产生联系的机会，这是多么的不可思议。无论如何，标准混凝土建造的人行道所能承载的信息过于狭隘，甚至不包含视觉信息。即使我们拿砖铺路，感知模式也通常被人们遗失。然而，人行道的表面图案可以产生很大的作用。例如，人们会因为美妙的马赛克和瓷砖人行道，感觉自己似乎身处于古代罗马的世界中。历史上圣马克广场的人行道是引人注目的例子之一，葡萄牙的建筑传统也有着生动活泼的人行道设计。今天最著名的现代图案人行道现在巴西，那里曾经是葡萄牙的前殖民地。

在老城的狭窄街道上，除了靠汽车道划分空间之外，对面的建筑物也可以作为边界。树木有助于界定人行道外部（路边）的边界；沿路中线种植树木，并不是一个有效解决划分问题的办法。人行道的内部边界包含了建筑立面的边缘和建筑入口。至关重要的是，在空间信息领域中除了横穿的道路会分隔城市空间之外，其他任何地方都不再存在间隔。如空地、露天停车场或建筑前过度的退让会都造成不连续性，同时也违反了城市空间的第一个公理，即碎化了城市空间（Paumier，1988），这和纯粹的空白墙面或玻璃幕墙一样，造成了信息领域的缺失性破坏。

不同类型的街角可以按照各自物理形式设计成为成功的街角（Moughtin，Oc and Tiesdell，1995）。最怕的是那些消极的角落，它们给城市空间留下了空白；通常情况下，有角度或弯曲的角落才基本算是成功；而耸立或有投影的角落是所有类型中最好的。我们可以根据提供行人视觉信息量来排列街角品质的好坏。假设我们沿街行走，把一个普通角的角落能给出的信息量定义为最小值，那一个凹角就比这个普通的角要强一些。另一方面，伸出的街角可以从任何沿街点观察到。位于皮里港（Pirie），路易斯·利采用"圆角"的处理手法（Louis Sullivan's Carson）设计了斯科特（Scott）百货公司（Elia，1996），就是这样的一个案例。

同样的效果向我们解释了，为什么那些任意一端有局部封闭的街道会是更加成功的街道。在历史实例中，街道很少直接拓宽进入广场；会由一些较为狭窄的结构作为过渡。这里可以是街道和广场之间的连接，或是街道之间不同部分的连接，这些连接给任何沿轴线行走的人们提供视觉信息。街道上的拱（现在不幸地被愚蠢的规则所禁止），是城市空间中有益处和有力量的边界。由一个建筑立面结束街道，如同在一个T字路口对面建起一面封闭的墙，为人们提供轴向的信息（Moughtin，1992；Moughtin，Oc et al.，1995）。在街道的尽头，人们往往在弯曲和绕弯处建立纪念碑，打破街道的冗长，也是基于同样的原则。

3.9　停车场和带状商业街

世界各地的许多商业大厦只允许汽车进入。于是城市空间被停车场取代，但是除非汽车能够直接停在大厦的门口，否则人们仍然需要从他们的汽车门里走出来，然后步行到达大楼的入口。这一过程就涉及到需要寻找一个临时的、在停放车辆和移动车辆的过程中受到保护的人行道。在许多停车场，就算是车行道也没有被明确划定出来，更不要说人行道了，于是就造成了混乱无序和危险的系统。具有讽刺意味的是，最近的一些商业街虽然拥有了老式建筑的外观（从而满足公理1），却不能向人们提供空间信息，这就违反公理2和公理3。因此建筑的信息被白白地浪费掉了，其主要原因就是因为人们都把注意力集中在停车场上，而不是集中在城市的空间区域。

我们必须彻底对停车场进行重新设计，以便让它们成为城市空间的一部分。其中一个想法是保护人行道，防止汽车对行人的干扰。但是现在，我们南辕北辙地给汽车道加上雨篷，反而把行人暴露在外。实际上，沥青和混凝土越少，下雨时排水就越方便。而且最理想的情况是城市空间和花园一样，我们可以在其中为街道和停车位铺上石头，在这之间行人可以安全地行走，不需受汽车的干扰，同时还可以防止在任何视角上城市元素被一眼望尽。还有最后一个问题——对人身安全的威胁是阻碍设立高层或地下停车场的因素。如果把电话亭这样的节点放在停车场中间可以对停车场的道路网络起到稳固作用的话，那么我们就有理由设想在走道开放的两侧有朝一日会有报摊和小吃店。

4. 削弱城市空间的行为

4.1 开放空间并非就是城市空间

通常情况，广场的发展从多种人行道重叠合并开始；城市空间通过提供一个保护性的边缘，只保护和容纳了现有道路。这种逻辑在近几年已经开始有所扭转，因此，现在我们期待（当然这是不正确的）有这样一个开放空间，可以放在任何地区，会自发地产生道路，使这个开放空间成为一个能够顺利运转的城市空间。如果我们取消了住宅与商业建筑之间的人行道连接，那么开放空间就无法发挥城市空间的作用。现在的一些新广场是完全敞开对外的，附近也没有建筑物或墙壁，但是如果它们没有得到来自周边的信息，就不能成为城市空间。只能从空中才可以清晰辨识出来的地面设计在现实中是完全无效的。

从欧洲完全照搬一个正在使用着的城市空间移植到当代美国的城市，是起不了什么作用的。新建的城市空间没有道路，也没有可以发挥作用的行人节点，并且通常情况下，周围的高层建筑也无法提供空间原所在地周围那些老式墙面的表面信息。它们从平面上看或许是相同的，但是所有基本要素却截然不同。另一个问题是，即使模仿出传统的墙面，但是如果使用了那些会最大化减少信息领域的建筑材料，其结果还是不能重新生成原始的效果。现代建筑表面单调而且有反射，角落锋利而且突兀；如果靠现代建筑的风格来塑造城市空间的话，模仿的只能是城市空间的肤浅表象，却难以抓住它的本质。

4.2 草坪利用的对与错

成功的绿化区本身就是城市空间：公园和花园被建筑物、墙壁、绿篱、树木、河流等部分围合而成（Alexander, et al.，1977）。根据城市空间公理2，它们必须由正在使用的人行道穿行而过（Salingaros，1998）。如果绿地能够让人们真正地触摸植物，或者坐在其中，或者步行通过，那么绿地就能够充满活力（Whyte，1980）。今天，绿化区往往用来填补平面上遗留下来的空缺地块。人们虽然在建筑物和停车场中设置了松散形状各异的草坪区域，但这对行人的影响是有限的。这种态度也影响到我们最常见的当代绿化区——郊区草坪，修建它们的目的更多的是让人们观赏而不是去体验。

那些因为道路太长而无法起作用的大片观赏性草坪基本上就如同荒凉的废地一般（参见先前章节）。而另一方面，一片面向房子的私人草坪既没有连接，也没有足够的距离与道路隔离，因此同样也没有什么作用。草坪最初的作用是在气候潮湿的情况下替代牧场为绵羊和牛提供食物，今天我们见到的草坪其最初的版本来自于18世纪的宫殿庄园。尽管在视觉上草地并不属于房子，但是在法律上它是房子的一部分，所以邻居不能踩它。私家草坪定义了一个没有连接或凹形界限的不明确的区域，需要定期修剪，实质上，这纯粹是一个社会地位的象征。

从空中看，一片草坪可能是一个很好的边界，甚至是城市空间的良好边界，但实际上它什么都不是。人类需要的是垂直边界连接，而且定义城市空间的元素也不会出现在平面图上。铁丝网并不是一个作为道路间隔的实墙，而是一个城市空间合适的边界元素。树木、绿篱、矮墙或栅栏将草坪与街道隔开，有助于建立私人用地。而相反的解决方案——将街道归入公共开放空间——也是有效的。孩子们常常在街上游戏，有时还会穿过几个开放式草坪。当对面房屋的距离十分远时，由周围的房屋和树木界定城市空间往往不可能（Gehl，1987）。此外，我们必须要减少交通流量；采用的方法可以是用石块和方石板铺砌起来封闭道路，也可以使用减速设备（Alexander，et al.，1977；Gehl，1987）。

人行道需要沿着建筑物的边缘（Salingaros，1998），但是它们现在却大都远离建筑物，并被设置在道路的边缘。人行道离房子越来越远，草坪阻碍了城市空间的形成。第二层边缘例如矮墙或木栅栏是一个糟糕的替代品，但在今天，即使是这些替代品，它们在许多住宅区大多也被区划法规所禁止。郊区的商业区通常包含两个相互不联系、彼此平行的道路：一条沿商店的外立面，另一条则紧邻道路。这种做法是因为绿化带和停车场的介入，分割了原本已经脆弱不堪的道路系统，而没有道路的装饰性草坪也违背了公理2。

4.3 与军事建筑相似的特点

在18世纪，城市结构并不遵循城市空间的公理。那时候防御性的军事建筑数量很多，受到攻击时城市空间的公理会降低步兵防御工事的效果。建筑物面对外部行人的时候，也同样显示出类似禁止与敌对的态度，它们需要的是减少信息沟通，军事建筑的目的正是为了让人们远离，这正是反城市空间的原型。要塞和城堡均设有庞大的垂直墙、凸塔、刺，没有围合结构，入口狭小，还有那些让人们毫无立足之地的区域。防守建筑会尽可能地把自己包裹起来，所以它们一般对外出现凸形，并且使行人根本无法进入。城堡由沟渠或蓄水护城河环绕，或者在陡峭的山坡之上；或甚至伸入海里，只有一座桥或大堤与海相连。它消除了与邻近地区的道路，这个空洞的缓冲区使外界也更难获得其结构信息。

今天的建筑物，虽然在几何形态是独立的，但往往流露出不欢迎行人接近它的外部空间的倾向。它们的前方或旁边可能有广场、草坪、人行道，但大多数新建筑都不是有意在引导行人在其周围行走。就好像堡垒，这些建筑往往用广场作为防御性空间，以求孤立和远离人行道和节点。设计这种建筑最初的想法是欢迎汽车的进入，但并不会阻止建筑与行人接触。今天的情况和入口模糊的趋势是有一定关系的，面对许多新建筑，人们往往很难找到入口，好像建筑物本身就是在防范入侵者一样（Greenberg，1995）。

一些当代建筑模仿中世纪防御工事的方式就如同在模仿使用砖或石等传统材料一样。虽然建筑表面没有呈现视觉模式或曲线的分化；但是表面仅仅使用了空白的墙壁、混凝土，这和20世纪的军事掩体如出一辙。今天矗立在市中心的那些墙面单调乏味的巨型建筑就是此类案例之一（Paumier，1988；Whyte，1980；Wiedenhoeft，1981）。现代化的材料正在变本加厉地阻止行人靠近建筑的周围：透明或反射的玻璃幕墙向观察者提供的信息少之又少，事实上金属镜面表面也是如此。高科技材料会与那些和环境毫不协调的几何形体结合起来，这使行人与建筑物表面的联系更加难以实现。

4.4 非欧几里得几何和理想形式

城市空间不是由拥有一个单纯直线形式的建筑物来界定边界的。如果建筑物是孤立的立方体或突出的抽象体量，它们就不能像凹表面体那样来界定空间。在大尺度的范围里，试图采用具有高度的对称性和次序感的柏拉图多面体的做法存在着根本性缺陷，因为在常规形状的建筑物中，人们实际上并不是通过单调的平面来感知空间的。建筑师致力于创造完全正交的角落和直线，但实际上由砌块搭建的建筑物看上去并不是笔直的。人类的视觉几何绝不是非欧几里得的几何。我们所看到的环境，就如同类似鱼眼镜头的短焦距所呈现的那样，其中并没有直线。如果想消除透视关系，追求完全方块的建筑效果，那么照片只有从很远处拍摄，并且要调整角度，改变镜头，使体块的边缘尽量呈现直线状态，才能使垂直的角度完全正交。

以牺牲人类的需求和活动为代价，将垂直边缘和纯净平滑的表面强加在环境上，这种行为在这个时代已经被假设成具有不可动摇的权威性。今天，当一个人提出要打破一个网格或矩形的时候，很多人都觉得这无异于在城市里搞恐怖活动。这种恐惧的背后并没有逻辑的支撑：它只是一个由于心理调节而带来的情绪反应。人们接受的教育往往是：现代文明依赖直线。然而，这是一个在近代才由学校教育和媒体加强给人们的想法；这是对传统城市热爱的缺失。网格或矩形代表了一种任意风格，却不应该是基本模式。在自然非直线结构中，一旦接受和建立了“长方形模式及平面优先”的价值体系，我们的文明将无法创造城市空间。

5. 结论

本文提出：（1）成功的城市空间由分段的凹面界定；（2）城市空间和道路相辅相成；（3）城市空间的核心是行人。这三个论点都是由关于城市空间及其信息领域的论证所支撑的。通过对伟大的历史空间以及传统民居的调查，城市空间确实可以由这些规则来定义。当看清楚什么对城市空间的形成产生积极作用的时候，我们就可以理解为什么它可以提供一个对人的心理有益的环境。历史的城市空间最大限度地对行人输入视觉、热感觉、声觉以及触觉信息。另一方面，如果缺乏定义和界定空间的信息，人们会感到心理上的不适。这一理论提供了判断现有城市空间成败的准则，并提供了修复它们的具体步骤。最重要的是，这一理论可以预测那些尚未建成的成功建筑的诞生。

致谢

我有幸在《秩序的本性》一书的编辑工作中与克里斯托弗·亚历山大共事，有许多概念就是在此期间萌生出来的，并在这里加以讨论。同时也感谢迈克尔·贝内迪克特（Michael Benedikt）、拉金德拉·博普娜（Rajendra Boppana），以及拉克伦·罗伯逊所给予的有益建议。

第3章 尺度分配的普遍原则

（与布鲁斯·J·韦斯特合著）

• 本章编者按

——*阿瑟·范·比尔森*

本章[a] 将从更抽象的层面讨论元素的尺度和多样性。元素可以涵盖从木头纹理到购物中心的任何事物。通常情况，人们将具有特殊尺度的元素数量称为多样性。本章还将讨论尺度的层次。在城市和建筑领域里，由于注意到人们对“尺度”的概念常常有不同的理解，因此在本书中，尺度包括多于或少于相同尺寸的所有元素。比如，一棵树上的所有树叶属于同一尺度，同样一座建筑中所有的门（同一尺寸）也属于同一尺度。

需要指出的是，尺度应该从最小尺度连接到最大尺度。我们感觉能够和环境有所联系的主要缘由是从最小尺度开始的，正是它们决定了对整体的影响。一个对象（比如水果）的表面细节传递了对象的信息（腐烂的或新鲜的）。这些细节体现了环境中最小尺度。这些尺度与情感相互联系，因此十分重要（比如判断环境是否安全）。城市环境应以同样的方式，通过表象发出清晰的信息，并且通过信息展现表象背后的内容。一个空白而同质平面很难为观察者提供任何“信息”（后一词汇的解释可以参见前文）。正是这些细节和它们的类别增加了它的易辨性（参见前文的介绍），并最终传达了意义。具有讽刺意味的是，在20世纪这些较小的城市元素通常会被建筑师和城市设计者（如公共空间）所遗忘。

本章首先假设存在着不同层次的尺度。尺度层次区分并不分明（许多尺度相互接近），通常会导致元素集合过于混乱。下一步是介绍尺度间的空间。假设尺度间具有常数因子，我们发现这个因子的数值应该是介于2和5之间（Salingaros，1998）。如果因子小于2则难以清晰地区分出尺度的不同层次。另一方面，如果因子过大（如10），则这些尺度在尺寸上又相差甚远，尺度相邻的层次间建立联系就会比较困难，并且难以形成一致的整体，这样人们就不会感觉到它们和环境有什么联系。

将具有正确尺度和多样性的元素随机地放在一起，这并不能保证尺度间的一致性。为了在不同的尺度间获得一致性，就必须将不同尺度的元素有机地连接在一起。

下面的列表总结了如何连接尺度（Salingaros，1998）：

（1）通过分层次的方法，在所有尺度上对颜色和表面形状进行对比，并且定义可辨认的单元。

（2）各单元相互配合，通过对称、重叠的设计方法，建立一个共同的网格，形成相辅相成的形状和颜色。

（3）各单位需要有一个比该单位次一级的单位界定边界，单位本身和毗邻单位组合成对。

（4）不同大小的单位可以互相联系起来，具有类似的形状，并且可以以不同的模式重复放大倍率。

（5）那些尺度的数量正在减少的类似模式，可以定义一个几何重点，同时配合功能性的焦点。

以下是有关上述提到的指导原则的更加详细的解释（Salingaros，1998）。

在本章中，你会看到一些数学公式。理解本章也可以不需要这些公式。其中最重要的公式是：

$$px^{m} = c \Rightarrow p = c/x^{m}, \tag{1}$$

在这个公式中，m 有一个范围在 1－2 内，由经验所确定的数值，c 是常量，它在本章的参数中并不重要。符号 x 表示元素的大小，由 p 表示元素的多样性（这些元素种类的数量）

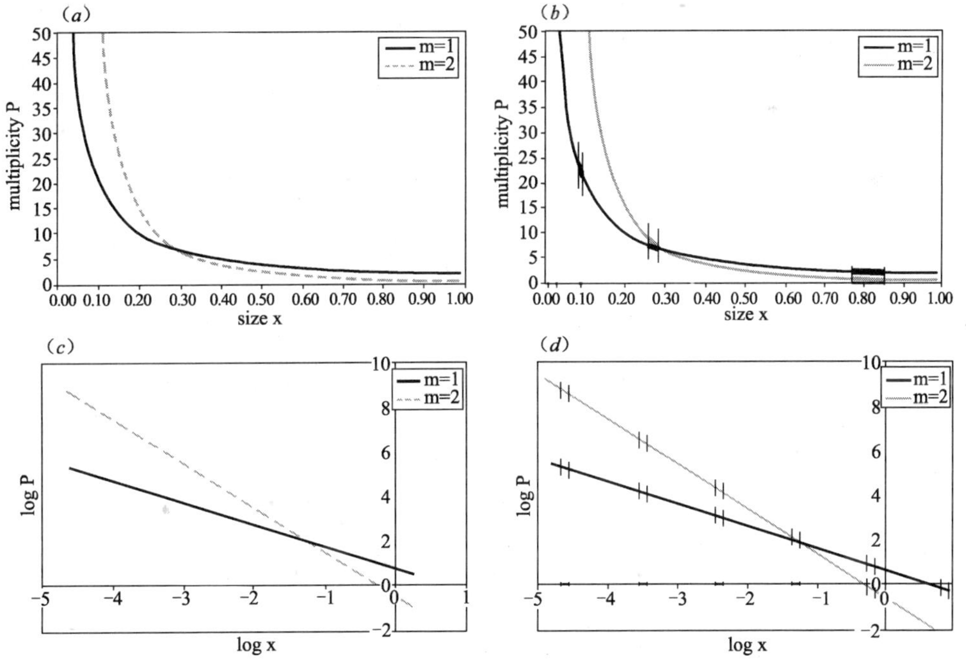

图 I

一条简单的曲线体现了指数值在 m＝1 和 m＝2（a）的时候的乘方规则。应用比例因子（这里是 3，±5%）也显示出若干分散的尺度，在图中加深标示（b）。曲线（c）和（d）是（a）和（b）的对数当量

用简单的话来解释，该公式表达的是：当一个分母很小（x 是小），它的多样性就大（p 是大）。因此，当一个分母很大（x 是大），它的多样性就小（p 是小）。曲线将有助于我们理解这个公式（图 I ）。

图 I 的曲线清楚地表达出为什么对数曲线（c，d）会被经常使用。事实上，一个经验公式元素的分布存在着相当让人惊讶的尺度。将此尺度适当地对应使用于前面提到的准则，从这一层面来理解，可以说本公式是为数不多的科学公式，城市设计人员可以利用它来创建更加协调一致和更加人性化的城市环境。

编者按参考资料：

Salingaros，Nikos A. *1998*。“A scientific Basis for Creating Architectural Form”。“Journal of Architectural and Planning Research。” Vol. *15*：*283-293*。

---

[a]*摘要版。全文版最初发表于*“Environment and Planning B：Planning and Design”，Vol. *26*，*1999*，pp. *909-923*。

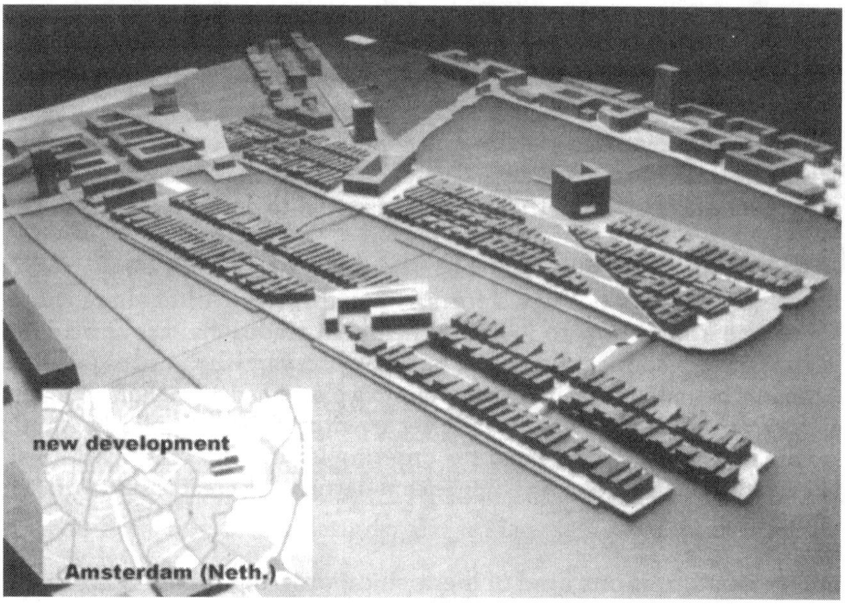

插图 D

一个三维模型，显示的是一项近期在阿姆斯特丹（荷兰）城市进行的扩建工程：*Borneo Sporenburg* 住宅区（中间的两个半岛）是一个丧失尺度的案例。一方面可以看见大尺度的建筑物，被设计师称为“雕塑的大坝”，一个大尺度的开放空间斜着插入半岛上的居住区，另外一方面，你也可以看见成排的独栋住宅。大部分中小型的人体尺度的元素在此荡然无存。请注意两片半岛之间的桥梁：右边的图片会在本书第 6 章中的插图 J 再次看见（资料来源：阿姆斯特丹市城市规划部门）

• 本章正文

人类的人造物品，包含从各式各样的小物件到尺度巨大的建筑与城市，它们都展示出了丰富多彩的细部。通常情况下，重复应用相同尺度的结构和设计元素可以定义某种特定的尺度。大多数令人愉悦的设计都遵循一个呈反比的分配原则：基础的相对的重数 p 与其尺寸 x 的代数次幂的乘积是一个常数，即 px^m = 常数，这是通过基本原则推导而得的。这就意味着 p 对 x 的对数坐标图的斜率为 $-m$，因此 m 具有典型性的取值范围：$1 < m < 2$，这样的关系在自然和社会科学中都被普遍遵循，如果违反这一准则，结构就很可能会没有逻辑，并与自身以及周围环境都格格不入。因此，对城市系统来说，理应也适用，事实上那些生机勃勃的城市确实也遵循该准则，具体体现在以下方面：（1）道路长度的合理分配；（2）项目经费的合理分配；（3）遵循以上一定乘积原则的建筑基础的合理分配。如果破坏了这三条分配原则，现代城市便会产生违背人性的城市环境。

1. 引言

任何人造或自然物体都是由较小的单元互相配合并组合成一个整体。在形式的视觉分析中，所有不同的单元都能够通过它们不同的尺寸、形状、质感、颜色等要素来体现其个性化。多年以来，人们往往假设认为这些特性要么是不经意间形成，要么就完全取决于艺术家或建筑师的个人偏好。在此，我们必须说明的是，这种假设并非事实，认清这些限制条件对于设计至关重要。

迄今为止还存在这样一些规则，它们隐藏在设计和复杂结构组合之中，却有力地约束着形式的组合方式。一旦人们了解到如何去查找，这些规则都能在传统艺术与建筑中找到。这些规则确保了外部世界与人类观察者本身之间的联系，人们会发现（尽管是在潜意识中），令人愉悦的设计中往往包含着固有的数学秩序。例如，设计单元很少是独立的；它们常常伴随某些多样性不断地重复发生。换一种方式来说：人们在视觉上对秩序的需求引导着我们将某些子单元设计成具有彼此共同的相似性。令人惊奇的是，大自然同样也会制造出彼此相似的子单元。

本章调查研究了根据子单元的大小而进行分配的等级秩序。这一过程与一些明显的几何学上的对称秩序形式——例如沿着某条轴线或呈轴对称布置元素——截然不同，不过对于最终结果的连贯性，这一过程和人们的感受同等重要。

在结构中多次重复的相似元素可以定义建筑的尺度。材料、结构和功能可以产生独立的尺度，因此它们可以区分出各个对结构的特性起基本作用的特定尺度。例如，一栋建筑可能有好几种尺度等级 x_j，每一个等级 j 都由等级 x_j 中相似重复的元素限定。结构尺度开始于形式的整体尺寸，如果不考虑材料尺度的显微级别的话，细部往往可以细化至大约 3mm 的尺度。为了解决用线性方式测量二维或三维部件所带来的问题，在此我们只使用一种特定的尺度，比如说结构子单元的宽度。

即使是没有经过人们刻意设计而来的尺度，在设计中也扮演着主要的角色，因为它们使人们的认知过程变得更为清晰。观察者的思维会将具有相同尺度的相似主体归纳成一种特定的尺度。这一过程就相当于电脑对电子图像的数字压缩，它们缩减了某个复杂的结构所呈现给观察者的信息量。很明显，该思维估计了每一尺度中的相似主体的数量。例如，我们把它们的相对多样性和这些数量，与已知的在自然界形成的复杂结构中的此种数量做比较，如果尺度分配和元素相对多样性与人们根据经验得来的内部标准相当，人们就能觉察到这样的结构是具有逻辑性的。

一个主体的影响力取决于它的子单元的分配，而非其他诸如形状、形式和比例等特征。于是我们又回到了那个最原始的问题：是什么让一个复杂的结构深深吸引着我们？问题的答案或者至少部分答案是：吸引力来自两种极端情况中间的某处平衡位置。过于常规或空旷会显得了无趣味；但过于出乎常理又会使人们觉得十分烦扰（*Salingaros*, 1997）。人工制品和建筑在提供纯粹的使用功能的同时，还要给予人们愉悦感，两个方面同等重要。和音乐相似，我们对一栋建筑或一座城市的喜爱源于它们给我们提供的一些常规的使用功能，并且其中还有某些特定比例的惊喜，详细的情况读者可以参阅韦斯特和什列辛格的例子（*West and Shlesinger*, 1990）。常规与惊喜是互补的特征，它们都取决于细部的分布方式。

2. 结构与设计细部的多样性规则

以生物学中的异速生长做类比，我们可以在设计中总结出一条能控制各个等级尺度元素的规则。这一结果提供了一种方式，这种方式让我们可以根据不同设计元素的尺度来平衡它们。当建筑元素量化成为一系列截然不同的尺度时，它们便定义了一个缩放的等级制度。以下关于最优尺度分配的建议使我们能够分析（并修正）现存设计中的不足，并且为我们提供一些实践性的准则，以供在进行创造新颖的设计时使用。

定理：某一给定的设计元素的相对多样性 p，该元素被重复使用的相对次数是由某一特定的尺度 x 决定，它们之间的关系大致上为 $px^{m}=c$，其中 c 与整体结构尺度有关，指数 m 是结构所特有的。一般而言，m 的取值范围是 $1<m<2$。

我们将这一多样性原理加以深化并论证它。值得注意的是，在众多自然与社会科学系统中已经应用了相同的原理。韦斯特和什列辛格（*West and Shlesinger*，1990）认为这是一个对自然与人造结构都普遍适用的原理。

如果满足广义的双曲线关系，一个结构通常被认为具有自我相似性。

$$px^{m} = 常数 \tag{1}$$

并且，在不同放大倍率的 x 之间存在结构上的（几何学上）相似性。正如我们在本书分形和多样性原则部分所探讨的，在人造的分形中，一个几何学的式样被严格地重复，然而在自然物体中，x 是指在重复的时候，不同尺度的复杂程度（有时是指统计学上的自我相似性）。在本章节，我们将公式（1）中的相对多样性 p 与公式（1）中的概率密度关联起来，并把注意力集中在产生分配公式（1）的这一过程上。随后，我们建议将公式（1）作为一个在全世界范围内都可以通用的复杂设计系统原理，并且将其应用于实践，最后通过实践反馈来证明它的作用。

遵循以上的推导，读者们可以转入本书其余部分的应用阶段（例如本书中“违反多样性原则如何摧毁城市”的章节）。尽管如此，我们仍在为结构形式选择合适的基础模式，因为这对于检验我们所期待的结果至关重要。但是，今天的大众普遍接受的是这样一个观点：即使最简单的复杂系统，也会规避物理学上用定数手法进行的准确描述（*West and Salk*，1987）。我们不能期望依赖另外一个领域的公式来描述该领域之外的一个能够符合该公式的系统，因为符合该方程式系统内部的机制是相互关联的，而不仅仅只是简单的因果关系。在这里，共时发生的概念取代了习惯的因果性思维。我们知道很多基本组织通过物理分析法分析后可以用某种解析函数形式加以表述，与此相类似，一个放大了的复杂系统的规则同样也可以总结为某个函数。然而在复杂系统中，最完美的描述是用概率分布的形式来呈现结果。

在本研究中实践十分重要，我将在下文介绍对多样性原则（1）完全不同的推导，以及该原则是如何诞生于平均信息量的考虑因素之中，同时还将说明这一生产过程是独立于任何特定尺度的假设。

3. 结构平均信息量、信息和缩放等级

如果要衡量每个结构尺度的相对比重，物理系统为我们提供了一个可以用类比方法来衡量影响的手段。为了量化为尺度的单位，我们采用了平均信息量 S 的物理概念。问题是该如何选择重数（概率），该设置什么样适当的值 p_j。如果可以衡量

某些数量，那选择的重数p_j和设置的值必须与这些测量保持一致。

首先我们在随机选择的复杂结构中，获得几个尺度不同的子元素的分布。该指数呈现泊松分布状态，和某个进程的第一时刻测量一致。它依赖于$< x >$的首选尺度的存在。可以发现正态分布与过程中的第二阶段测量结果相符，即$<x^2>$（West and Salk，1987）。然而只有基于不同尺度等级之间的互相关联，复杂系统秩序才会产生。这种组织现象属于等级制度的级别，它排除了一个首选尺度等级或尺度的可能性。因此，无论是指数（泊松）或正态分布都不能描述在尺度等级中演变而来的形态方式。

现在，我们所面对的是一种不受尺度等级制度约束的分配决定。放在人类感知能力的背景下可以这样理解：人类的神经系统对信息的反应是对信息进行类似对数形式的复杂处理，而不仅仅只是简单加工信息本身（the Weber-Fechner law；参见West and Deering，1995）。需要注意的是，这一限制通常与强加的限制不同，它并不只是发生在过程的某一时刻，而是始终贯穿该过程。

经过一番代数运算，我们可以确定该正常化的概率密度正是对反幂律（1）的形式。这就是所谓的双曲或帕累托分布，同时还存在一个重整化群关系的形式。结果意味着：

结构中的最小尺度与结构中的最大尺度密切相关，在一方未改变时另外一方也不能改变。

如果用另一种方式来查看这种关系可以发现：通过熵的变化，某种尺度的波纹可以全面地影响观察者眼中的结构。为了获得准确的分布函数，有必要对要素和密切相关的不同的组织层次j有所限制。

我们由此找到了传递平均信息量的方式，这样就可以将其平均分配到符合结构的所有尺度等级中。在香农（Shannon）的信息方式中，这是精确的信息最大化状态（Shannon and Weaver，1949）。双曲线分配（1）要求尺度较小的元素比较大的元素数量多，但是尺度等级通常是由逆幂律决定的，其变化在减少结构中各个等级的时候没有太大的作用。换句话说，因为双曲线的尾部很宽，即使是最大和最小的尺度均对促进整体结构的概率影响有限。与此形成对比的是，尺度等级仅仅出现在平均价值的正规或正态分布分配周围很小的范围内：所以与这个平均价值截然不同的尺度等级概率基本为零，它们对结构的影响作用并不明显。

我们将各个尺度等级看做是独立的个体，并且定义某个数值为整体结构的平均信息量。观察者对一个结构的印象取决于结构细部的尺度以及它们的多样性（相同尺度中包含有元素的数量，就是这一尺度包含的信息量）。结构平均信息量伴随物理量而增加，因此所有尺度等级对于信息量的影响就决定了设计的整体感受。

一个建筑或城市所包含的尺度等级越多，结构的信息量就越多，所以对一个形式的分解将会增加它的信息量。这一结果是从信息理论得知的，因为如果我们想增加系统的信息量，而又对其组成不做大的调整，那首选办法就是增加它的等级数量（Shannon and Weaver，1949）。有些 S 的最佳值将取决于几何限制，并有一个可感知的最小值。在一个均衡的内部组织系统中，每个元件的熵平衡模式应该有相应比例的重量，这样可以使整体结构的比例有相对自由的空间。从熵平衡方程出发，可以强烈感受到它和几何平衡之间的偏离（如在一个解构主义建筑）。当任何两个比例 i 和 j 都对结构有平等的贡献时 $S_i = S_j$，总的结构熵 S 可以按比例分配。从信息理论来说，这正是当整体需要承载尽可能多的信息时，信息本身应该具备的条件（Shannon and Weaver，1949）。

我们不应该把基于尺寸建立的多样性规则视为一项硬性规定：它只是显示了不同尺度上相对元素应有的大致数量。用人类感性的平衡感来判断的话，相对来说，我们的设计中应该大量包含那些共性较少、差异性较多的元素，而不是倾向于大比例地使用体量较大，并且在各个尺度层面均互动甚少的元素。公式（1）对结构的尺寸关注不多，因为在建筑和城市方面，从前的建筑技术还没有高明到今天的程度，但是即使在过去，绝大部分建筑和城市的风格变化并不会给当时的结构设计带来很大的难题。

4. 对不同尺度或设计细分量化的必要性

我们可以预先设定不同比例的级别，对设计各部分多样化进行规定。多样性规则依靠重复相同尺寸的元素来实现。显而易见的是，对子元素尺寸和形状的随意处理会影响它们随后组成的不同尺度，而单一的比例会造成形式缺乏多样性。因此，保证结构设计一致的重要组成部分之一就是经过量化的尺度。这又把我们带向另一个已经被讨论的问题——那就是层级与比例之间的真正距离（Salingaros，1995；1998）。

在以下情况下，比例的一致性会被减弱：（1）形式较空洞，而细部较少甚至没有；（2）随机产生的形式的细部分支本身并没有重复。第一种情况没有提供任何可以限制尺度的元素。如果没有中间尺度的引入，就无法将大尺度和小尺度连接起来，因为大小两者在设计上的鸿沟未免太大。第二种情况会带来相反的问题：人们的认知会被扭曲，因为人们的头脑不能一下子将那么多不同的元素组织起来，形成尺度感。后一种情况会导致信息过量，和第一个例子一样，它也会对人们造成困扰。

我们应该展现的是这样一种尺度形式，它可以在两种极端尺度中设置适当过渡的尺度，以满足观察者的需求。这就意味着不是所有的尺度都会事先出现在一个已经设定好的表格中（这将提供巨大的信息量）。观察者所得到的信息是容易理解的，因为这里只有几种尺度，而呈现的每一种尺度都传达了相同数量的信息。

在某个现实中的建筑物或一个艺术作品中，可以用方程探索尺度等级的选定。把设计元素的尺度设为 x，它也是一个对数函数的横轴，而将它们的多样性 p 设为纵轴，于是就得到了 $\ln p$ 对 $\ln x$ 的一个函数图像。这一图像形象地显示了不同尺度的元素是怎样为总体的设计或结构做出贡献的。

为了比较函数 $\ln p$ 和 $\ln x$ 的图像和我们理论上的预测，在此我们可以采用多样性规则的对数公式（1），这里包含了

$$\ln p = -m\ln x + \ln c \tag{2}$$

于是在图像上曲线的斜率显示了 $\ln p$ 对 $\ln x$ 的比值是 x 的指数函数，常数是在纵轴上的截距。样本表示这一函数与给予美感的物品尺寸基本相符。实物例子在函数图像上的点位构成一条直线，而这一直线的斜率与理论上的预测很接近。在许多例子中斜率是负的，而当 $m=1$，这就符合逆幂律的 $1/f$ 分布，具体例子可以参见韦斯特和什列辛格的研究（West and Shlesinger，1990）。

与此同时，人们也发现量化的尺度（Salingaros，1995；1998）也很重要，虽然这并不一定是逆幂律作用的结果。总的来说，数据在函数图上的点位并未被平均地分布在函数线上，而是分成了互不相连的几个组团。在大多数的情况下，点位分布清晰地遵循这样一个规则——每一个组团的数据在横轴上对应一个整数。这也就是说，我们可以在理解对数函数上换种思路，证明因素 k 是在多大程度上决定了尺度的多样性：

$$p(kx) = k^{-m}p(x) \tag{3}$$

在这个例子中，当 $m=1$ 时，萨林加罗斯（1995，1998）认为这些尺度值被一个特有的尺度值分成了不同部分，而这就是数值 $k=e\approx2.718$。

5. 普遍存在的相同规则

让我们想一想在自然环境中动物数量的分布情况，就会很自然地发现体形小的

动物在数量上大于体形大的动物，事实上也确实如此。人们可以先统计某一特定种类动物的种群密度，然后再与它们体形的大小作比较。正如邦纳（Bonner）(1988)和彼得（Peters）(1983）证明的：在生态系统中，动物体形大小 x（一项尺寸特征）和其相对丰度 p 满足公式（1）的函数。几乎所有的生物数据，从无脊椎动物到哺乳动物，都能用一条斜率为 -1 的直线表示出来（也表示为 $m=1$）。

总的来说，尽管并非所有系统的 m 都是 1，但是它们的误差并不大，我们可以找出很多例子证明多样性规则。这些规则在自然界和人类社会中的应用十分普遍，借助这些规则我们甚至可以去探寻复杂过程的内在结构与特性（West and Deering，1995）。

通常情况下，我们会普遍遵守多样性规则：如果 p 代表的大小为 x，那么 m 就会有 $1.5<m<2$ 的数值，参见帕累托（*Pareto*）(1897）的研究。如果 p 是城市的数量，而其尺度是 x，那么 $m=1$，参见洛特卡（Lotka）(1956）的奥尔巴克规则（Auerbach's Law）。如果 p 是动物物种的数目，那 x 就是这些物种的等级排列，那么 $1<m<2$，参见威利斯（Willis）(1922）或者洛特卡（1926）的研究；如果 p 是语言中某个文字使用相对频率，那 x 就是该文字的等级排列，那么 $1<m<1.5$，参见 Zipf（1949）；如果 p 是一个作家发表作品的相对频率，那么 x 就是该作家发表的论文数量，那么 $m=2$，参见洛特卡（1926）的研究，如果 p 是嘌呤 DNA 序列的数目，那 x 是嘌呤和嘧啶之间的差异值，那么 $m=1.25$，参见艾格尼（Allegrini）等人的研究（1995）。还有更多来自科学、地理、音乐和经济学的例子。

所有这些例子都来自不同的自然现象，在这些例子中，人类尚未充分了解其中包含的发生机制。尽管如此，所有的例子都符合同样的数学规则；可见这是一个非同寻常的归纳。在那些不为人知的例子中，这可能是唯一能分析那些十分复杂的整体过程的方法。

6. 分形与多样性规则

多样性规则与部分的几何形式有着密切的关系。部分以其拓扑关系和尺度为特征。也就是说，一条分形的直线有拓扑上的尺度 1，但它可以有无限的长度，因此可以填补空间。它的分形维数事实上对应我们的变量 m，而一条分形线 在 $1<m<2$ 取值。这可以用两个著名的例子表达清楚，参见巴特（Batty）和朗格尼（Longley）(1994)，曼德布洛特（Mandelbrat）(1983)，或者韦斯特（West）和什列辛格（Deering）(1995）的相关论述。

6.1 冯·科克（Von Koch）雪花曲线

古典的分形有这样一个特性：将长度逐步减小到不同的尺度（见本书第 6 章的

“本章编者按”中的图1、图2）。以一个等边三角形为例，选取一个比例 $r=1/3$。我们在每一条边的中部创造出一个新的三角。首先我们把每一边细分为三个等份，再将三部分中间的那条边作为新的等边三角形的底边，如此顶角朝外不断重复前面，继而创建新的三角，如此反复这一过程并不断重复下去。完成之后我们将数字定义为 p_0，长度为 x_0。将起始值设为 $p_0=3$，$x_0=1$，很自然就得到这样的公式：

$$p_j=3\times4^j, x_j=(1/3)^j \tag{4}$$

为了避免混淆，我们在此注明：增加 j 就相当于降低 x，而在其他的比例模型中这样的关系恰恰相反。用方程（4）进行运算，常数 $p_jx_j^m$ 是有限的，而且对任何 j 值都等于3，m 也等于分形维数（D_H），

$$m=D_H=\ln4/\ln3=1.26 \tag{5}$$

6.2 谢尔平斯基（Sierpinski）镂垫图形

我们再举等边三角形为例，但这次是将小的三角形插入原形内部。用比例尺度 $r=1/2$，而宽度 $p_0=3$，$x_0=1$，从中找到 j^{th} 的反复：

$$p_j=3^{j+1},\ x_j=(1/2)^j \tag{6}$$

再次测定出常数 $p_jx_j^m=3$，该指数 m 等于分形维数（D_H），

$$m=D_H=\ln3/\ln2=1.58 \tag{7}$$

以上两个例子将多样性规则和分形理论联系了起来。多样性规则比起分形比例来应用得更加广泛。这里存在的争论是该怎么来定义分形。许多应用多样性规则的例子中 $m=1$，而分形通常被理解为 $m>1$（作为一条分形线）。分形例子的价值在于它与尺度元素 r 有内在的相似性，并显示出不同的层级。Lnp 和 ln$x$ 的函数图像由沿一直线分布的间断的点构成。这两个例子之间内在的相似性显示了一个重要的结果，那就是尺度大小具有某种分级状态。

至此，我们需要重新考虑内在联系与理想几何学的关系。多样性规则（1）并没有提出进一步的假设。然而，重要的差异还是客观存在的。首先，自然形与人工的分形是不同的。正如在自然结构中所发现的，数据上的内在相似并不意味着准确的比例关系。第二，推导而得的比例关系本身并没有应用分形概念，因此这个推导适用性更广泛，也更为可信，这可不是仅简单地断言城市结构肯定会遵循分形的比例。因为推导结果本身就是基本结构规则的结果。这一规则同时也适用于许多由大

自然产生的分形。

当然读者也千万不要误解，上述分形体现的高度对称性是因为多样性规则在任何对称中都可以独立存在。这是萨林加罗斯（1995）所提出在缩放和对称性方面存在着区分的观点。随机分形发生如同数学上的 Lévy flight 统计方法那样，是由根据正幂率分配，然后独立连接的长度组成，这一过程是遵循了（West and Deering，1995）那样的多样性规则（1），那些事例并没有对称性。一些随机分形的现象已经在上文给出了例子。

7. 违反多样性原则会摧毁城市

现在要讨论的是和城市主义相关的三个方面：（1）路的长度或宽度的分配；（2）为城市建设与修复进行的预算分配；（3）根据城市尺度而存在的城市元素的分配。在所有这三个例子中，现代城市都违反了反幂率的缩放比例。种种迹象表明，这些违反原则的行为在很大程度上可能要为今天城市中的非人性化设计的后果承担责任，因为正是这些设计导致了城市的衰落。

在城市形态学中最为关键的问题是："城市最重要的尺度是什么？"这个问题很难回答。

在城市中并没有一个占主要地位的尺度，因为城市中存在着复杂的层级制度。

人类的活动过程不得不在一个很大范围的城市尺度上发生，并且每一个尺度都决定了所建的建筑物的尺度。因此结构的分配必须要让尺度有一定的自由度，这也反映了双曲线或反幂率的分布状态。

7.1 道路的长度与宽度的分布状态

近期我们进行了一些关于城市形式的关联性的调查（Batty and Longley，1994；Batty and Xie，1996；Frankhauser，1994；本书的第 1 章"城市网络理论"）让我们总结出功能性城市组织中有活力的邻里关系。这是由遵循反幂率函数分布的道路所联系的。全世界最成功的城市地区都有一系列的联系道路，从步行小道到自行车道、再到交通支路、交通干道，最后到高速公路，它们的数量依次递减。城市道路有时可能还以它们的宽度来确定，而不是仅仅依照其长度。这份数据是根据每条道路的长度和宽度，并对城市交通组成的分形结构进行测量而间接得到，数据呈现出一种按照反幂率函数分布的形态（与交通流的强度相对应）。

我们可以参照以上的发现，来对比机能失调的城市地区，可以发现在那些典型地区内部存在交通网络呈峰值分布的现象。一种极端的现象是，这样的城市有着最现代化的市区和缺乏小尺度交通形式的郊区（见本书第1章“城市网络理论”）。规划师们更关注的是高速公路和中密度的道路。那些强调尺度宏大、主观臆断的城市元素设计使得低密度道路和合乎人体尺度的小径难以存在。消除过去城市中的步行道路网络这一行为往往会导致人们失去和城市中历史街区进行互动的机会。在另一种极端上，城市内部贫民窟的产生不能完全归咎于道路结构本身，大部分原因是由于社会的经济状况和工作机会的变迁造成城市缺少长远的连贯性。并且从整体上讲，这种情况将当地的居民从城市的其他区域中孤立出来。在此我们重申一下，从更大的尺度来看，如果城市中有效路径的长度分布不当，就会把城市的内部从城市整体中分离开。

以上结果的支持观点主要来自于看似并不相干的对神经脉络的研究。在自然和人工系统网络中，往往短的脉络可以联系有序，而长的脉络则联系无序，例如一些无脊椎动物神经系统。最近有成果表明：相较于道路长度，更应该按照反幂率多样性规则分布道路的宽度，让最宽的道路数量最少，最窄的道路数量最多。两种极端（有序的短连接脉络，或者无序的长连接脉络）情况都会产生许多问题，因而世界的联系性会急剧减少（Watts and Strogatz，1998）。

通常情况下，数学上的适当转变就能改变全球的交通网络性。在一个常规的网络中，哪怕该网络中只有最短路线的互动，我们都能断开少部分的临近关联，用某个长连接替换断开的关联，从而使网络有所改变。该过程造成了“小世界”的网络形式的诞生（Watts and Strogatz，1998）。这种新形式不同于完全有序或者完全任意的网络形式，一般情况下，它通常具有完全不同的特性。用某种曲线图来表达完全连接的网络形式，我们可以看到不同道路长度的分布状况，它的峰值与指数函数分布状况相差不大。尤其是在某些城市化问题中人们采取的是相反的过程，往往用最临近的连接代替那些距离较长、随即配对的连接。所以我们推想“小世界”的网络实际上遵循了关于连接长度的近似反比例函数分布形式，而不是一个随机过程的结果，它们是某种准确且更加稳定的全球再分配状态。

7.2 城市建设项目基金的分配

亚历山大和他的同事进行过一个根据不同的规则分配建设项目资金的调查，他们的发现很有意义（Alexander Silverstein，Angel，Ishikawa and Abrams，1975；pp95）：在规定时间内，对不同项目资金最有利的分配形式是根据增长的尺度，给若干个（例如5个）不同类别的项目以同等的预算，分配形式参见公式（1）。如果 x 是项目规模（大致与它的花费成比例），p 是那种规模的项目的数量，则 $m=1$。当时他们显然没有关注到反比例函数缩放比例的影响，亚历山大和他的同事是从众多城市成功或者失败的案例研究中得到了这样的规则。

大的发展包含的是大的项目，小的发展往往包含的是中小规模的项目。今天，几乎所有的资金无一例外地都投入到了大项目，而且项目越大，得到资金的可能就越大。这种状况破坏了城市组织。因为有很多数目的中等规模项目，它们正在对不断发展中的城市组织进行修复，同样也需要资金的分配。最重要的是，还有更多的小规模的项目。但是现实中发生的状况是：大项目占光了所有的可用资金，因此小规模和中等规模的建设项目没有资金可以利用。没有了城市的修复，整个城市就会逐渐衰落。

资金在分配中严重倾向于大规模的项目，于是城市的发展奉行一种特别哲学：即资金的分配基本无视中小规模的项目，并且干预修复城市的行为，随后还会进一步蔓延到专有的大规模项目中。人们往往错误地制定一些方案，寄希望于仅仅凭借大规模项目的建立就可以顺利解决城市问题。对现有建筑的修复被认为是不可想象的、不节约的。人们似乎从未冷静思考过。这种添加现有结构来促进发展的方法是否正确？哪怕在几千年来全世界最受欢迎的城市地区，符合现代人需求的有机发展也被宣布是不可能实现的。在这一思想的影响下，人们将城市的自然元素、分形结构替换成巨大的不宜居的公寓楼和不实用的城市广场，这样种种类似的做法大行其道，并且已经改变了我们的城市。

7.3　根据尺度分布城市元素

传统城镇包含了许多不同尺度的城市元素，这其中包含从最大的建筑到街头设施、安全岛的护柱以及盆栽的尺度。我们可以宣称一个有活力的城市存在的必要但不充分条件是根据反比例缩放比例分配城市的组成。大一点的建筑和开放区域应该很少，并且应该随着它们的尺度缩小而增多小尺度元素的数量。更重要的是，必须要有小尺度的城市元素，它们是大组件中明确定义的细分和分散的自治结构，合乎人体尺度，并且数量众多。但是层级还不能停留至此，而是应该进一步在自然材料中发现和建立进一步的结构尺度，把它们应用到建筑物的尺度之中（Salingaros, 1998）。

现今城市遵循的是倾向于将城市组件大尺度化的分配规则，这其实和人类的活动并不相符。中等尺度的城市组件被严重弱化，最糟糕的是，由于人们毫不掩饰的仅仅从城市平面几何形态来考虑设计，从而完全淘汰了略小一点的城市元素。现代主义通常在大型公园里建造高塔，这种行为实质上是对基本自然缩放比例规则的践踏，并且已经造成了超越视觉表观之外的严重影响。这种在城市元素尺度方面存在一定倾向的某种分布方式，很难让城市的各个组成部分可以恰到好处地联系在一起，更不要说形成一条纽带（这也导致了上文所提的道路长度和宽度所带来的问题）。渴望实现现代化的第三世界国家接受了那些伪简约的现代主义城市模型，这导致了它们在不知不觉中毁灭了自己的城市。

导致这一切的另一个罪魁祸首是郊区的不断扩张。我们观察作为城市元素的独立房屋组件的时候，发现那些拥有前院的一家一户的房屋数量最多，并且尺寸和大小都差不多，它们形成了城市元素分配的峰值。总的来说，今天在城市的构成组件的尺度分配中存在两个峰值，一个是大型写字楼和公寓大楼相对应，另一个则是与郊区的房屋相对应。与此产生对比的是，现存的城市组织中很少有中等尺度，几乎没有比组成城市连贯部分的郊区房屋还要小的尺度。如今，中等尺度只能在发达国家城市中的历史地区，和在第三世界中建城时间较长的城市的测绘图纸上才能看到。(Batty and Longley, 1994; Batty and Xie, 1996; Frankhauser, 1994)。

8. 艺术与建筑的查证

本文的结果提供了一种测量方法，通过这种测量方法，我们可以评估城市的艺术感，预测建筑和城市发展趋势。大多数设计创新在开始的时候往往会遭到反对，但是许多（尽管不是全部）在最后都可以被人们欣然接受，究其原因是因为这些设计为人们提供了与传统形式相同的潜在快乐。如果像本文建议的一样，采用分层级的缩放比例，我们就能宣称在丰富多样并且引人入胜的设计风格中存在某种共通性。进一步推想的话，为什么有些设计创新甚至在一段熟悉时间之后还是不能为人们广泛接受，可能主要原因正是它们违反了多样性的原则。

直到20世纪，人们大都认为大自然是人类设计灵感的源泉。艺术家和建筑师并不知道设计的缩放比例规则，他们只知道大体上的动植物、水晶和人体的结构。人们在自然中可以观察到的不同的尺度（特别是它们如何彼此关联），给了他们对于尺度层级的本能感觉，之后艺术家和建筑师把它应用于艺术和建筑中，这并不是刻意地模仿形式，而是模仿其分开的部分和自然结构的结构复杂性。

我们现在对两种世界观有一个基本的了解，本世纪的设计理论追求形式的纯净或者标准的新颖。在今天艺术与建筑学校中，学生接受这样一种观点，即认为抛弃自然的尺度规则是理所当然的，因为只有先抛弃才会产生新的不同于传统工艺品的形式。在当代的艺术家和建筑师看来，观察者或者使用者提供的负面反应微不足道。确实，在这种惊人的世界观引导下，会产生更加新颖的艺术品或者建筑物。但是，科学的观点与他们的世界观毫不相干，这正是今天需要警告他们的地方。

尽管如此，已确立的“新”艺术形式，如立体主义，当它在设计中一开始应用的时候，也表现出和上述自然尺度规则类型的格格不入，但事实上它并没有完全违反它。如果有人仔细研究分解空间的分布规则，并且将之应用于毕加索（Picasso）

的画作的尺度分布研究中，我们还是会在他的画作中发现多样性规则（Nyikos, Balazs and Schiller, 1994）。我们研究了毕加索的 12 幅画作，通过数格子的方法发现其分形尺度大概为 $m=1.6$，不但在大中型的画作中发现分形尺度，即使是小尺寸的作品中也多少闪烁着自然尺度规则。同时丢勒（Diirer）、伦勃朗（Rermbrcondt）和蒙克（Munch）的蚀刻版画也从另一方面证明：画作上某些从大尺度到最小的细节的分形中，$m=1.8\sim1.9$（Nyikos, Balazs and Schiller, 1994）。

我们对建筑和城市主义也进行了相似的测量。发现现存的城市本身就具有分形结构（Batty and Longley, 1994; Batty and Xie, 1996; Frankhauser, 1994），这种分形结构似乎更符合多样性规则（参见本章前面“分形与多样性原则”部分）。博维尔（Bovill, 1996）曾经用这种数格子的传统方法测量过位于土耳其海岸的当地建筑的分形结构，结果发现分形尺度大约在 $m=1.6$ 左右。博维尔也测量过弗兰克·劳埃德·赖特（Frank Lloyd Wright）的住宅（罗比（Robie）住宅和团结教堂）以及罗比住宅的窗子，同样也得到了接近 $m=1.6$ 的数据。与此形成对比的是，我们对柯布西耶（Corbusior）的萨伏伊（Saraye）别墅进行了类似的分析，其中就显示了该建筑分形结构的缺失（Bovill, 1996）。

人们不会毫无理由地宣称我们对形式与结构的反应来自一个哲学意义的基础，并因此强迫自己孤芳自赏。这种尺度规则的哲学意义在于可以指出健康的和病理学的有机形式特征，这种做法是与之前建立的普通价值观产生的比例指数有所不同。幂率指数是一种关于变化程度的潜在测量进程：虽然太多的变化性和有机性不能补偿活力，但是太少的变化性和有机性却往往会致方案于死地（West and Deering, 1994）。

9. 结论

人们研究建筑和城市元素的尺度分配，是为了得到多样性的规则，这与以观察为依据的试验是基本一致的。在设计的尺度中，定义尺度元素为 x，重复的次数为相对数 p，可以总结出“$px^m=$常数”的规则，这基本符合某个物理的组织原则。指数 m 一般介于 1 到 2 之间。这个原则与尺度自由的设计想法一起形成反比例的分布状况，这在许多自然和人工结构中都能发现。小一点元素的数量会比大一点尺度的数量要更大，它们的尺寸分布应该相对稳定，并且保持平衡。

两种十分不同的多样性规则的起源如下：第一种规则遵循异速增长的结果；第二种规则遵循变化中的决定自由尺度进程的计算结果。对此我们的解释是：这样的结果仅仅意味着平均信息量和信息在进行转换，以便可以在所有的可用的结构尺度中按比例分配。如果只有一个单独的尺度，就只能得到很少的信息量。自身相似的分形结构服从该多样性规则。在那种情况下，我们的指数 m 等于这个分形尺度的 D_H。我们用两个举世皆知的分形案例解释了这种相关性，一个是冯·科克雪花曲线，另一个是谢尔平斯基镂垫图形。

人们往往应用多样性规则讨论城市主义独立的三个方面：（1）路的长度与宽度的分配；（2）为城市建设与修复预算的分配；（3）根据城市尺度而存在的城市元素的分布状态。我们认为可以在传统城市中发现、产生和保留多样性规则。相比之下，现代主义城市违反了多样性规则，并且当代城市实践强迫人们记住这些违反行为。我们隐隐感到这可能就是当代城市缺乏人性感知的原因，甚至可能是导致城市衰落的主要原因。

通过应用科学分析的规则，我们可能会发现人类思维固有的有序机制和我们设计的结构之间的联系。很明显，一些规则看上去很简洁，它们很难与重新认知的有相同类型的有序结构产生共鸣。这个想法与之前作者关于美和艺术的本性论断是一致的。这样看来，设计和结构可以是随意的，但是必须满足一系列的制约条件。从根本的组织机制上来看，设计的进程与发生在复杂生物、经济、物理和哲学等其他系统中的进程，在本质上应该有所联系。在这种背景下，建筑与城市主义能够受益于已经在其他领域建立起来的规则结果。因此，我们提供了一种新的框架结构，在这种结构下，人们可以获得实用的设计规则，这种设计规则就是基于那些几乎不变的通用规则。

致谢

感谢与 M·L·塞曼（M. L. Zeeman）进行的有益探讨。

* 合著者布鲁斯·J·韦斯特（Bruce J. West）：北得克萨斯大学非线性科学中心，登顿，得克萨斯 76203。

第 4 章　复杂性与城市的连贯性

• 本章编者按

——阿瑟·范·比尔森

在本章[a]我们可以看到一些案例，在这些案例中专业的城市设计师和规划者可以从现有的科学理论中受益。文中总结出的8条规则包含了经济学、计算机编程和生物学等学科中对于复杂系统的科学研究。这8条规则和城市规划设计密切相关，并且作为城市形式的规则至关重要。每条规则都附有案例和图表。特别是将会让人们看到每条规则如何使城市与相关要素产生成功耦合。当然，这种耦合即使在固定的网格中也可能会出现局部偏差。

我们可以这样来解释发生在20世纪的城市里的很多问题，至少是一些城市缺乏连贯性的问题。在第1章"城市网络理论"里我们提出了城市节点的原则，即需要重新建立互补性成对的节点，而不是相似性的成对节点。在本文的第2条规则中将有相关的陈述。城市是复杂的系统，它让人们不断反省究竟是什么使城市有机联系起来，并且生机盎然。

在此之前进行的诸多研究工作（Alexander, Neis, Anninou, and King, 1987；Hillier, 1999）和在第1章"城市网络理论"都表明，交通网络强有力地影响着城市的形态。在本章中，作者设想现在城市交通网络已经完成，这就意味着城市形态在一定程度上必须尊重现有的交通运输网络（其中最重要的是行人道路）。一般来说网络的物理可塑性决定了网络中几乎不存在断裂，网络的力量随着距离的增加而逐渐减弱。

城市要素（也被称为组件）相连接（也称为耦合）的行为也体现了网络的力量。我们将看到应该如何把城市要素连接起来，以创造出成功的环境（在图I中寻找案例）。成功的城市环境是指一个高效、适合居住并对情感有利的环境。

这8条规则（也称为原则）可以帮助城市创建高品质的环境。这些原则既适用于一个整体，也适用于某个要素或者模块。本章列举了一些实际而有趣的案例，希望有助于读者以科学的眼光来设计成功的城市环境。

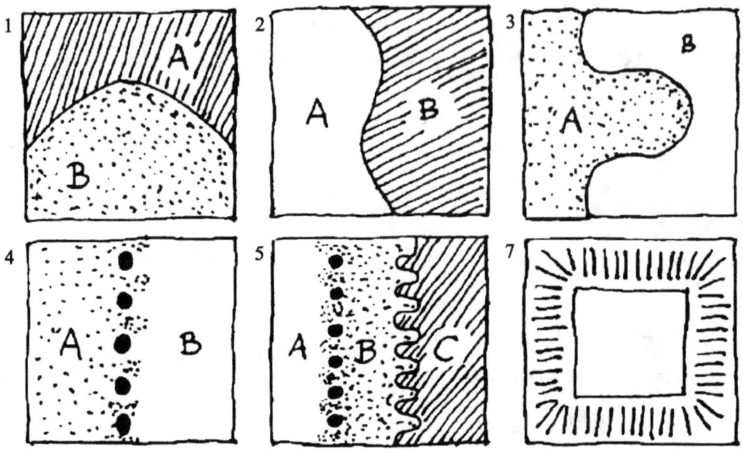

图 I
本章将看到的相关的“耦合”

[a]最早出版于“*Journal of Urban Design*”, *Vol. 5 , 2000 , pp. 291-316* 。

插图 E
蒙马特（Montmartre)(法国巴黎）的交界位置。路边的石头形成一个多功能路肩。石头在视觉和人的身体感知上都明确划分了人行道和车道，同时也维护了交通。另外，老年人或筋疲力尽的游客还可以坐在上面休息(如在图片背后的人)。这些边界（也可见图 4 和图 5）增加了市区的连贯性和活力（摄影：阿瑟·范·比尔森)

插图 F
法国格勒诺布尔（Grenoble）的某广场。和插图 E 比起来算是不太成功的案例。尽管在汽车限制的情况下是个还不错的步行广场，但是它的石头太低，坐起来并不舒服（摄影：阿瑟·范·比尔森)

• 本章正文

从生物学、计算机科学、经济学中发展起来的结构原理在这里被应用到了城市设计领域。借助其他同样有相互错综复杂关系的体系理论，我们可以理解城市形式的连贯性。许多不同层级尺度紧密联系在一起，首先形成次组团，然后这些次组团再次组合，重复若干次后就形成复杂的大尺度的一体化区域。如果反过来把层级逐层下分，也可以一直分到材料的自然结构等级。小尺度的多样化元素和功能保证了大尺度必须的连贯性。一些僵死的城市和郊区可以通过之间几何关联部分的修复再次复活。如果在设计中把这些建议付诸实践，在那些新建的项目中就可以实现连贯性，这种连贯性正是过去在城市设计中最受青睐的特质。从本质上说，当时提出的设计规则和今天使用的规则是截然不同的。通过修正当代城市规划实践，我们可以看到直线的网状布局并不能够将整个城市联系起来，这样的布局只是一种误导。尽管这些理念具有一定的科学依据，但是和传统的城市论点并无关联，它们只是符合新城市主义。

1. 引言

本章将应用科学的原理去解读城市的连贯性。从诸如雕刻、陶制品以及纺织品这样最小的手工制造品到大的建筑物，具有最高品质的物件的共同点就是具备特有的几何特质。尽管我们通常不从这个角度考虑，但是人们坚持认为城市的形式和规划机理大体也是遵从着相同的规则。既然漂亮的雕刻品或者纺织品的几何规则会让人产生积极的情感回应，那么我们是否能在建立城市的邻里尺度或者整体城市尺度的过程中确立类似的规则呢？如果可以的话，优质的城市环境特点会与人类产生共鸣，这一点的共识可以从几何学的角度来进行解释。在本文中，诸如此类的将要进一步发展的观点已经在克里斯托弗·亚历山大最近的作品里得到了提升（Alexander，2002）。

所有生机勃勃的城市都具有一个共同的必备因素，那就是城市组织不但高度复杂，而且整齐有序（Jacobs，1961）。所有要素在几何层面上加以整合，并且形成了连贯性，从而塑造了明确清晰的城市形态学。结果表明该形态学和传统的城市和城镇紧密联系起来：从全世界范围来看，尽管文化背景有所不同，但是无论是那些没有刻意规划过的村落，还是19世纪中期之前那些在城市中，在某种程度上被认为是随意而低矮的住宅区内，从系统形态学的角度来解读，它们所反映的几何连贯性与20世纪经过专业规划的城市尤其相似。一些当代城市的形式规则削弱了今天城市的复杂性和关联性，从而也无法创造出城市的连贯性。我们将分析为什么会造成这样的结果，并且提出行之有效的新解决办法。

构成城市的不同元素有街道、商店、办公室、房屋、人行区域、绿地、广场、停车场等，我们需要把这些要素相互联系起来，并且组成成功运转的城市，这样才能营造出一个高效、生机盎然且丰富居民心灵的人文环境。这种成功的塑造需要依赖成功的几何连贯性（Alexander, Neis, Anninou and King, 1987; Hillier, 1999；本书第 1 章）。交通运输网决定了城市的形式，城市能否成功运转要看城市的道路网络是否能够有效地关联（Alexander, Neis et al. , 1987; Gehl, 1987; Hillier, 1997；本书第 2 章“城市空间及其信息领域”）。而且，如果城市空间可以容下人行道，那么城市还应包括路人的行为生活。再者，单纯的几何因素通过自身的一套规则形成了城市的连贯性，同时决定了城市的成功。当然以上这些需要脱离道路结构和城市空间的形成去单独研究。

要在任意的系统里实现几何连贯性，产生一个内部联系紧密又错综复杂的整体区域，这就必须按照以上规则加以约束。具有几何连贯性是城市成为一体的鲜明特点，通过该形式，城市被连成一体；这也是城市的结构是否具有生命力的先决条件（本书第 1 章）。其中内含的基本思想也很简单：城市是一个道路网，依据拓扑学原理是可以进行变形的。具有连贯性的城市一定是可塑性很强的——可以弯曲，可以扩展，可以压缩道路，但与此同时仍然不会割裂原有联系。为了实现这样的目标，城市的结构必须从最小的尺度开始建立起强有力的关联，而在最大尺度上可以联系略微松散一些。在各种尺度上的关联性形成了城市的连贯性。

在生机勃勃的城市中，每个城市的元素是不同规模的层次所定义的子元素的组合。同样大小又明显互补的元素可以两两成对组合，形成下一个更高层级的元素（Salingaros, 1995）。不同大小的元素以不同的类型连接在一起，使组合内每个元素彼此都可以相互联系。最强烈的连接是局部的连接（近距离的连接），相比之下与较小和较大的元素或不同模块之间的子元素建立的连接就较弱。重复的类似的单位之间无法产生连接：因为连接需要有反差的质量，或者有中间的催化剂。因此不单是元素的主要功能影响成对连接，并且让它们无法成对连接的某些次要功能也同样重要。

本章提出的理论规则试图帮助我们把零散的组成部分组装成连贯的整体，还有发达的外部城市，所有城市形态的组成部分都需要加以审视，帮助我们得出几何层面的连贯性，同时应用该规则，分析在优质尺度下的城市结构。首先，我们确定小尺度的基本组件之间的相互作用，对分形接口和自动催化阈值进行讨论；接着我们审视模块化分解的过程和亚历山大的模式语言；在此之后，我们将观察大尺度下的排序机制，尤其是两两配对组合的过程中的无序状态；最后把理论规则应用于城市之中。在此我们强调混合使用的需要，并且认为长期稳定的状态往往更加有赖于一些突现的连接。

2. 几何连贯性的规则

在复杂系统中，例如在一个有机体或者一套电脑系统中，需要遵循那些整合的特定规则，从而实现局部的相互作用以及整体功能的充分发挥。这些系统和城市的结构很类似（Lozano，1990）。一些结构上的规则已经在其他复杂系统的研究中得到发展和改进。最初在赫伯特·西蒙（Herbert Simon）关于经济学的论述有所阐述（Simon，1962；Simon and Ando，1961），一些在计算机编程的语言里被重新编译（Booch，1991；Courtois，1985；Pree，1995）。还有其他的都是单独出现在工程学和生物学里（Mesarovic，Macko and Takahara，1970；Miller，1978；Passioura，1979）。在众多可能成立的关于系统原则论述里，下面列表的内容与城市设计紧密相关。

规则 1　耦合相连：两个相同尺度上的元素紧密关联，构成一个模块。模块内不存在没有联系的元素。

规则 2　多样特征：相似元素不会耦合相连。不同元素之间的多样性十分重要，这种多样性必不可少，因为多样性会促进元素间的耦合相连。

规则 3　界限分明：不同模块间需要用它们的界面元素来建立联系。关联性建立在模块的界面之间，而不是模块内部的元素之间。

规则 4　大致趋势：最小尺度上的相互作用会很强烈，大尺度上的则反之。颠倒它们就会产生病态。

规则 5　组织有序：在大范围内，首先要在较小尺度彼此明确结构，在此基础上再建立起大的尺度。线性的排列并没有建立组织，但是会破坏小范围的耦合关联。

规则 6　层次分明：系统内的元素循序渐进的层次从小到大整合，在过程中产生相互联系的单元，这些单元有着明确的尺度大小。

规则 7　相对独立：元素以及不同尺度的模块之间并不是以对称的方式相互依存，更高层次的尺度需要有低一级的尺度，否则高层次就无法建立。

规则 8　分解过程：连贯的系统不会完全被分解到单个要素。有很多不等值的分解建立在不同类型单元的基础上。

我们提出这8条规则，并将它们作为城市形态的总体原则。接下来要详细分析的是，这些规则从何而来，首先给出最初的论点，然后通过视觉的、科学的和城市的实例加以论述，最终目的就是要让读者相信，在一个生机盎然的城市里需要有元素的整合。一个系统因为内在的连续性得以及时发展，而小尺度需要优先于大尺度并应加以明确。城市的要素必须以稳定的方式耦合关联，这些耦合关联要在更高一级模块开始形成并相互作用之前就开始进行并且完成。伴随着最小尺度上的元素的耦合关联，整个结构奠定了基础。城市对网巢状的等级层次的需要，意味着单个尺度的消失不仅仅关系到自身，而且还会影响整个体系的稳定。

不难理解，在复杂的、相互作用的系统中，连贯性是逐步建立联系的。在短期内，紧密的关联将会建立起每个模块间的平衡，不同模块间的关系几乎不会变化。（有种类似情况就是许多小的相互独立的催化剂以某种方式初步形成）在较长一段时期内，当模块内部的平衡保持完好时，模块间的较弱的耦合关联会把模块带向更高一层次的平衡。这个过程有反复性，随后在更长一段时间里，模块会再次趋于平衡，然后整个过程如此反复进行。最终的结果是全球都在一个系统里达到平衡状态（相当于一块结构复杂的水晶）。

3. 城市构造中的组成部分

许多各异的元素对于实现城市连贯性是必不可少的。公路、小径、停车场，还有绿地、居住区、商业区和工业区，这些要素必须安排在城市中，即使它们之间有可能相互矛盾，也必须想方设法让它们和谐共存。每个城市要素都在高速增长，不管纵向还是横向。建筑物的层数在增长；绿地从草坪发展为灌木丛再到不能继续长高的小树林。人行道独立在机动车道之外；区域的边界范围从过去的花园小路扩展到人行道，再延伸至步行广场；后街最初的小胡同逐步拓宽到马路，然后又发展成为今天的高速公路（见第1章“城市网络理论”）。

在城市肌理中，一些传统的元素因为类型的原因往往受到限制，其中最重要的牺牲品是内部和外部空间之间的关联要素。从希腊式柱廊到罗马式门廊，到可伸缩的北非街道天棚，再到支撑帆布篷的商店和露天市场，这样的过渡空间在不同条件下、在不同场合里明确划分出内外空间。如果没有这些要素，室外到室内的过渡就会很唐突，并且也没有关联性。前部的门廊几乎没有什么作用，因为没有和街道形成反差和耦合。半遮蔽式阳台所包含的原则是要营造出闭合的空间感受，与此同时，又要在房前对外部完全敞开。

另外一类在当代城市里大量消失的城市元素是那些界定行人步行环境的元素，

以及那些把步行以外的交通方式和步行方式以多种形式连接起来的过渡元素。如步行小路、人行道、护栏、矮墙、拱廊、柱廊、有覆盖的行人通道、稍凸起的人行横道、有遮挡的公交站台、林荫道以及小公园等等。这些元素在现代人看来是不合时宜的，并且今天在汽车充斥的城市里它们逐渐被淘汰。如果这些元素能够得以重现，我们往往会如同看待珍藏的古董一般，在精挑细选后小心地把它们陈列出来，而不会融入整体环境。我们并不是要回到纯粹的步行城市，只是这些消失的元素对于任何城市的几何连贯性来说，都是不可或缺的。简而言之，这些小的部分是构成大的复杂城市整体的必要元素。

尽管在几乎过去的整个世纪里，人们都在批判糟糕的现代主义教条下的城市设计理论，我们仍然无法复制出二战前规划的邻里关系中的那种美感和功能性。简·雅各布斯（Jane Jacobs）预言在当今城市发展中，那种邻里关系的美感和功能性会被大多数人所忽视（Jacobs，1961）。亚历山大提出了建造城市结构的经验规则（Alexander，Ishikawa et al.，1977；Alexander，Neis et al.，1987），他的合作伙伴后来将其发展成为关于秩序的基础理论（Alexander，2002）。格林伯格（Greenberg，1995）和孔斯特勒（Kunstler，1996）同样提出了精神为主导的解决办法。但是城市规划专家接受的还是传统的培训方式，然而出人意料的是，人文主义设计理念在这里得到了来自科学领域的支持。

4. 城市元素在最小尺度上的耦合

本章的中心思想是城市连贯性是在小尺度上建立起来的，然而，当代的城市设计在这个尺度上做得最不充分。我们应该详细探讨那些控制着小尺度几何复杂性的各种程序，因为是它们造就了城市的连贯性。几何关联和分形界限理论有所关联，在此我们会利用进化分子生物学研究的新成果加以证实。各种各样的互相联系着的要素是构成城市连贯性的先决条件［最终证明了简·雅各布斯（1961）的见解］。

4.1 耦合关联理念

“在最小尺度上，秩序的建立通过相异元素的配对而实现，并且在视觉效果上以平衡的状态而存在着”（Salingaros，1995）。以这种方式配对的最小城市元素有哪些？这其中包括了所有与行人只有一臂距离的元素，人们用它们建起一座城市。砖、铺路石、行人小路、树木、独立的停车空间、墙、门道、窗户、臂架、柱子、人行道、长椅和护栏等元素的布置，都必须保证相互之间可以紧密联系，而且附近要有行人的活动（规则 1）。这样一些人行道、墙以及街头公共设施的结合就明确定义了什么是城市构造的最小模块。

最初的那些实例已经指出，城市模块具有精妙和富有活力的特质。在任何一个在空间里的某一点都明确定义了这些模块。人们可以到处走动，然而那些已经建立的元素是固定不动的。人们和这些元素相结合，确立了在那个尺度上的模块，这个模块随着时间不断发展而改进。最重要的是，如果只是建立起元素，但却没有人的活动，那么这样的城市模块则是不会成立的。人与人之间、人与物之间的相互作用带来了人类筑造建筑和城市的主要动力，人们却往往忽略了这个基本的互动（Jacobs，1961；Whyte，1980）。行人和城市界面的耦合关联是在已存在的结构所蕴含的信息里发生的；在这里分析的是建筑的元素之间的关联（见第2章）。

4.2 紧密联系的本质

两个建筑或城市元素因为形状和位置的不同可以通过不同途径紧密联系。两者的联系也可以是功能的相连（见第1章）。如果一对元素里的某一个元素，可以用某种方法，在视觉、几何、结构、功能方面强化了另外一个元素的话，它们两者之间的联系就成立了。如果两个元素只是并列存在，没有相互作用，就没有耦合关联的发生。如果它们互不影响，也无法构建出城市构造，同时并列的元素还会相互弱化，这是普遍的道理。不仅是这些并列的元素没有联系，通常在现有的布局上更强的元素带动较弱的元素也是无效的。

图1～图5表明了什么是紧密联系，尽管这些图例也许没有把意思全部显示出来。模块产生于同尺度上的元素（根据规则1），所以正如图示，那些可耦合关联的元素部分有着相似的尺寸。可以注意到每个案例中相关联的元素是相异互补的。为了简便起见，图示表达的解决方法是二维的；但这些二维的图示是从三维世界里提炼而成的：

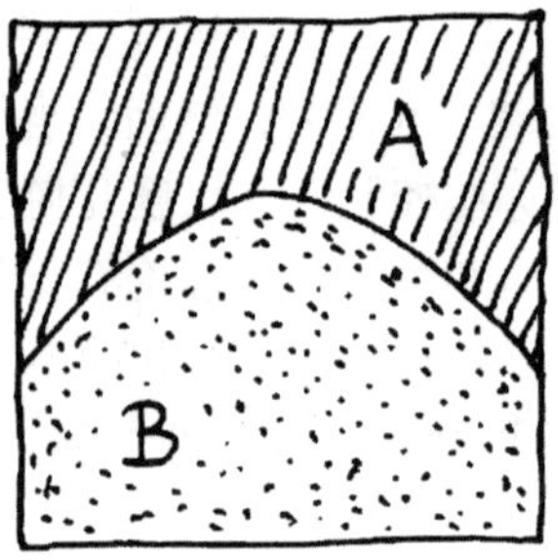

图1
通过肌理反差实现几何关联

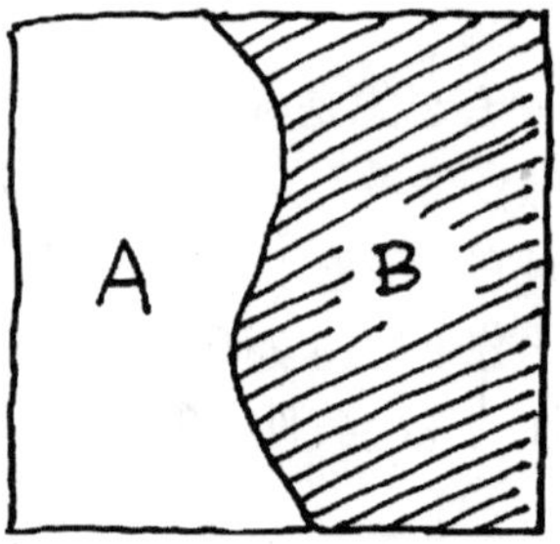

图2
通过颜色反差实现几何关联

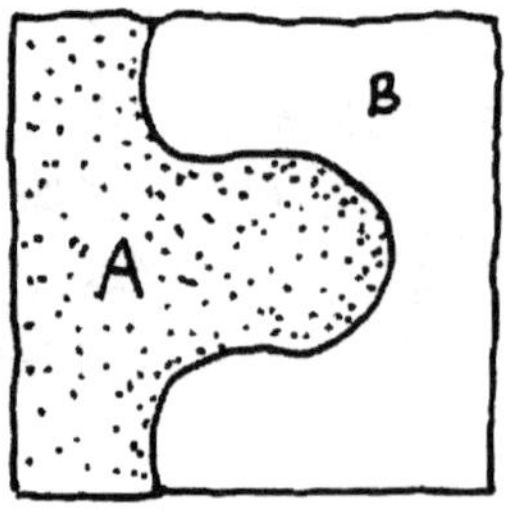

图3
通过互相贯通实现几何关联

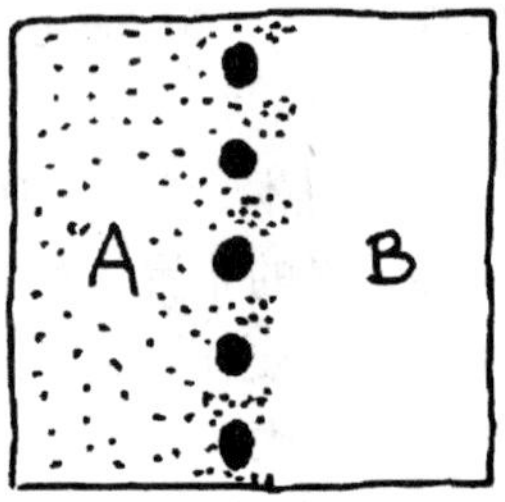

图4
通过相互渗透实现几何关联

图5
通过一个共有的第三要素实现感应作用

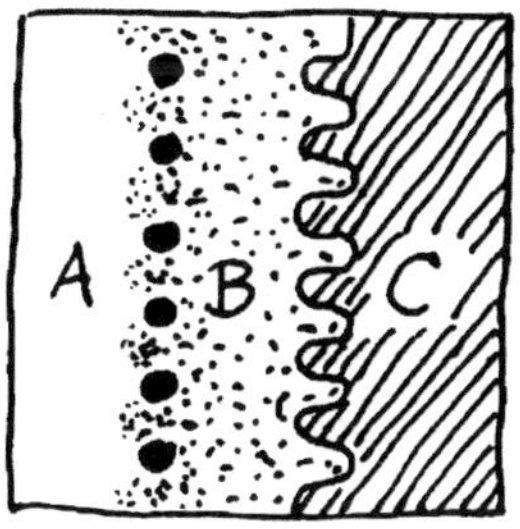

一个十分实用的例子是，在图1～图4中的区域A与B之间想象存在某种“摩擦”，这种摩擦既可以产生于相异的材料之间，也可以产生于几何界面。如果两个区域只是各自独立存在，仅仅可以相互滑动的话，就不能相连。一个独立存在的元素也许有着使其具备内在连贯性的特质，当与之互补元素并列相处时，这一对关联元素就获得了新的特质，而且通过相互支持的力量而得以增强（图1、图2）。两个或者更多元素的结合体现了完整性；独立的一个元素会显得很薄弱，一组成功的元素很显然是可以自我完善的（规则1）。只有当一个元素为了达到更强的连贯性而需要有与之互补的另一个元素时，这一对元素的关联性就会很强。成对元素的完整性取决于所有界面的力量，联系的目标就是要将不同元素统一起来形成更高一层的模块，使模块元素具有某种性质。

规则3　阐述了一个模块里的界面元素和另一个模块的关联。一些元素拼摆在一起时，几何形状正好合适，就像是在摆放准确的七巧板（图2、图3）。反差与结合一起发生作用，使得元素联合更加紧密（图1、图2）。在其他案例中，两个元素之间的界限排斥关联，所以需要一种充当“胶水”作用的中间过渡区域，分别与两个元素的界面相连（图5）。在过渡元素的帮助下产生的诱导式关联，这一现象说明了在许多小的耦合关联体是如何形成大型复杂模块的缘由，图5显示，如果A和B可以相连，B和C可以相连，那么A和C也能关联起来。成对的关联一般是在结构连续性存在的前提下发生作用的，这样一来，它们连同本身的凝聚力建立起一个更大的模块。

我们可以从物理和化学的角度找到阐明耦合结合的过程，以及找到如何达到完整程度的实例。一个盐的分子由两个原子构成，一个是正电性，一个是负电性。决定每个原子内在结构的原子键比分子键更为坚实。分子耦合关联发生在当外部酸性电子正好填满基础外壳上的缺口的时候，只有外电子壳会在结合起两个原子的化学键中发挥作用。在一个盐分子里，这些外部电子由两个原子一起共享，因此同时形成了渗透性和共同的界面。我们强调这样的结合具有了新的、突发的特性，人们日常饮食的必备——食盐的元素钠和氯，如果把两个元素分割开，则单独的元素本身是有毒的。

简·雅各布斯指出只有当元素有着不成比例的尺寸大小时，才会有城市使用多样性的问题（Jacobs，1961；pp. 234）。尤其在小尺度上，成对关联的单元必须具有相似的尺寸大小（规则1），任何一个大的临街住屋都无法和毗邻的建筑联系，原因就是尺寸大小不协调。同样的道理，一座擎天大厦耸立在较小的建筑物之间，彼此无法建立关联。但是城市建筑物尺寸的不协调阻碍了小尺度上的耦合结合，因为尽管小尺寸的元素功能相异，但却可以产生耦合关联。于是，如果没有耦合，就必然会造成地区的荒废。

4.3 相互加强

人们对物体间的相互作用的认知往往仅限于几何领域，这与其他所知的物理研究领域有所不同（Alexander，2002）。这里的几何领域是一种信息的功能，相互作用力取决于信息相互结合、彼此强化的方式（见第2章）。在空间模型内，我们不再探讨相互作用方法的细节的问题；只要我们明确提出这个问题，读者就能够直接领会到它们的作用。既然相互作用包含在形状、表面纹理、形式、颜色以及其他细部的信息里，那么任何因为建筑风格原因而减少信息的做法都会弱化建筑街区和城市的连贯性。

互相强化或者协调的理念表明了这种影响。我们以步行小路和墙这两个元素为例，单独看两个元素比较薄弱，但是如果它们彼此强化了对方，则会实现耦合关联。我们指出它们组合在一起的功能以及美学印象，带给人们以积极的视觉感受，或者让使用者在情感上感到很舒适。如果它们互不影响，那么并列一起的元素是不会互相强化，建立联系的。在一些实例中，去掉一个元素就会严重减弱另一个元素的效力。两个元素一起形成了更大的整体区域，但是如果减少其中一个就会毁灭这个整体。

城市元素的耦合关联一般从尽可能小的尺度上开始，进而需要将相异或者互补的两个元素相融合并形成一个单元。互补元素的实例包括步行道与界面墙、停车场和提供给行人的遮蓬、墙和树、砖和水泥、不同颜色的铺路石、有廊道的入口、有屋顶的柱子、有停车空间的道路以及缘石和护栏等等。耦合关联是否有用取决于很多因素。耦合关联的程度依赖于人类思维做出的判断，毕竟这是最精密的思维活动。在过去的时代，人文主义的设计方法一直在寻找元素间的和谐关系，并且认为这种关系比流线型更加重要。

5. 分形界面是耦合作用下不可避免的结果

传统的城市几何学是以分形界面为特点的（Batty and Longley，1994；Bovill，

1996；Frankhauser，1994）。关于分形最简单的说法就是在任何倍率的情况下都能显示出复杂性的结构。那些连续的直线或划分两个地块的平面界面，是一座生机勃勃的城市中的例外。成功的城市界面类似于带有小孔的渗透性薄膜，允许相互渗透；也类似于拉开的幕帘，其边缘看上去像规划中的弯曲河流。第一种界面类型相当于一个滤器或者筛；一个展开的表面，上面有很多孔。第二种是旋扭式的表面，迥异于平滑的表面，这种隔离是最不明显的（Batty and Longley，1994；Kaye，1994）。

柱廊、拱廊、成排房屋以及穿插在交错路径中的店铺，这些全都相当于是分形的界面，和多孔的过滤薄膜原理一样（图4）。这样有渗透性的界面使一些物体（例如行人）自由穿梭在其中，同时也和其他物体（例如机动车）保持着一定隔离。严格意义上说城市连贯性主要在于人类的尺度。当它在1～3m的行人活动范围内活跃时，穿孔或者缝隙就有用。如果城市构造中的缝隙超越了这个范围（人类的活动范围内没有任何子结构），分形关联就会不起作用。

其他城市界面大多趋于盘旋式（图3）。一个有渗透力的建筑边缘和邻近的空间相互交织发生作用。盘旋或者交叠都提供了更大的接触区域，以便人们可以在这里活动。平常日子里，日常的贸易依赖于市场里穿梭的行人的行动，人与人之间的交往和交易都发生在建筑边缘的交叠区域。在室内和相邻的室外空间，分形界面会建立起关联，这是城市本质力量和活动的触媒。交叠区域在城市肌理中的所有尺度上均有所关联，从小到1cm的建筑元素到城市中半封闭的广场的交叠区，人类关联是在人类尺度上的交叠区里建立起来的。

在前面的章节里，我们使用几何耦合原理解释了缔结组织边界的连贯性和它的分形形态（规则3）。我们并不主张完全照搬生物学的界面，尽管生物学里的界面也是分形的，二者在某些方面有些类似，但是城市的界面却没有必要如此。相反，我们对此有科学的解释：分形界限是小范围内关联的两个区域在相互作用力下产生关联作用后的直接结果。在所有人类尺度范围内的耦合作用产生了城市结构里的不规则几何学，这可以从图3和图4里得到推论。既然生物学和城市系统都基于在不同尺度上建立关联的结构原则，那么就说明了为什么在生物学和城市这两个不同体系里产生了相同的形态学。

正如本书第2章中所提出的那样，城市空间的成功取决于行人和其他物体表面之间能否形成视觉和听觉上的联系。城市空间的适当界面是通过考虑信息传递的几何视觉效果实现的。使信号最大化的界面要么是多孔的要么是曲折回旋的，与此相比，直的边缘在信息传递方面就差很多（第3章“尺度分配的普遍原则”）。城市界面的不规则特性分别可以从下面三个截然不同的要点开始分析：（1）在界限的任何一边将城市区域之间的几何关联最大化；（2）建立一整套促使人们互动的环境；

（3）建立让使用者有联系的需要。

建筑和街道之间最自然的城市界面是呈分段曲线状的，它们令人感到轻松自然。传统的村落和城镇均具有这种几何学。在这些地方，墙体砌得很整齐，这样形成的整体就决定了紧密联系的单元是近似于线形排序的。但是如果我们仔细观察可以发现，每个单体的外立面或者墙体剖面都有小角度的倾斜和小范围的弯曲，这并不是粗心所致，而是因为这种形状和规整更加适用于当地的关联关系。相反，当今严格规整的规划措施要求城市区域必须沿着直线，郊区必须沿着某种任意曲线，从而导致城市在小尺度上难以实现耦合关联。这些现有的案例在数学上都是相似的，它们都弱化了其传统界面所具有的不规则的性质。

6. 空白地区不会有耦合关联

建筑最简约的设计风格阻碍了城市区域在向外扩展中的几何连贯性，因为最小尺度影响了最大尺度（规则 7）。不包含信息的区域自身内部不会有耦合关联（规则 2、规则 3）。平滑发光的外立面在内部结构和区分度方面比较欠缺。简约模式一般会使表面简洁规则，比如正方形和矩形。符合 20 世纪 20 年代“机械美学”的透明或者半透明物体之间没有耦合关联，因为它们没有边界，所以它们的边缘都十分突兀。图 6 表示的是两个空白地块并列放置时，它们之间不存在相互关联。读者不要被视觉上看似有关联的图 6 误导了，一般看上去平铺对称的两个设计会造成视觉上的错觉，其实它们之间根本没有关联（后面会再探讨）。

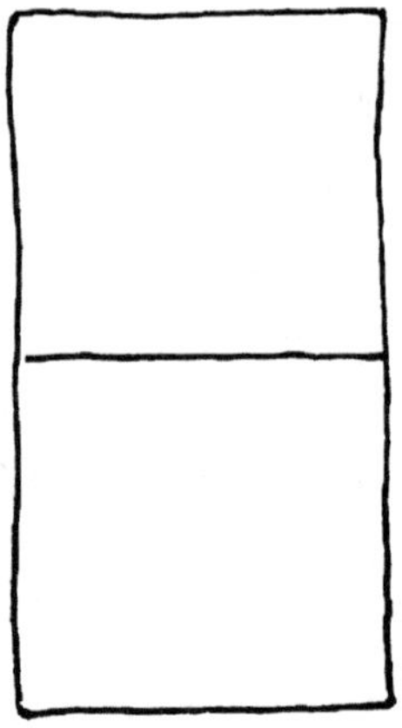

图 6
并列两个空模块无法配对

在有些案例中，空白模块可以连成一个整体，聚合在一个框架里，它们的界限都有关联作用（规则 2、规则 3）。一块平坦的建有建筑的单元块其实就是一块有框架却很空洞的地块。空的模块只可以跟其他有着内部几何特性的元素发生关联。将一块空地完全用一个相同大小结构的框架包围，从而形成关联，就像给镜子装一个实木框一样。两个不同肌理区域的关联过程如图 1 ~ 图 3 所示，伴随着一个单元肌理的减弱，同时还需要更多的围合机制发生作用；最后实现完全的围合，但其所包围的部分单元的内部是空的（图 7）(Alexander, 2002)。既然相同尺寸的元素之间的关联十分紧密（规则 1），那么包围同质区域的界限应该和被围合的区域有着类似的尺度（图 7）。

图 7
一块空白地块被结构边框所围合后成为一个单元

图 7 中的关联很有作用，这是因为内部空地和复杂的边框形成了对比，并且支持后者的几何特性。如果配置在没有可形成配对的空缺，边框的材料可以单独存在，但是它无法成为一个独立的单元。但空地无法作为一个单独的空间成立。20 世纪建筑和城市设计方面有一个十分错误的观点，即人们认为空白地块就是一个单元，其实并非如此。我们要专门在空白模块采用最简约的设计风格，这是不可能产生几何连贯性的（规则 2）。如果建筑和城市元素不能在最小尺度上实现关联，那么它们也不会对大尺度有任何的支持作用。因此，连贯的城市肌理主要依赖于实际材质和建筑上最基本（最小）体块的形状，正如依赖任何高一层次的关联一样。

7. 元素的多样性对于耦合关联十分必要

近年来，在生物进化学领域的发现对解释各种各样的关联元素十分有用。不同类型的复杂有机分子混合在一起，这样的混合在地球早期就已出现，通过相互作用反应产生出最初的生命，这种可能性随着有相互联系的不同分子数量的增加而增强。一些分子也有可能会在别的分子相互作用时充当触媒的作用，这样它们就会催化可能发生的结合。计算机建出的模型显示了一旦超过某个特定分子多样性的极限，反应概率会立即剧烈增长，这就是大家知道的“至关重要的多样性”(Kauffman, 1995)。这样的混合形成了自发的促进性能。相反，简单一些的系统虽然包括那些次等重要的元素多样性，但是它们之间几乎没有发生任何反应的可能性。

该结论的要点对城市生活影响重大，它表明有着促进作用的元素并不会带有明显的特征，本身纯粹的催化剂是不存在的，但是每个分子（或者结构单元）都可以催化和促进其他单元发生关联。我们可以随机抽出不同单元的混合体，把它们作为一个有机整体的要素，并且允许它们自由地相互作用，每个分子在一定程度上可被认为是作为催化剂在发挥着辅助作用，并且还会辅助其主要功能发挥功能。很明显，我们需要多样的单元，因为在其他两个单元发生特定关联时，任何一个单独的单元都有可能发挥触媒的作用。发生自动催化的极限是有概率性且突发的（Kauffman，1995），这证实了规则2。

城市的连贯性会在类似的风格里显现出来。一般来说，每一个复杂的并且相互作用的整体的形成需要整合很多不同类型的城市元素。其原因主要是那些元素中的某一部分充当了关联环节的作用，并且还促使了关联的发生（图5）。如果我们限制元素的多样性和适度混合，就无法生成有生机的、连贯的城市。这个推论显而易见地向我们显示：在城市元素达到一定密度和混合的某个关键程度时，有活力的城市生活会自然而然地形成，也会在必要的元素移走、割离或者单独被集中起来时自动消失（Jacobs，1961）。即使已经有了足够多样化的元素，它们也必须是相互作用的；因此，分离出来的城市功能有时会阻止产生关联的进程。

但是，在城市设计过程中，人们却还没有充分认识到元素具有的这种双重关联作用。许多年来，那些已经牢牢定型的城市要素都是只有单项的原始功能，很难想象它们还具有其他的次要功能，人们也忽视了其在连接城市结构中的基本作用。例如，当我们明确需要一条路去连接一个房屋和一家商店时，也需要其他商店和房屋担当在不同情景下的几何关联元素。在已建好的环境进行关联建立的过程中，在其真正的作用尚未得到充分理解的时候，环境中的某种元素就已经被削弱了。对于全世界有生机的城市来说，相互促进的方式在复杂系统中最为基本，而且这种方法也具有一定的作用。这和多年来建筑学所教授的内容是不相符的。

以上结论很显然是支持简·雅各布斯所持有的一项关于建造城市生活的观点：一个地区必须要按照恰当的比例融合不同年代和条件的建筑，而且可能旧式建筑还会占很大一部分，这样也会带来可观的经济效益。这种融合必须是相当致密的（Jacobs，1961；pp. 150）。简·雅各布斯还借助令人信服的经济理由去支持她的结论；在此，我们的观点是科学的，任何有生机的环境里的元素并不是单一的几何单元（规则2）。在本书第3章我们可以得出城市建设项目资金的最佳分配方案，这个项目和其他小的项目也有交织。该配比方式必然阻碍大规模的发展，所以也就维护了旧式建筑，同时还允许一些新的建筑融汇到连贯的地区。

8. 对连贯和复杂系统的分解

令人吃惊或者警醒的是，在简·雅各布斯的作品首次发表的40年后，许多理论家和规划师对于复杂系统中的分解原理仍然一知半解，他们的工作还是以实验性分解方案为基础（Courtois，1985；Simon，1962；Simon and Ando，1961）。综合各种功能的城市系统一般被认为是由许多部分组成的；然而，是什么决定了这些组成部分？对于这些部分及其之间的相互作用来说，城市这个整体是不可以再次分解的（规则8）。相反，这个规则被称为是“可以被分解的”，因为如果是可以被完全分解，每个子系统就会表现得可以完全独立，那么整体系统将失去复杂性，并且因为独立行为而将削减相互之间的关系，其组成部分的关系将会降低为并列关系。这种简单的并列是相对较弱的略高级的关联，这种略高级关联为复杂的分级系统提供了必要的基础连贯性。

尽管如此，分解原理还为揭示复杂系统的原理方面提供了帮助，因为该原理表明了内在的结构性。否则系统的复杂性将是一个谜团。对于哪些元素是系统的基础元素，这一问题往往由观察者从自己的角度随机任意选择（规则8）。可以将城市分解成:（1）以建筑以及连接建筑之间的道路为单元的基础元素（一般的做法）；（2）固定的由建筑来引导的路径（第1章）；（3）由路径来连接并靠建筑来强化的外部和内部空间（第2章）。当然其他的分解现象也可能存在，每个分解都明确了一个不同类型的基础单元，并且从完全不同视角建设城市。以上所有的选择都同样符合逻辑，并且能够帮助我们从不同的视角理解城市的部分形态和功能的复杂性。

对功能的隔离、集中、分区和统一都反映了城市主张简约的观点，从这一观点看，城市是抵制自身具有复杂性的。当需要把那些在尺度上差不多的建筑确认为城市基本元素的时候，人们的做法往往是否定其他所有可能的元素。然而这样做同时也抹杀了建筑自身的连贯性。并且建筑之间没有相互作用的简单直线排列也会使复杂系统完全分解，其结果就是建筑将会被削减成最简单的集合体。可惜的是，今天的城市已经变成这样，并且还在持续之中，但是人们还没有意识到这种做法对城市肌理的破坏。正如在一个有生命的有机体中，如果不消灭这个有机体，整体也就不会被毁灭。大多数当代城市尽管表面上呈现出一派秩序井然的样子，但实质上它们是一堆没有局部关联的集合体，这些部分在2个或者3个的尺度范围内可以明确地显现出来（第3章）。

9. 在建筑边缘的耦合关联

城市有价值的分解和那些能解释说明本章观点的分解，几乎都发生在基本的关联里，而不是某个独立的建筑中。我们把几何关联放在1米到10米的城市单元（比如界面）里加以考虑，在下一步再去考虑那些参与关联的几何元素。边缘和界面往往十分复杂，分形的线段构成了一个有生命的城市：它们划定了空间和建筑物，而不是用空间和建筑物划定边缘和界面。一个城市由相互作用的边界组成，同时还有真实发生着的赋予城市生命的人们之间的相互作用。比如，建筑的前部和两边的空间都要满足规则 1：该如何呈现这样的关联？行人穿越街区，房屋前院的门可以直抵街道或停车位，小路直接路口，小径联通树林或灌木丛，建筑应依托现存街区、草地或广场，镶嵌在城市原有空间之中，融入到公园的整体环境里，如此类推。

局部的城市街道应该相互毗邻，而不是直接连接建筑物入口、屋舍前庭或草地。然而，今天的步行小道完全连接所有相邻的建筑物，机动车交通把步行者的行走网络完全隔离开（Alexander, et al., 1987；Greenberg, 1995；见本书第 1 章“城市网络理论”）。典型的郊区房屋、路面、人行道、机动车道、房前草坪和房前入口都是没有关联的独立存在体，相邻并没有使它们发生关联。与 20 世纪以马车为主要交通工具的道路和房屋相互关联紧密的布局相比较，这种分散式空间布局没有把主要的交通方式和建筑连接起来，于是就形成了强烈的反差。在那个时代，马车可以停在已是建筑物一部分的拱门里，然后在拱廊里行驶。

在现实中大多情况下，20 世纪的建筑已经失去了其内外的关联。玻璃幕墙将室内外空间断然隔开，视觉上内外的信息变得模棱两可，身体的活动和听觉均被完全隔离开（见本书第 2 章“城市空间及其信息领域”）。在很多时候，在过渡的中间地带会发生关联；入口大厅使街道和室内发生关联；有屋顶的走廊可以是屋内与阳台或花园的过渡连接处；拱廊也起到连接店面与街道或广场的作用；有遮盖的平台是屋内和露天室外的连接过渡区（图 5）。在今天的郊区，人们坐在室外走廊上，感觉还是没有完全和马路交通隔开，或者感到外部空间空洞无物，心理上总会有些失落感。这说明如果没有界面，靠近建筑的室外空间就无法和建筑建立连接。

绿地环绕建筑是最近形成的一种概念，不过这并没有什么实效。因为平坦的草坪不能提供界限（第 2 章）。一块草坪可以使一栋房屋相与周边设施分离开来，然而这是和起关联作用的元素相对立的。传统院落为我们提供的办法是建立更加明确的几何意义。一个元素越单纯，就越是需要由有结构的界面来包围（图 7）。最成功的绿地常常由这样一些元素包围，如一座建筑、一道墙或者一条河（Alexander, et al., 1977）。现在平坦统一的郊区草坪是无法建立关联的，这些有缺陷的形式都源自较老的带有装饰草坪的宫殿庄园，它们被高大坚实的围墙围合着（规则 3）。这些墙体虽然在几何关联中是必要的，但现在已经被分区法规所淘汰。

10. 亚历山大形式语言的模块结构

亚历山大的模式在局部表现出很强的力度，这显示出模式作为一种特殊的几何学在本质上重复着人类行动（见第 8 章“模式语言的结构”）。在历史上和全世界范围内，那些结构内部的要素以相似的形式反复出现。模式所代表的就是最为明智的对建筑和城市系统的分解，在此之前，人们从未触及过这一课题。人们把亚历山大的《模式语言》误解是模式的目录，然而其实很多形式确定了界限，这些界限又控制着模块间的相互连接（Alexander et al.，1977）。亚历山大和他的同伴们思考出可以起到关联作用的界限——界面线，即是身体行动产生的关联、过渡区域和可以容下人们基本活动的几何边缘，这些元素对建立城市连贯性都十分必要。这就像任何复杂系统的分解过程一样，建筑或城市的界限是由该模块自身所确定。

亚历山大寻找出了人们活动和相互作用的形式，并且分析了已有的几何学对这些形式的促进和阻碍作用，以及这样的作用会达到什么样的程度。由此他将人们和社会“生活模块”与特定的几何设施联系起来，同时还明确其存在的模式。通常情况下，这些功能性强的模块虽然不会等同于自身具有几何性的模块，但是它们至少应该在其边缘和界面上与城市基本保持一致。这里有分解一个遵循现有人类活动模式系统的过程，分解过程体现了系统理论。一般情况下，一座城市的生命力往往来自于城市线状边界上发生的种种突现活动，这种突现活动的特性是不会直接产生于几何模型里，因为通常这些模型是没有变化的。当然也会随时产生例外，就好像在第三世界里的贫民窟里的那些没有章法的建筑。

在完成《模式语言》的过程中，亚历山大最强调的是在已有环境里建立连贯性的方法。他明确表示，建筑和城市设计要根据《模式语言》，尽管要容纳的人类活动要比相应的结构多出很多，但是如果把它们简单地聚合在一起，却并不能形成具有连贯性的整体（Alexander，2002）。这种实际的观察和我们对于模式和界面形式的解释是一致的：即使人们把模块放在一起，但是它们仍然有可能不能建立起一个连贯系统，比如在那些拥有大型历史建筑或者多年发展的城市中，城市本身具有某种特性，这种特性是固有的。尽管每个单独模块的主导性准则决定了该模块在产生联合整体作用中的大小，但是实现体系的整体性还是取决于《模式语言》之外的关联体系。

11. 当代城市里的反形式

在被压制的社会体系里存在着错误的导向，20世纪早期，传统建筑和城市形式语就已经被抛弃了。取而代之的是经过深思熟虑并且代表了新城市形态的理念。勒·科布西耶（Le Corbusier）把他的城市建设定义在1933年的《雅典宪章》里，并对其做了明确的表述，这本著作后来被用作是战后城市建设的蓝本。毫无疑问，这种定义颠倒了传统城市的结构，并且还削弱了界限的关联作用。该定义基于两个错误的前提：（1）需要把功能集中在大型建筑内；（2）每个整体中的几何原理都是相同的。然而，把城市所包含的许多复杂的人文方面的功能割裂出来，这是不可能实现的，更不要说把它们集中到一处，那么唯一的办法就是限制那些让城市充满活力的人的活动，才能实现最简约的几何形态的城市。

在19世纪，解决城市拥挤问题的方法就是作出几何流线型的交通，但是事实证明，这种方法只在处理四下随意跑动的机动车时或许有些效果，但是在今天，它已经成为了割离城市元素的特别规则。“流线型”的视觉概念在建筑设计领域已经被广泛接受，并已经突破了最初的只应用在高速公路设计的领域。因此，本来应该在不同范围内存在的城市界面的数量急剧减少，这使得建立连贯的城市系统变得十分困难。此外，拒绝应用传统的城市模式意味着人们不再和建筑以及城市有所关联，因为人们的行为模式不会再在现代主义建筑上有所反映（见第8章“模式语言的结构”）。

12. 给大范围内的城市元素排序

我们介绍了在小范围里连接城市构造的机制，并强调复杂性、关联性和有机形式是创造有生机地区的必要前提。下列作者曾率先着手于关于关联性的研究，如卡米洛·西特（Camillo Sitte）(Collins and Collins, 1986)、戈登·卡伦（Cullen, 1961)、简·雅各布斯（Jacobs, 1961)，还有其他很多人（Alexander, et al., 1987; Lozano, 1990; Moughtin, 1992; Moughtin, Oc and Tiesdell, 1995)。出人意料的是，他们的观点和本文的科学观点基本一致，这些研究给传统的人文方式以更多的支持，并且对于城市设计的基本原则的应用具有实效性的推动，同时还解释了为什么古老的技术在今天依然可以发挥作用。不幸的是，因为意识学、哲学和技术的争论，它们不得不让位于当代的技术，虽然在近期已开始有传统观点的支持，但是实际上现在使用的新技术都在毁坏城市。

本章的以下部分将阐述不同范围内的情况。城市很少被作为一个整体来规划设计。除了一些人为的案例（它们已被严厉批判）。在很大程度上，城市形态是房地产业的经济发展进程的写照，城市结构受到政府和法律的监管。在这样的情况下，整合行为已不是个人所能控制，更不只是依靠美学就能指引。因此，建筑和城市设计中能不能在任何尺度上应用本文说的原则，对此的质疑自然就产生了（第3章）。本章的结果表明，城市的肌理真实地遵循着与雕刻和建筑一样的规则，这个结果让人们重拾建设美好城市的希望。

12.1 城市力量的强度和范围

学习物理学有助于我们理解不同范围内城市关联性的特点（规则4）。每个力f都发自于U领域里的某个点，代表了几何性或者功能性。显然当U的浓度或者强度增加的时候，f值就会随之变大。力f可以被定义为该领域中潜在能量U的反向空间衍生物，即$f=-\mathrm{d}U/\mathrm{d}r$（对于不懂微积分的读者来说，可以理解为是一种比值）。转换到城市肌理的角度来理解就是：短距离的界面处的肌理、颜色、弯曲度等性质的反差越强烈，产生的关联关系就越强烈（规则 1 和规则 2）。

我们现在用以上方程式来解释 20 世纪城市理念中的两种病态：（1）在内部分区缺乏连贯性；（2）在垂直方向集中的功能缺少边缘性。潜在的 U 在同种区域里是相同的，不会有集合区域的凝聚力。这表明了内部的反差的重要性——任何城市区域都需要有复杂性。分区常常受到单独的功能，以及最简约设计理念的干扰，这种情况会对城市的连贯性产生排斥。这个方程式再一次向我们显示：城市需要具有连接作用的城市界面。功能 U 在功能单一的摩天大厦里的垂直集中造成了建筑边缘的功能压力。这是因为 U 值突然在边缘发生了巨大的飞跃（说明 dr 值相当小）。

不同范围内有不同类型的力量。上面的等式也帮助我们可以大致理解相关的强度和范围。对于可比的潜力，每个力量都和空间尺度成反比，这意味着短距离内力度强，而长距离则反之（规则 4）。在自然界，这个结果已经被证实。人造卫星和人类本身都靠地球引力吸附着，这是一种相对弱的力。每个部分在集合在一起的时候，会因为电磁相互作用产生更强的化学力。已知的最强力是原子核聚集的力量，但是对于外部附近的核，这个力量还没有什么影响作用。

即使在像城市肌理这样的复杂系统中，也不可能违背力度和距离之间成反比的定律。如果把大体型的相异单元并列排放，在较大范围里就会产生一种非自然分布的力度，同时还会压制短程的耦合力。勒·柯布西耶试图做的是将城市力量的强度和范围倒过来（规则 4）。他的推测并不正确，而且没有科学依据，他认为彻底的重新组织就可以解决 19 世纪城市到 20 世纪后面临的所有问题。他始终没有意识到这种倒转是不可行的，只能先消解城市单元间的结构相互作用，然后才能实现他理想中的状态。

12.2 平均信息量和空间组织

借助局部短距离范围内的力量实现的小尺度耦合关联，并不一定会带来大尺度的连贯性。系统需要去建立根据特定排序规则的大尺度。在前几部分里我们探讨了长距离直线排列力度不同于短距离耦合关联的力度。“如果我们需要在大尺度的范围内建立秩序，那么首先要做的是以减少平均信息量的方式，让每个元素和相隔较远的另一元素发生关联”（Salingaros，1995）。平均信息量是物理学概念，用它可以量化承载信息的程度。一盒散落一地的火柴就形成了具备很高视觉平均信息量的形态。如果将火柴仔细排列聚集成直线，那么平均信息量会就减少。物体并不一定要排成矩形，可以看上去是蜘蛛网或者螺旋状。这样的话，满足数学对称要求的直线状、回旋状、辐射状或者盘旋状——虽然它们在大尺度上建立了秩序，但是实际上这些都降低了视觉平均信息量。

另一个实例是，我们将原本随意分散摆放的不同长度和颜色的棍子重新放置。在可以得到的有无限可能性的排列形态中，最缺乏想象力的形态就是将相同颜色和相同长度的排成一行。如果把形似的元素集中到一起（二战后区划法规理论的基础），在最小范围内也就没有短距离的耦合关联，原因是没有对比和反差。平均信息量也随之降低，造成这样结果的原因是更小范围内的关联也被一并抹去，这违反了规则6和规则7，如果不考虑有迷惑性的简洁排列，这样的聚合是无法实现连贯性的，因为它们没有足够的复杂性。

城市组织所包含的原则是这样的：直线排列的力度是在长距离范围内才能得以体现，并且关联力比较弱，耦合关联的力存在于短距离范围内（规则4）。因此直线排列必须尊重每个个体模块，我们可以取消元素间的关联，而不是去改变内部的结构。为了削减城市设施的平均信息量（这里指无序的），长距离范围的连接的最佳数据必须建立在不同模块之间（规则5）。实现这个连接要求有不同层次的尺度（规则6）。不同的产生过程使这些连接的种类也不同，但绝对不会是通过一种简约的视觉方式产生。在一个规划里，人类活动不在于视觉上几何秩序的整齐，也不会在平面上被直接感知到。那些成功的紧密连接的城市环境在鸟瞰时通常都呈现不规则的排列（Gehl，1987）。

城市的成长自然而没有太多的约束，这显示出已建成的形式的几何学是不规则的但并非是随意的（Makse，Havlin and Stanley，1995）。这才形成了一座座不同的城市：城市进化是在各种尺度里相互关联的过程；应该和任意过程相反。人们试图用规划的手法赋予城市某种排序，以消除那些“随意”的成长（Batty and Longley，1994），然而实际上这是个错误的观念。最成功的市区是更加有序的，而不是无序的（Hillier，1999）。近似于直线排列的是人们突现活动的结果，并且形成了一种清晰的城市秩序形式，它并不是标准的直线或者平行线排列，而且比较放松的穿插着直线型路径结构的直线。我们不必理会由于交通网而产生的近似直线的排序，因为一座具有连贯性的城市不会存在完全的对称。

13. 减少平均信息量不会产生本地的连接

矩形直线网对于由地势不平的城市造成的复杂性是一项很有用的降低平均信息量的技术，可以把古希腊的皮雷尼（Priene）和美国的旧金山这样的高山地区作为相似情况的实例。地平线有很多的变化（z轴）可以和直线 $x-y$ 网相抵。这取代了在小范围内产生紧密关联的较老的技术。我们现在沉迷于直线排列的物体，即使直线界面阻碍了几何关联（利用前面说到的摩擦相似性，十分平滑的界面不会产生耦合关联）。图8、图9和图10表明了三个关于排序的不同案例。在图8里，没有相互作用的元素并列，这就像当今的城市一样。相反的情况是，相互作用的元素不会完全是并列的，它们明显是有机体的形式（图9）。人类的力量将城市并列布局，以至于其规划比图9还要更加极端地呈现出并列式（Hillier，1999）。

图10既有关联式也有并列式（对于城市规划来说更加对称）。这让人回想起东方毯子上的图纹设计和中国古代的青铜器，这些物件上面都是耦合对称的图案。城市因为其交通网以近似直线的形态排序，但是城市规划并不需要这样的对称图形。然而，如图8所示的正是20世纪没有关联的城市的模式，很多规划者判断某个设计都是通过鸟瞰的视觉效果来决定，它们无法让城市地面功能产生自我连贯的形式。大范围内的排序有时也许会被强加进去，但是需要设计师更加讲究技巧，同时还要了解所有暗含其中的相关力量。

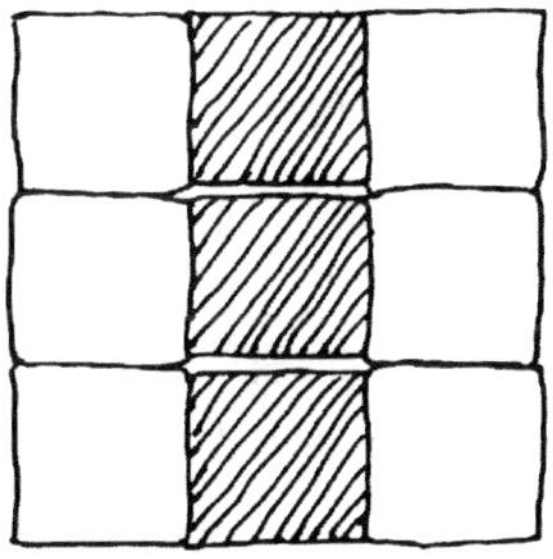

图8
元素排列但不耦合

图9
元素相加但不对齐

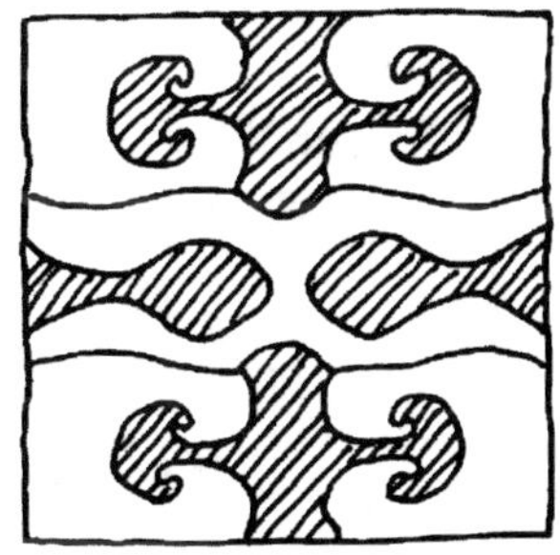

图10
耦合元素式样保持一致

今天的建筑师用并列线网的形式取代配对连接，并将之作为主要的设计技术。这个观念的前提是错误的，因为短距离范围内的连接不应该只是围绕矩形或其他网格的边缘线（规则5）。这种基本的误解现在已经蔓延开来，并且形成了无法改变的权威思想。人们现在可以想象出纯粹的三维网格向四处渗透，并且依照这个网格将城市元素并列排在一起；不单单是建筑、墙体、路径，还有砖块、窗户、门、阶梯、建筑突起的部分、修剪好的灌木、条状草坪和呈矩形排列的植物。并列的元素可以在视觉上连接成网络框架，并且彼此相互支撑。但是事实上，在现实生活中这样网格并非如此，所以我们想象出的连接也根本不存在。

缝制被子和玩 LEGO 方块游戏是两个相似的事物。前者是将两块材料缝合到一起，要注意局部的连接而不是整体图案。所以尽管被子是平的，但是缝制被子的针脚并不是完全并列对称的。与其相反的做法是，只将组成被子的相同的片块一层一层摞在地面，但是没有缝合在一起。而在后者中，用 LEGO 方块可以搭建一个相互连接的三维玩具模型，相反的做法是把这些方块都平放在桌上，并摆成标准的矩形而不要插接。在两个例子的第二种情况中，拿出其中任意的一片布料或者一块方块都不会带动剩余的部分；因为它们虽然是并列排列，但是彼此之间不能相连。同样，历史城市是复杂有关联的，而当今城市就和平放的矩形那样没有任何的关联。

人们认为，清晰的秩序只存在于网格排列中，这是一种严重的误解。因为它对人们产生了实际上并不存在的错误印象。下面我们对连接性进行简单测试：在规划发生变动的情况下，城市肌理是否能够保持稳定？如果我们变换元素打破了矩形排列，城市仍然存在相连吗？在大多数情况下这是不可能的；当线性结构不存在的时候，城市元素就散落了，因为在最初元素间的连接并没有建立起来，郊区也没有与城市连接到一起。相反，垂直的关联（比如公寓在商场楼上，办公层又在公寓楼上）是稳定的，因为它们不受水平方向的干扰。令人失望的是，这些传统的关联被一些只注重独立功能的规划师舍弃了。

14. 大尺度如何影响小尺度

一个在三维体系中，有关联的组织可以渗透到连贯的城市肌理中。它所具有的特性跟我们之前虚构出的网格完全不同。短距离的关联使小范围内的单元连接在一起，同时这些单元由较弱的过渡地带和较长距离范围内的连接而得以强化（规则 4、规则 5 和规则 6）。城市所有的排序和形态都受功能、地形和循环系统需要的影响。在一个连贯的系统里，所有元素都互相联系，并在某种程度上互相影响。元素集合在一起，于是就产生了形态的区域，这个区域也跟每个单体元素发生着正面或负面的相互作用。

在连贯的系统中，模块中的单个元素会受到模块中其他元素产生的局部力量的影响，也会受到模块外的元素的间接影响。除非人们刻意隔离，相邻元素均可以相互作用。元素的位置和任何特定的形状因此也会被整体中其他元素影响（Alexander，2002）。当然，城市元素几乎都是刻意地被人们赋予了某种形状，或者刻意地放在某个位置上，即使这样，这些元素还是有再发挥的余地。当元素的成形和定位均恰到好处——周围元素所带来的相互作用力已经确定好，最终显示出来的形态也不是对称和笔直的。元素之间的可塑性让传统的城市富有了生命力。

在前文中，我们探讨了复杂系统会适时地进化和发展，也证明了引起连贯性的过程存在从小到大的顺序（规则6）。在今天城市规划的分层次思路中，却是以从大范围到小范围这样相反的顺序进行（参见 Friedman 对于城市规划分级理论的概括(1997)）。实际上即使在整体有序原则的指导下，城市构成也是从小范围到大范围进行的（Alexander，2002；Alexander et al. ，1987）。有缺陷的城市规划从视觉上乍一看是对称的，这通常说明城市在牺牲小尺度，优先安置大型元素。任何严格的自上而下的排序都是被人们强加的顺序，都是与规则 7 相悖的。

这其中的因果关系在规则 7 中已经有过如下的表述：大尺度依赖小尺度，这应该不会再被人们误解。一旦大尺度被建起来就很难改变，因为它其中包含了太多的子结构。所有包含在内的子单元必须随着大尺度单元的迁移而移动。相反，改变小尺度相对简单，它们并不依赖于大尺度（Habraken，1998）。房间的重新安排不会牵动房屋的构件；房屋的挪动不会改变路网；相邻关系的重建也不会影响到城市的其他部分。这种单向的依赖关系在复杂的系统中有时会被表达为："大尺度内的变化主导着小尺度的变化"（Habraken，1998）。

15. 任意城市的再连接

一个连贯系统的复杂程度是和其尺度大小成比例的。同一个节点要素在小城镇里的表现没有在大城市中心那么强烈，因为在这两种情况里，这个地区的能量来自于城市的其他部位（Hillier，1997）。在农村主要街道上的一排商店可以和 2000 人发生关联，同样数量的商店放在欧洲都市里的话，就可以和 200 万人发生关联。当然，只有城市建造中有相互联系的时候这种影响才会存在。在一个有生机的城市里，每个元素相互联系，由此元素也会受到整个体系规模的影响——也就是城市大小的影响。相反，我们现在的都市文明是通过电子手段来连接城市，并从几何的角度将其分割开。许多作家预言电子联系会解决一些都市问题，但是还是不能满足城市结构中重建联系的需要。

以前，人们把重要的元素定位在城市地理中心的位置。现在，由于连接被切断了，所有的市中心并不一定是连接最多的地方。即使这样，很多商业行为还是认为中心位置可以提供连接的优势。在现代城市里，到处都是电子化连接，只有特定的地理区域才能表现出高层次的有创造性的活动，因为正是这些区域有着能够孕育商业行为和创造性活动的清晰的连贯性。研究机构和教育机构带来了功能的复杂性，这其中包括了文化和交流（比如一个主要的飞机场），如果我们可以以实践活动为基础，恰如其分地把它们连接起来，就会带来恰当的功能混合（Garnsworthy and O'Connor, 1997）。

在世界上大部分的地区里，现在我们还无法度量几何的连贯性，除了在一些被保护的旅游旧城的隐秘地带，或者是那些在城市的分解过程中被人们忽略的已经成为贫民窟的地方。然而，城市最终的更新会精准地切分和割断其中的几何联系，从而进入并且从地图上抹去这些地区。弱势的居民逐渐丧失人权，严格来说这都是城市几何变化的结果。内部联系断裂的城市是失败的，因为这里曾经是人类健康生活的重要环境：儿童、少年、哺乳的母亲、老人以及各个年龄的残疾人，他们都依赖于这里的环境。如果要解决这个问题，就需要我们在各个尺度上都重建联系，并连接起其中的每个元素。

16. 将商业元素整合到郊区

规则1强调商店必须在空间上与成片的住宅融为一体；并且尽可能和住宅区建立关联（Jacobs, 1961; Lozano, 1990）。很多居民倾向于将住宅和商业分开，这样做并不会破坏掉他们之间的相邻关系。如今这种观念成为主导，一些新的商业区不能很好地整合到城郊的居住体系中，因此需要开车才能到达。居住区和商业区无法很好结合，其中一个障碍问题就是商业要求配置相应容量的停车场，这无疑会牺牲掉大片的绿化地带。在这里，我们提出的一些规则可以有助于于创建内部连贯、有绿化的空间，创造一座不再只是被空旷无人的沥青地面所充斥的城市。

当有足够的居住人口可以支撑起相邻商业的时候，商业就可以融合到整体之中，除非城市的分区刻意阻止这种功能。尽管因为人口密度低，郊区的扩大带来了交通的问题，但是反对设立小商铺的观点显然是错误，无法成立的。规划师遇到了郊区小商业重现的障碍，比如小的加油站、便利店。因为根据20世纪的设计准则，最终这样的小商业是没有必要存在的。融合了房屋片区、人行道、车行道和绿地的模块无法无限地重复，最终必然会与其他在较大尺度上确立的模块发生冲突。我们唯一的选择就是设立像便利店以及托儿中心这样的小型商业元素。

关联性还可以帮助我们把道路看做是界面边线的一种类型。不同的道路（根据不同的速度流量）是由它们的互补关系确定的；同理，绿地、停车场、还有商店也可以形成关联。绿地和商业带，这里也包括步行小路或者人行道，可以利用自身的互补性，彼此结合起来形成宽阔的、绿树成荫的欧式大道（Greenberg, 1995）。在店面和人行道以及马路后，商业元素会自然而然地产生。这样的关联随着车流的增多偶然会有些间歇地变化，然而交通流量增加到一定程度时，十分必要的是对行人区域进行分离。当极限再次出现的时候，一条马路就不能再和任何活跃的城市元素发生关联，于是就需要建立一个单独的界面，以使邻近区域和机动车完全分隔开。

17. 建立层级城市的建议

如果我们要建立一个连贯的新环境，很重要的一步就是对现有结构进行修正，甚至需要完全替代现有的结构。这一原则在郊区的房屋留出空地和在市区建造高楼时也很适用，但是这些高楼的形态和作用将会有很大改变。比兴建建筑更加大手笔的是公共空间的几何分布，停车场、广场、公园、人行道和道路都要进行重建。作者建议，很多城市的整合需要采用强化关联性的方式去实现，这一建议得到了大家的支持（Alexander et al.，1977；Alexander et al.，1987；Gehl，1987；Greenberg，1995；Kunstler，1996；Lozano，1990）。而那些反对的言论和谴责往往认为，这样的做法过于老派，过于浪漫主义，并且没有创造力或者不够现代，所以直到现在，人们贯彻本观点的过程仍会受到一些阻碍。

17.1 有层次组合的城市元素

城市是在不同尺度上单元关联的整合。为了大概了解连续尺度之间的关系，我们需要重提早期的建议：需要借助中间的过渡尺度，小尺度和大尺度之间才能组成分层级的联系，尺度因数大概等于2.7（Salingaros，1995），城市构成中尺度间的比率应该大致和数量力度相一致，这是等同于衡量对数。我们无法寻找精确的尺度关系；关键是要允许在不同尺度上分出等层级（规则6）（Alexander，2002；Lozano，1990）。界面的界面又循环产生出越来越小的尺度，这个过程不断地带入建筑模式；所有的元素就会尽可能紧密地产生关联。界面的作用也就是相似尺度元素之间的过渡连接（规则3）。

如果有连接功能的框架可以尽可能自由地发展的话，功能和几何力量都能产生出近似尺度的分级。不规则的界限、连接的界面、几何的关联以及组团都取决于确立连接和过渡的越来越小的元素（规则4、规则5）。在一个相同的立足点上，我们必须保证不忽略任何特定的设计尺度，进行各种尺度层面上的设计，只有满足这个条件，才能实现几何的连贯性。也就是说，在不同尺度上建立连接的时候关联规则才会发挥作用。基本的数学原理可以解释如果有最大的自由度，建筑和城市设计将会在尺度独立的前提下得以发展（参见第3章）。

现在人们对于直线的青睐限制了层级结构的建立。直线被两个端点所固定，所以任何笔直的设计元素都只有一个固定的尺度，也就是其长度。复杂松散的曲线却有完全不同的长度范围，长度是由曲度的变化来确定。而且由于曲线的等级结构，它也可以满足数学的丰富性。直线抹去了所有的过渡范围和在小尺度上发生几何相互作用和关联的可能性。正是因为这个原因，传统的固有建筑是近似笔直的；然而在这些近似笔直的线条上，我们依然可以再次定义出更小尺度的单元，并有可能产生优质的关联性。

17.2 通过过渡元素连接房屋

在现代城市中，每座房屋都通过道路与上班地点、学校以及商店相连接；但是跟邻里却毫无关联（因此可以跳过规则 1 和规则 2）。房屋只能间接地相互联系，不过还是要先借助互补的元素，如相邻商店、周围道路还有共同的前后院（规则 2）。这种中间过渡的连接元素以不同的尺度存在，然而这种被进一步划分的尺度现在已经不复存在（第 3 章）。即使每户有自己的院子——这在 20 世纪绝不是普遍现象——我们发现房屋和院子也没有关联。很多人想要通过几何形态上的隔离形成自己完全私人的空间。

一个经典的欧式耦合关联把商场和 3、4 层的住宅垂直连接，也就是说每个商场的顶部通常为公寓。商业空间在和住宅形成反差的同时又建立了关联（规则 1）。商业所占的空间更多一些，是住宅的几倍，一般是 1∶2 或者 1∶3 的比例比较适合，以确保合适的层次（规则 6），美国城市一直把这种关联方式用到 20 世纪 40 年代。关键是居住单元通过商业单元彼此间发生了间接的关系，在今天只有 4 层住宅楼房的情况下，这种现象已经不复存在（规则 2）。相反，在高层建筑中下面 4 层作为住宅的情况下，这种现象还是可能存在，这可以说是把市中心的感觉带到生活里的最佳捷径。

英国比较青睐的关联方式是，由 5 ~ 10 个房屋组成一座居住区，它们共享一个大的后院或者私家广场，住户通过绿地（一般覆盖面积是一栋房屋面积的 3 倍）就可以彼此建立关联。在这里，孩子们拥有没有车辆来往的嬉戏场地，而不是那种彼此隔离的、面积较小的后院。在 20 世纪 20 年代，美国曾经有过这样的模块推论：一个住区共享一个前院，并且由城市来维护。房屋的组团面向各种形式的小公园。每个房屋都可以面对广场或者非穿越性的道路。最成功的是，房屋都围绕着一片湖水。然而在今天，这样的住区已经由于绿地被公路围绕、切断而被破坏了，这也就失去了必要的关联。

步行路径和道路形成的直角给一些房屋带来了空间（第 1 章）。这些穿越而过的路径构成了各种各样的房屋片区。场地在三面都相互连接，老一点的房子都有很实用的后院，交错的路径位于几栋房子间。有这样一个城市模块：它是由 8 个居住片区构成，在居住片区内的建筑都是有 5 个房间的独立住宅，附近是邻里间的公园和 4 个商业居民区。这就是佐治亚州（Georgia）萨凡纳市（Savannah）最初的规划中，最基本的组成部分（Bacon，1974）。每 5 个房屋片区就有一条环绕的道路；房屋片区和4个更大的建筑围绕着公园。然而，在人们还没有意识到这个模块对其他类型元素会有怎么样的相互作用的时候，就已经被多次重复使用，确切地说是在系统规则的要求下开始大面积地推广出去。

18. 从第三世界所学到的

我们可以从第三世界由低矮散乱的房屋自然发展而成的城市中学到很多东西。在那里，由于没有明确的分区排序或者矩形路网，城市发展完全是靠城市自我调节控制，也自然而然地遵循了复杂系统中严密发展的结构规则（Lozano，1990）。当然现有的条件实在不容乐观，卫生、水源和服务设施等都十分匮乏。然而在脏、乱、差的表面之下却有着可以给全世界做范例的城市连贯性。另一个重要点是，简陋的土著城镇遵循自然地形而建，而别的城市形式并没有做到这一点（Ribeiro，1997）。当然，我们也希望能够给这些贫民区模式适当添加一些整齐的排列（但是不能过多）。

此外，一种独具代表性的城市发展趋势也十分有趣，即在19世纪的一些殖民地城市中，大量出现了低矮房屋。在开罗的一些地方，人们已经开始使用商业建筑的平屋顶，因此在今天的城市中，平屋顶逐渐演变成独立于地面的两维世界之外，并且建在豪华办公楼顶的另外一片天地。这种情况就是居住和办公的垂直关联，只是它们还没有为城市正式接纳。在美国南部的一些州，一些无家可归者留宿在高架桥下面：这就是交通和居住的垂直关联。虽然这样的现象还不能被人们接纳和理解，还被看做是十分糟糕的现象，但是人口的压力还是促使了它们的存在。

很多关于城市规划的文章是排斥这种毫无章法、四处蔓延的贫民区的。它们的作者不能理解贫民区在功能和形式上所具备的复杂性，并且反对由此积累而成的城市形式和有机的连续结构，这种排斥很大程度是勒·柯布西耶在1933年的《雅典宪章》所造成的。请注意典型的贫民区表达出的尺度因果关系：比如单独的建筑所体现的小尺度，通常逐渐连接起来发展成为由路径和路网明确出的大尺度。然而在现实规划中，这个关系却被我们彻底颠覆，大尺度的设施往往被最先设定好位置，然后才有房屋和其他建筑。由此我们可以预见，在贫民区的杂乱系统里，如果政府有改造的动作通常会首先铺设矩形的宽阔路网，然后再让居住者建造自己的房屋，这种做法实质上使原本完全随意的系统明显丧失了有机的连贯性。

19. 稳定性和突现性的连接

我们并不推崇对建筑无为而治的观点；事实上正相反，无论简单或者复杂的形式，纯粹地放任发展是不能发展为有序形式的。正如在生物有机体内，精妙的结构和功能性强的复杂性都是被基因排列方式和以精准的反馈、平衡为基础的规则机制所操控。事实上，这些精准基因结构一旦遭到破坏就会产生疾病，比如说癌症就是外来病毒侵入后就很难再恢复。这就是有生机的城市和贫民区的区别，前者既有可以解决后者存在问题的秩序性，而且还不会破坏高品质的生活。关键是要控制这种解决问题的力量，并且要使两者紧密结合。

连接对城市几何有一定作用，在任何一个城市案例中连接都让城市成为独特的形态学。建筑师希望按照他们的想象给建筑赋予秩序，却忽略了建筑还具有确定环境形态的力量。他们禁止人们建立斜线的道路，大家只有被迫去走已经铺好的但是不方便的路（Gehl，1987；Whyte，1980）。人们忽视那些小商贩存在的必要性，往往还没有等他们把摊点建好就着急要把他们赶走。今天，这种程式化的设计只是尽力去维护城市的表面特征，却往往违背了其内在的趋势。这种做法最终注定是徒劳的，因为这是在阻碍城市自身组合排列的自然特性。这些趋势会一直抵触强加来的形式，并使大量的能量积聚起来，试图把城市带回到从前的格局，并且还会严重阻碍新关联的出现。

我们关于物质体系的基本观点强调，一些状态是可以长久存在，但是却是有先决条件：如果能量的调节不可避免的话，那么所有微小的变化都是在加强能量，而不是减弱它。一种稳定的城市状态是在不同尺度上都有大量几何与功能关联，在新的关联出现后，某些关联会被切断。一般来说，这些关联会随着时间进行调整，这个过程会引起物质本身的持续发展。同样，传统建筑如果可以和城市肌理保持良好关联，就会对改造区域产生稳定的作用。当代建筑与城市规则一样，它们之间没有任何关联：它们难以建立起人文环境，因为它们的设计者根本没有理解（或者说有着完全相反的想法）城市形式自然的进化方向。

20. 在最大范围内连接模块

几乎所有成功的城市元素都具备丰富的内在复杂性和大量的与其他元素构成的关联性（Jacobs，1961）。元素之间在小尺度上反差和相异是必要的，而在大尺度上的反差和相异则是有破坏性的（规则 4）。正如前面所探讨的那样，我们不能将大的区域并列排放，每个区域都有自己集中的相似功能，还有明显的界面边线。这样做的话，会必然会出现区域的子结构，并带来有连接功能的界限和过渡区域（规则 2 和规则 3），于是一个区域会对另一个区域造成损害。今天，突然建好的很多区域都同时拥有 2 ~ 3 个同质的大尺度形式，这些形式中还包含着高密度的多种功能：高耸的大办公楼紧靠高速公路，商场集中区域紧靠大型停车场，车辆繁多的高速路紧靠私人住区，高大的公寓楼紧靠大草坪。这些现代建筑形态违背了规则 5 和规则 6。

设想一下，我们将互补的城市单元整合在一起，也就是说商店、办公、公寓、街道、小路、人行道和树木等放在一个模块里（规则1）。如果这个模块形成的是有效单元，那么模块内应该是存在着某种关联的，或者与尺度相当的模块耦合，它们会形成一个更大的单元。这也许是市政建筑或者政府办公楼，公司的写字楼、综合体育场馆、大型酒店或者小型无污染的工业。即使如此，我们也不应该只是重复这个更大的新整体，而是要明确给出更大的互补模块，这个模块要有一些和前者相同的要素成分。关键是不要单调地重复任何单元（规则2），要在各种尺度上实现两个大模块之间的关联。因为在更大的整体中重复子单元本无可厚非，但是重复本身不会创建联系，联系要靠共同的界面元素才可以完成（规则3）。

一块绿地只有当其内在特性与众不同时才会发挥作用（Jacobs，1961）。成功的公园不会千篇一律，但是都要有整合铺设好的小径、碎石道路、草地、修剪好的灌木丛、树木和野生植物。通道里的树林无论高低大小，都能帮助人们实现公园内部关联的各种需要。同时环保主义者也坚持认为，这些条状的野生植物带可以为城市里的动物提供栖息之处（Van der Ryn and Cowan，1996）。只有当游客很多的时候，一个大型城市公园才是安全的（Jacobs，1961；Whyte，1980）。我们十分有必要借助一个有关联的界限与公园建立联系，在这个有关联的界限中，包含了商业和住宅元素，而且最好不要被道路切断。一天中的大多数时候，持续不断的人流是绿地安全的保证。城市可以通过注入城市元素和路径来和更大的公园产生联系，当然还要建设道路，好把人们从市中心引到此处。

21. 结论

如果城市规划者采纳我们的一些建议，这将会极大地改进城市结构的连贯性，这些建议来源于复杂系统理论中几何一致性规则。这些结果都很有价值，因为它们支持有效的城市规划办法，与此同时，我们也明确地证明，现在盛行的一些方式实际上是无济于事的。自从20世纪40年代开始，规划者就遵循建立小范围联系的规则，但却切断了短距离的连接，这种对城市几何的误解使城市的功能被隔离了开来，现在这种做法已经成为趋势，这样的误解已经形成成见。其严重的后果则是人们蓄意地割断了现代城市的这种关联；从数学的角度看，这样做过于随意。现在。相邻区域之间已经没有商业，郊区就是大片的纯住宅或者装饰性草坪。同时，住宅单元也搬迁出城市的商业中心地段，于是商业中心地段在夜晚就成了没有人气的空壳。人们曾经一度认为，如果并列和垂直摆放重复单元的话，就会把它们联系起来，但是事实证明这也是无济于事的。本文中提出的规则对解决城市设计问题是有所帮助的，最起码可以让我们对问题产生的原因会有一个更加清晰的认识。

致谢

克里斯托弗·亚历山大的观点对本章的理念影响很大，同时也十分感谢德沃拉·特哈达（Debora Tejada）给予我的建议。

第5章　关于城市构成的评论

• 本章编者按

——阿瑟·范·比尔森

本章[a]重复提到城市“生命力”的概念。什么是生机勃勃的城市？虽然这个概念并不明确，但城市具有“生命力”的程度可以与其他一些更明确定义的概念相联系，比如“连接”、“突现”和“构成”。这些概念可以说明如下。

为了更好地了解一个复杂的系统（如一个城市），人们可以把这个系统分解为基本单元（虽然这并非完全可行）。在标准的城市规划思想里，建筑物和道路的连接被选定为基本单元，加上所谓的“树状思维”，形成了很多出现在20世纪的（失败的）规划和设计（Alexander，1965年）。然而正如我们所见，这里存在不同观点。这些不同的观点被称为“分解理论或划分理论”，它们代表分解和分析系统的不同途径。人们意识到存在不同的观点是至关重要的，因为每个观点都能够帮助我们从一个方面理解城市形态和功能的复杂性。

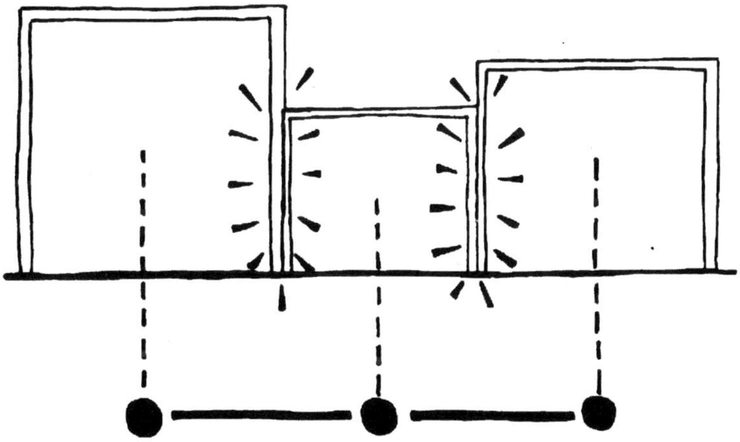

图Ⅰ
几何连续性：相邻结构的几何性关联。虽然这里的节点（黑点）是指建筑物，但节点也可以是一个广场、公园、接口或图案等。在这里相邻节点之间的直线代表邻接（连续性）

城市区域另一个重要的属性就是连接性，有几种连接的类型（见图Ⅰ和图Ⅱ）。
——几何连续性
——节点间的连接路径（单元）
——人员交换

——信息交流

当作者使用"路径"的概念时，他指的是一种真正的连接，是能够满足人们在两点间通行的连接路径。"路径"不一定是混凝土的"小路"，在本章"城市模块和连接力"部分可以找到作者提及的这些形式。

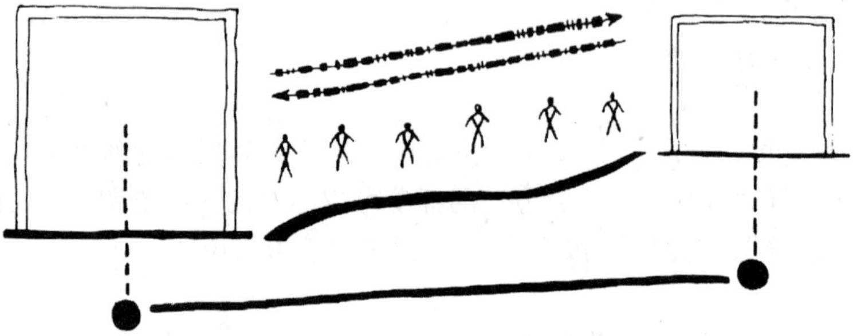

图Ⅱ
三种类型的节点间连接模式，从上到下依次是：信息交流、人员流动和路径。连接线（直线）可以表示这三种类型中的任意一种。在图Ⅰ中，节点并不一定是建筑。

如果一组节点（单元）的内部连接的数量大过外部连接的数量，这组节点就叫做模块（见本章图1）。注意，组成模块的节点并不一定是空间上相邻的。

"突现"和"突发性"的概念，将在"突现的控制和抑制"一节中介绍。这些不是系统预先设定的属性，但可以事后出现。"生命力"就是城市突发性属性的一个例证，它可以在一定程度上出现或者根本不发生。此外，为了一个大尺度层面的突发性属性的发生，小尺度层面的突发性属性[b]必须存在并去支持它。在等级上系统中每一级尺度支撑起更上一级的尺度，最小的尺度支撑起系统中所有的更大的尺度，因此我们必须予以关注。

系统的突发性属性是：该系统修复、稳定和自我发展的能力（例如，生命体）。突发性属性不能靠分割系统和分析片段来理解。比较来说，就像人类大脑的意识一样（Edelman and Tononi，2000）。

系统中"突现"发生的标准是：
——有一个高度连接的开始
——有一个创造新连接的机制存在
——有足够少的控制。越少的控制意味着越多的突现，反之亦然。

许多20世纪后期设计的城市区域，缺乏高度连接性以及创造新连接的机制，同时立法控制太严格以至于突发性难以出现。

本章提供了观察城市结构的方法，这比把城市结构仅仅作为建筑物和道路的集合的方法要丰富得多。这是通过多选择的土地划分和强调连接性的方法来完成的。本章也提供了创建充满活力的城市环境的方法，一种在20 世纪的城市规划和设计中常常缺少的环境模式。

---

[a]原版出版于："RUDI—Resource for Urban Design Information"，2001。增印版出版于："Journal of Design Research"，Vol. 4，Issue 1，2004。

[b]"尺度"的定义以及"尺度如何连接形成等级"参见第2 章"城市空间及其信息领域"中的"本章编者按"。

插图 G
墨西哥克雷塔罗（Queretaro）的街道。这是一个充满活力的城市环境的例子，是本章中提及的主要概念。这也是一个有效的步行区，而"图解-关系-计划"是第 1 章的基础理论（见图 7c）（摄影：欧内斯特·菲利伯特，承蒙惠许）

• 本章正文

科学原理应用到城市形态中有助于我们理解各种类型的城市连接的作用。城市或地区充满生机的程度与视觉复杂性、几何性以及通道的连接紧密相关。在活力城市中有一种连接长度的最佳分配方式，而违背这种分配方式会使得城市环境失去活力。一座活力城市里的土地划分多样性原则显示出复杂的结构，而这正是人们建立日常接触所需的，也是城市生活的基础。这些结论将和克里斯托弗·亚历山大的著作加以比较。

1. 引言

怎样才能修复非人性的城市形态呢？人们逐渐认识到，我们并不真正了解如何建造一个充满活力的环境。我相信在空想出的建筑形式里所包含的当代方法中是找不到答案的，它存在于分析复杂系统的发达技巧中。大型复杂系统包括大量的内部关联，不同大小的元素聚合在一起，相互联系、相互作用，从而产生连贯统一的整体。不同案例中的这种现象都是遵循普遍规律的，这些规律同样见于生物学和计算机科学。迄今为止，这些成果仍然在城市设计的主流之外。

一个重要的例外是克里斯托弗·亚历山大的著作。开篇是经典的文章“城市不是一棵树”（Alexander，1965），到后来的著作《模式语言》(Alexander，Ishikawa，Silverstein，Jacobson，Fiksdahl-King and Angel，1977)，还有最近的著作《秩序的本质》(Alexander，2002)，他的关于建筑和城市形态的成果已经应用在电脑科学和生物学上。亚历山大的作品包含了许多城市设计问题的解决方案。他的文章最初发表于1965年，作为城市结构的精彩论述而受到推崇；尽管已经重印并被译成多种语言，但从那时起，对城市该如何发展还是影响甚微。主流建筑师从来不认可《模式语言》，因此在专业领域中，亚历山大和他的合作者们的见解似乎已经被忽视了。

现在是推崇亚历山大的数学方法的时候了，它提供了强大的工具，这些工具可以帮助我们掌握不同学科的科学规律，而这些规律可以转换为与城市结构相关的规则。并且，清晰的科学思维可以使人们杜绝非理性的设计趋向。这些源自于对时尚和新颖性盲目追求的非理性趋向，都是基于理想化的结果而不顾及人们的实际需要，其中有些趋向已经成为当今城市设计的准则。城市应该依据良好的设计原则进行塑造，而那些原则正是我要去探寻的。

本次的讨论将围绕节点及其相互联系、节点怎样连接形成模块，以及模块如何连接最终形成城市来展开。连接会呈现多种形式：相邻结构的几何性关联（参见本书第4章“复杂性与城市的连贯性”），结构中人与信息的视觉关联（Mikiten, Salingaros and Yu，2000；参见本书第2章“城市空间及其信息领域”），人与人之间的互动，两个几何或功能性节点通过小径的步行关联，距离很远的节点之间通过道路和地铁的交通关联（参见本书第1章“城市网络理论”）等等。虽然我谈论的是连接的不同概念，其实它们都是相关的。例如几何边缘，既是分界，又是沿边缘处关联发生的载体。城市边缘在起到分离一种交通流（如车流）的作用的同时，鼓励步行交通在此通行。因此，对于本次探讨的目的，我将只是提及连接的总体概念，而并没有特指哪一种具体类型的连接。

2. 克里斯托弗·亚历山大的“城市不是一棵树”

亚历山大早期的文章题目很吸引人，只是难免有些误导。事实上一座有活力的城市不是遵从数学上的树型结构，但是亚历山大认为大多数当代城市是树型结构的（Alexander，1965）。教师在讲授城市形态时，头脑中一直存在“树型”模式，因此，战后城市设计原则长期基于树型结构。我们现在建造“树型”城市，毫无疑问是把较老的活力城市变成了“树型”城市；而一旦我们这样做，那个城市区域的活力就会大大减弱。将城市几何性与“城市生活”建立直观的联系是有价值的，哪怕后者很难准确定义，因为我们可以立即感受其存在。由于这些几何特性的原因（我将在下文分析），现代“树型”城市不再有保持传统结构的城市中充满活力的感觉了。

亚历山大发现，活力城市是以数学半格式定型的，比较而言，僵死的城市是以树型结构来定型。相同规模的城市在半格形式里有比树型结构里更多更大量的内部联系。半格形式里不仅仅是有很多关联，还有很好的多样性；相反，树型结构的关联就很单一。我想更实际的办法是避开树型和半格的术语，而是从等级分层次的角度去接近这个主题。把一座有活力的城市当做是一个复杂连贯的系统，我们可以将这个系统分解成若干个模块吗？事实上思考这个问题就相当于要和亚历山大的文章辩论。这并不奇怪，因为亚历山大以及简·雅各布斯（Jacobs，1961）首先抓住了城市区域的组织复杂性。我可以把亚历山大的观点简述如下，“如果你在规划城市时，对于功能和区域分隔明确，那么这就是树型结构，其结果就是城市会失去活力。”

3. 活力城市的分解原理

复杂系统的分解原理最早是在40年前发表的（Courtois，1985；Simon，1962；Simon and Ando，1961）。我将用它们去说明城市形态的复杂性。一座活力城市由许多部分组成，但是我们是如何确定这些部分的呢？在一个复杂的系统中选择哪些作为基本要素实际上是很随意的，这取决于观察者的视角。正因如此，整体绝对不能归结为任何局部及其相互作用。我们可以为方便起见去定义子系统，但是每个子系统不会完全独立地发挥作用。为了便于分析，我用不同的方式对城市进行分解，例如：

（1）分解为基本的建筑单元（通常做法）以及通过路径产生的相互作用。

（2）由建筑固定和引导的路径集合（参见本书第 1 章）。

（3）外部和内部空间通过路径相连，通过建筑强化（Alexander，2002；参见本书第 2 章）。

（4）边缘和分界定义了空间和已有结构（Alexander，2002；参见本书第 4 章）。

（5）在城市边缘和分界处形成人们活动和相互作用的模式（Alexander et al，1977；参见本书第 8 章）。

当我们定义了一个不同类型的基本单元，就存在其他可能的分解方式。任何作为复杂系统中建筑单元的模块都有自己的内部复杂性，而且它本身既不是空的也不是同质的，这就使我们能够从几个完全不同的角度来建立起城市。显然，由此产生的城市形态可能看起来会完全不同，这取决于建立它的基本单元类型的选择。所有的选择可以同样有效，每个选择都会导致对城市形态和功能的复杂性的片面理解。我的观点是，一座有活力的城市是这些不同选择的叠加和平衡的折中。

5 种分解方法如上所述，只有第 1 种方法是公认的，可以作为标准城市主义思想的一部分。其他的 4 条虽然从数学分析层面看待城市形态上是必须的，但还是被许多专家排斥在外或认为与此无关，学生们只有从亚历山大和他的同事们（Alexander et al，1977；Alexander，2002）以及杨·吉尔（Gehl，1987）等人的著作中学习得到。我认为，脱离了对建筑与建筑之间的空间是如何为城市“生活”提供基础的这一基本问题的透彻理解，设计和修复城市环境是不可能的。

第 1 种方法是按照某种顺序去排列建筑。不幸的是这会妨碍有效关联的产生，几何并列布置在很多情况下取代了城市节点之间的关联。第 2 种方法建立起路径的分级，从有保护的步行路径一直到高速公路。当我们从步行路径开始建立一个城市，并对其他城市元素进行排列以避免扰乱路径结构时，建筑物之间的组织结构会变得松散，对称性减弱，由此产生的几何性是线形的、互相连接的，它既不是随机的也不是混乱的。历史上的城市和低矮的居住片区遵循这种更加自由的几何形式。从高速公路开始建立起连接的网络是不起作用的，因为它倒转了尺度优先的特性（Alexander et al.，1977；参见本书第 1 章“城市网络理论”）。

4. 城市模块和连接力

一个“模块”是由具有大量内在连接的一组节点（单元）构成的（图1），其中许多节点也将连接到模块以外的其他单元。定义一个模块的目的是确定内部相对紧密的连接。模块化是一个稳定的过程，好的模块包含最强的力，由此模块间的（这是更大的实体）相互作用会更弱。打个比方，想象一下粒子的运动原理：最小的粒子振动速度最快，而大的粒子振速会比较慢，因为它们有更强的惯性。因而我们可以根据力的削减等级，构造出模块中的模块。

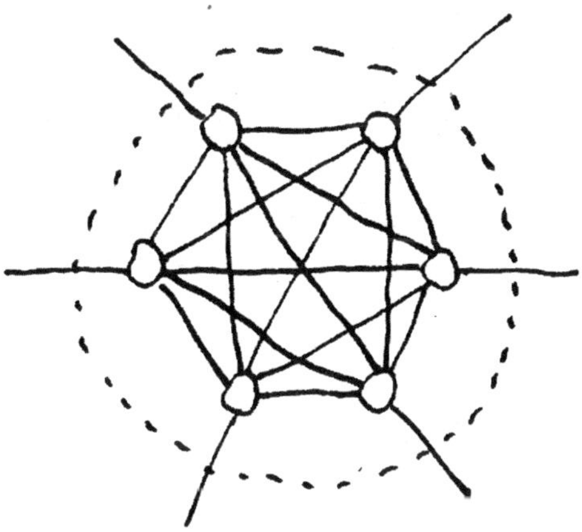

图1
6个相互连接的节点为一个模型。节点的确切位置并不重要

连贯的系统是由紧密关联的单元定义的，其中一些单元（虽然不需要所有单元）可以连接成模块。一个模块里的元素不能分隔太远，虽然它们也并不一定要相邻。这里的标准不是几何邻近，而是关联性：内部节点之间的联系必须强过外部节点之间的联系。因此，一个城市模块不需要在平面上看着好看；相反，一组几何形状规则的节点也不会自动成为一个城市模块。一组互相紧靠、没有关联的节点是无法形成一个模块的（图2）。

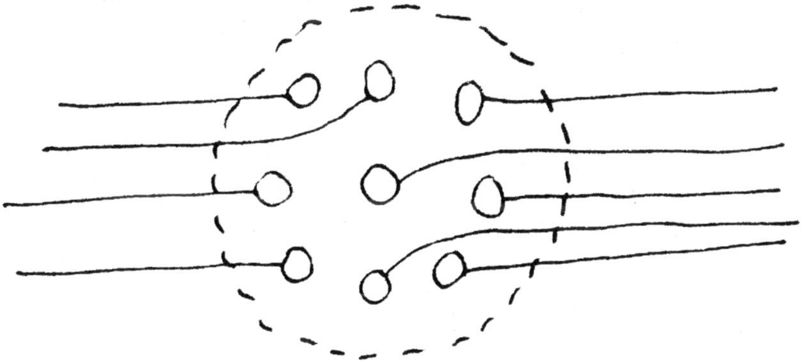

图2
9个节点恰好是以几何形状排列但无内在关联。它们尽管接近，但无法形成模块

连接性可以是几何关联性、节点间的路径连接或人员互动和信息交流。建筑物通过共用的墙体排列成几何形或借助过渡空间互相连接（参见本书第 4 章“复杂性与城市的连贯性”）。这个空间包含连接周围建筑的路径和信息。一个步行区或者广场是否成为一个连接要素取决于其使用频率的高低，这反过来也取决于节点在周边的分布情况以及人们需要怎样去穿越这个空间。一个空旷无人的广场和一个停车场样都算不上一个连接要素。连接路径的设计必须旨在鼓励用户在节点间的自由互动，并有与这种互动相关的功能关联。我们也不应去削减基本的信息连接，比如一个地面图形在视觉上是连接周围结构的（Mikiten，Salingaros and Yu，2000）。

一条分隔建筑的繁忙公路是一个边界，它切断了建筑间可能的路径连接（参见本书第 1 章），一条狭窄街道上两边建筑的外立面所传达的信息趣味性可以克服这种边界分隔的问题，除非车流阻止了行人的穿越。这个实例强调了信息和路径连接的相互支撑功能。建筑立面和底层的平淡乏味以及建筑的退让抑制了信息的关联，汽车交通迫使道路加宽，建筑前部形成的图案与地面毫无关联，这些都破坏了步行空间。另一方面，汽车的积极作用是使城市节点之间易于到达。通常交通流量低的道路可以提高一个地区步行的可达性而不是阻碍城市空间的连接（参见第 2 章）。

一旦我们理解了这样一个事实，即一座有活力的城市不只是相邻建筑的简单集合，而是各种连接关系唤起的城市生活，那么以几何性来容纳这些连接的需求就变得十分重要。我们开始考虑更加复杂交织的、可以支持多种连接的几何结构，以此看待迄今为止成功的城市实例（参见本书第 4 章）。这种景象的必要部分是要有多种多样的关联，它们可以通过路径，也可以通过信息连接。显然，一座活力城市的属性是（1）信息的丰富性和（2）步行路径的优先考虑。这些要求在任何时候都不会侵犯机动车的网络连接。

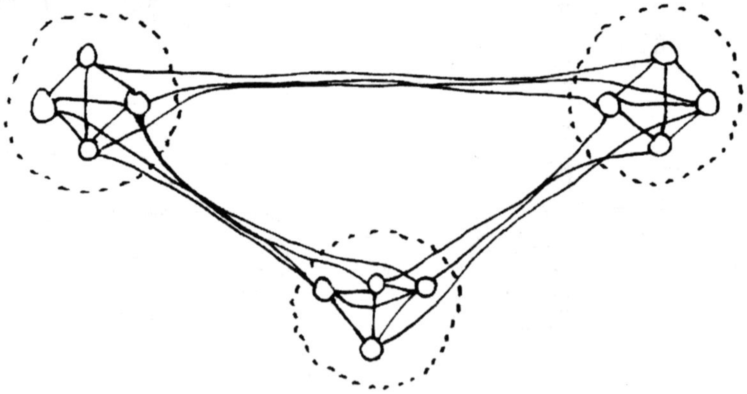

图 3
模块使组成节点之间内部连接。3 个模块通过有组织的力联系彼此

如果模块之间的连接沿着比任何模块的内部联系都要弱的区域发生，那么这种连接是成功的。也就是说，应该在结构过渡或转换之处而不是在结构强大的地方划分系统。划分原则要遵循确定一个系统的凝聚力的相关强度：在系统中强大的内部力使模块稳固，而较弱的内部力分开不同模块（Courtois，1985）。图 3 中尽管过于简化，仍然显示了模块间包含的力：每个案例有 3 个模块间联系，每个模块有 6 个内部连接。

5. 城市模块和几何排列

借助模块内部的联系，我们已经建立了城市模块的概念，与此同时，还需要对一些在 20 世纪后期规划实践中的误解予以消除。首先是联系与几何排列的混淆。它们并不能互相指代；重要的是，今天我们在几何排列上花费心思并且投入巨大，结果却破坏了城市生活。在规划的初始阶段，简单的几何排列并非城市连贯性的一个因素（参见本书第 4 章），而当连贯性在具有丰富互动的子结构里出现时，几何排列才开始在城市体系运作的组织机制中发挥作用。

可以将城市规划中的一个例子拿出来以便更好说明。假定这些节点及其关联的几何连接形式（不是前面的图里出现的符号性的节点）。图 4 里的 6 个节点可以看成是一个对称组团中任何尺寸的建筑物，这在今天很普遍。图 4 中上面的图形可以看出平面上的几何对称性，给人的错觉会误以为它们之间存在某种形式的城市秩序；图 4 中下面的图形显示了 6 个节点之间联系的真正所在：并不是我们所认为的有序组团的形式。用最短路径连接起 6 个节点的图形才是更好的形式。

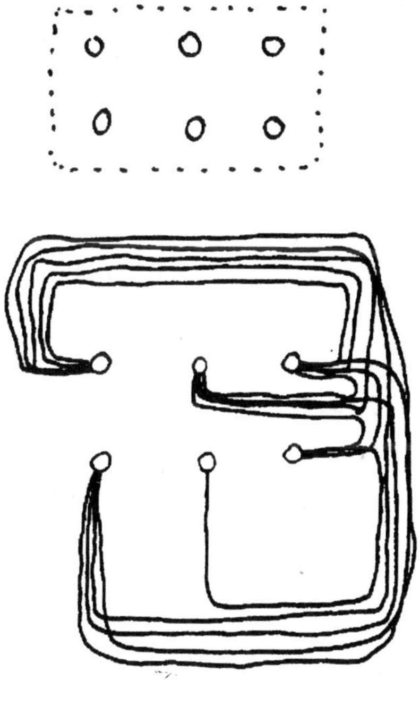

图 4
呈对称排列的 6 个城市节点并未形成一个好的模块，因为它们的内在关联是几何性扭曲的

尽管图4说明的是一个反面例子，但它所显示的情况也比许多城市区域存在的情况要好很多。毕竟，图4中的6个节点的连接模式尽管不是很实用，但它们大部分仍然是彼此联系的，而今天许多建成区则沦为“临近但无关联”。这对应了图4中上面图形所示的节点，它们彼此之间没有任何连接（同样见图2）。这个城市问题应该可以理解为是分离的节点之间联系交流需求的缺失，仅仅提供不能使用的潜在连接是不能建造起活力城市的。

一个城市系统需要自我组织以促进众多节点间的关联发生。一组紧密相连的节点就是一个城市模块。政府和立法机关的目的在于从各种尺度上促进这些连接在各类人群（如劳动者、有车族和无车族、老人、儿童、残疾人等）中予以发展。社会互动的连接力推动人们在私人轿车之外使用步行道、公共汽车、电车、轻轨以及主要的铁路系统，每一种交通系统都将有自己的线性网络的几何形式，且都需要单独的基础设施。因此，从长远来看，鼓励交通系统的多样性和竞争性是更为经济可行的，而不是试图把所有的节点间的连接推向单一的连接渠道。

活力城市中的几何排列并非来自于努力满足简洁的矩形平面形式，而是来自于促进交通系统网络的几何重叠性。步行系统沿着建筑展开，而那些参与形成建筑外部空间的构筑物又反过来决定了交通的渠道是留给小轿车、公共汽车还是行人的，这是城市规划的基础规则，这一规则对应了我们之前所说的分解原理（3）和（4）。一座城市由“路径连接内外空间、建筑强化内外空间”和“边缘和界面定义空间并建造结构”组成。尽管希利尔和汉森（1984；1997；1999）、吉尔（1987）和亚历山大、奈斯、安尼诺和金（1987）以前的研究支持这种规则，规划师们依然忽略它。由于我们对于城市模块为何需要几何排列存在一个根本的混淆，因此城市连接就会受到影响。

让我们看一下步行系统的连接，它是把城市节点连接起来的最小尺度的网络系统，没有步行网络系统就根本不会有城市生活。正如在第2章讨论过的，城市空间是由凸室外区域决定的，凸室外区域是部分一而不是全部一被建筑外墙包围的空间。每一个明确界定的城市空间区域，无论多小，都需要接入一个步行网络，并且这个过程会加强城市空间的线性联系渠道。希利尔和汉森（1984）在对许多不同的城市文化中充满活力的步行环境详细分析后，确定了这种结构，他们把社会生活和邻里社区生活的强度同城市空间连接网络的密度直接关联起来。

下面的“建筑和城市空间之间的双重性”一节探讨了完美运作的城市步行空间网络（把城市模块连在了一起）是如何因为汽车而牺牲的。今天我们必须了解，这种替代关系让人们忘记了首先考虑步行人流才是确定城市节点的正确排列。此外，这一节还介绍了一种完全不同的几何排布方式，这是与城市步行空间相对立的，这种汽车网络的几何性并不和建筑的几何性相匹配。这里有两种截然不同的实体：一个是完全由建筑外墙（如边界线）的排列决定的步行网络，另一个是由汽车道（如马路表面）直接决定的汽车网络。汽车道路侵占并消除了现有的步行城市空间，这让情况变得更糟，实际发生的混乱加剧了这一破坏的程度。

当规划师把行人当成汽车时——通过规划不受欢迎的几何形状道路——这种误解就显现出来了。我们被限定在混凝土步行道上，变成像汽车一样的机器玩偶（而且建筑师们的设计更迫使我们这么做）。然而究其深层次的心理和生理原因，行人喜欢贴着建成的边缘走，且通过最短路径到达视野范围内的城市节点，所以任何起作用的路径都应该符合人的需求。人们会忽略一些善意但无知的规划师设计的非自然的道路，他们会沿墙壁走出自己的小路，穿过受保护的步行城市空间——正是建筑边缘和可视目的地决定了一个人的路径。这将会使人们置身于机动车和层次转换带来的危险中。历史上成功的城市空间和步行道，通常存在于建筑外部空间的开合有致，并且便于形成步行区域的情况中。城市空间是步行开放空间，同时会容纳众多的交叉路径（参见第 1 章）。

为了强调步行活动和汽车城市的几何模式的对比，我会阐述步行活动的模式如何创造秩序，而车行活动的模式如何引起无序。这个结果与 20 世纪的规划权威们宣称的原则相对立，并且出乎绝大多数读者预料。图 5 表明了外墙如何与所在的建筑物共同，并且将用把城市空间连接成一个城市模块的过程。我猜想这种分解方式保护了步行空间的连续性，同时使汽车以可控的方式通过，不会威胁到行人。这往往需要有一个基本的前提，即停车场地不能过度占据城市空间。结果是在一个变形网格中形成几何秩序性，正如城市把那些建筑节点连成线以形成网络。这一现象表明：不是秩序创造了连接，而是相反。

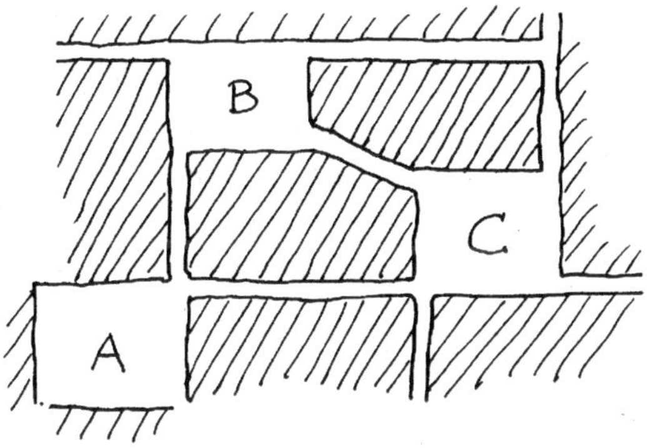

图 5
城市空间 A，B 和 C 的连接通过对齐建筑外墙边界来塑造城市秩序

图6显示了汽车城市的几何模式。节点就是停车场，建筑没有某种特定的几何秩序，因为没有秩序的原则在发挥作用。建筑只需要在停车场一侧设一个入口即可，如果两个临近的建筑对齐排列，这纯粹是建筑师随意的决定。几何性跟连接性一点关系都没有。由于汽车可以在任何路面上行驶，而不像人会感到疲倦，因此汽车道可以设计成任何的几何形状，而车流量大的道路就变成笔直的了。我所示的就是前面定义过的“树型”结构，在当代社会，人们需要高速公路实现从一个城市节点到另一个城市节点的联系。在较早的战后城市结构中，也会有停车场之间的本地连接（通常只是汽车连接），只有在很早以前的城市结构中，步行连接和人的流动才会影响到城市节点间的几何形式。

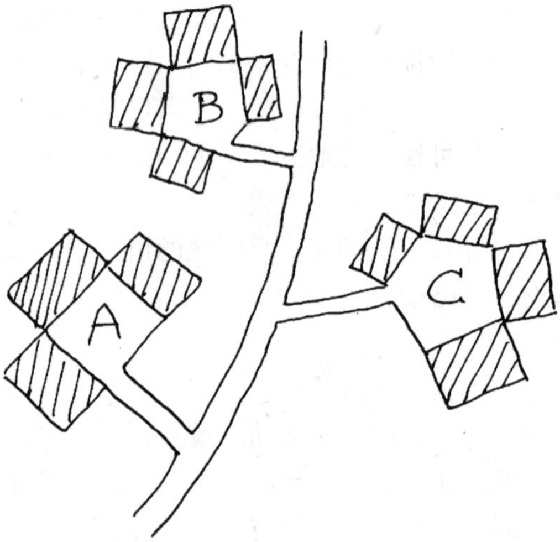

图6
停车场A，B和C没有按照任何几何方式进行连接

6. 同质化和隔离破坏系统结构

集中在非互动节点上的规划原则阻止了城市模块的形成，并且还剥夺了城市系统连贯性的基础，因此在理论上，就不可能成为一座有活力的城市。由于当代城市实施一系列地方法律，从而产生了一种十分特别的物质结构：大量的城市区域都是由同质的部分和许多机械运动组成，但是却缺乏生命。在图7所示的例子中，3个非模块（每个模块包含4个毗邻但无连接的节点）互相连接。通过对连接的情况进行比较，就能看出这种症结所在：3个模块只有外部连接，但每个模块都没有任何的内部连接。

图7所示的例子中显示集中相似功能的模式违反了一个系统的基本组成：一个模块的内部连接力必须强于维持这些模块处于一个界面间的连接力（Courtcis，1985；Simon，1962；Simon and Ando，1961）。由于相似的单元之间不会经常互动，试着把同类的组团单元放在一个模块里是没有意义的。这样一个组团将所有的力外

部化，而不是减弱模块间的力。模块划分只在模块间有最强的力的时候才会有效，把有强烈相互作用力的单元组合放进一个模块经常会导致不明显的几何分区。

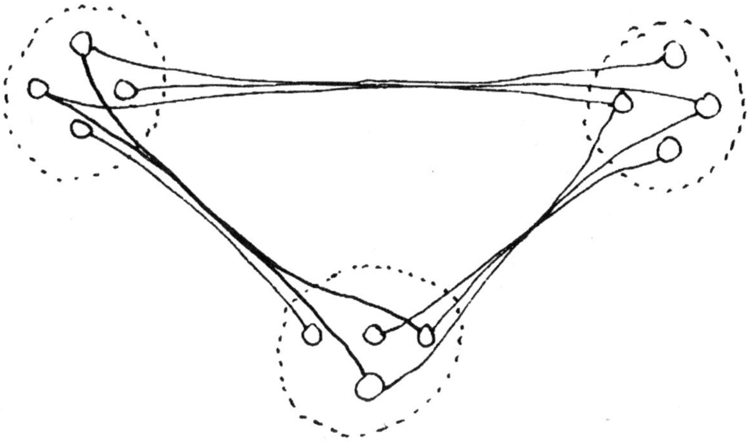

图 7
3 个没有内部连接的非模块构成了这种症结的情况，所有的连接都是组间连接

亚历山大在“城市不是一棵树”里指出，当时曼哈顿新林肯中心的设计有根本性的缺陷（Alexander，1965）。因为没有通道，表演艺术大楼被隔离一隅，环境因此变得毫无意义。通过通道这一案例，我想说明的是：真正的连接是满足人们在两点间穿行的需求，而这种连接跟混凝土“步行道”设置在何处实际上没什么关系。在以上所说的分解原理（2）（见图 2 和图 7）中，建筑之间其实是没有连接的。一个人会在进入歌剧院后再走到旁边的大楼里听交响乐吗？不大可能。因为没有联系通道，所以两栋相连的建筑间就会没有人的联系。

7. 建筑和城市空间之间的双重性

将一个系统分成多个部分可以通过恰当的分界来实现。包含着复杂系统的模块间的分界其本身也是复杂的，它们需要在分隔不同单元的同时有关联。一个系统可以部分地分解为一套复杂的、半自主的模块和同样复杂的分界区，这些分界区允许连接的发生，这正是存在于生物学里的现象。成功的系统分解取决于模块与分界的正确识别，不能正确识别准确的分界会妨碍系统在分解后的功能发挥，在各单元的分解中，系统层次上的连接需要在分界里包含足够的复杂性。

在“城市不是一棵树”（Alexander，1965）中，亚历山大明确指出他的基本单元就是几何节点，每个节点可以代表一栋建筑或者任何城市空间中的固定点。亚历山大估计出这些单元必须具有的连接数量，并以此为基础进行分析，研究如何定义一个有生命力的城市。他总结出 20 世纪的规划实践并未放入——它们的理论原则并不承认连接的存在——必要数量的连接中；此外，允许多样的连接从而使系统产生的自身复杂性与规划观点相悖，这些观点的目的是要能够预料到所有的这些连接。数学树型结构里的两个节点被唯一路径相连，所以一个“树型”城市与这种观念相合。

在这里我采用了一种更普遍的方法，通过这一方法将这些不同类型的分界看做是活力城市里的模块。例如一个几何形分界，人们沿着它运动，分界内人们的互动使城市充满活力，这样的几何分界线就形成了一个模块。模块里的单元通过路径而不是建筑相连接。这种模块最终会连成一个网络。这个连接的结构看起来是有机和分形的，像是奇特的植物形状的聚合，这些连接决定了建筑的形状而不是其他。让我们看一个城市平面的图底转换关系：是外部空间导致了城市结构的形成，还是它们完全被机动车取代？亚历山大的最新著作《秩序的本质》（Alexander,2002）明确涉及所有这些连接。

在较早的城市中，连续的城市空间贯穿整个地区，正如我们前面提到的分解原理（3）(Alexander，2002；Gehl，1987；参见本书第2章）。当步行是城市交通的主体方式的时候，这样做是显而易见的办法：主要的城市功能在城市空间内正确地发生。这个方法还要考虑和汽车数量的增长相匹配，由于汽车的形体和速度的优势，使它们可以取代步行活动和步行连接。很明显，现代主义的规划者在分解城市空间时做得太彻底，以至于高速公路往往会贯穿城市核心区。在本世纪，当人们关注的结构的哲学意义从建筑之间的空间转到纯粹而孤立的建筑的几何性时，城市空间的重要性就已经消失殆尽了。

分解原理（4）是以基本的几何关联而非各自独立的建筑来建立城市。几何的分界是城市的活跃单元，但是这也只有在它们成功连接分界两边的元素时才会成立(参见本书第4章)。分界线是一些代表线状元素的边缘，沿着它们才有了城市“生活”。今天在一个典型的城市建成区，所有几何元素都是不相连的，所以没有互动的边缘。事实上我们已经忘记如何去建立一个有连接功能的分界。关联总是借助过渡区域起作用——复杂的、可渗透的或者变化的边界——在今天这些过渡区域都因为风格的原因而被削弱。没有连接的边缘只有单纯的装饰作用。

亚历山大和他的同事意识到上文所说的分解原理（4）和（5）的重要性，并且将它们广泛应用在《模式语言》(Alexander et al.，1977）里。通过对世界历史上功能最为成功、感情上最吸引人的城市结构例证的学习，他们发现连接的边缘在城市生活里有重要的作用。许多人类活动模式只在几何分界面发生，其触媒就是分界本身具有的复杂性［分解原理（5）］(参见本书第8章“模式语言的结构”)。现代主义有意地消除了城市元素间的分界面，只是为追求一种没有连接的“纯净”的视觉效果。因此，许多亚历山大式模式似乎按照今天城市设计的标准来看已经不合时宜，而且人们很难理解它们，因此也就往往为人们所忽略。

8. 突现的控制和抑制

一个复杂的系统需要具有一些突发性结构，以便可以对系统预期变化着的内部条件做出回应，就像是在自我诊断并且自我修正一样。自我稳固、修复和进化的属性都不依赖于单独的个体模块，因此它们必须存在于任何模块划分之外。既然突发性属性是全球性的，它们也是在原本设定的功能之外的属性，而且不可能在模块的层面上被定义。在这个方面，它们是“非功能性”的，因为它们不能对原有设计功能作出回应。只有在一个高度关联的系统中才能存在突发性连接，而这个系统提供了产生更多连接的机制。

正是这些不断进化的特性，产生了有机界的生命、人类大脑的智慧以及建筑或城市区域里的“城市生活”。为了鼓励这些突发性属性的出现，我们不能把任何单一的划分方式应用到已有的环境里。在所有的系统中，突现性产生于新的连接之中，而不是产生于原有模块本身包含的连接中。然而这些模块原本已经固定，附加更多的连接也许会自发地产生在模块间的界线处。在人类的大脑里，大量的神经元连接共同作用产生了意识，这个过程单单从大脑的物理结构上是无法理解的（Edelman and Tononi，2000）。

让我们比较一下，一个简单的聚合与一个具有突发性属性的系统两者之间是如何选择的：在每件事情都是完全可控的情况下，我们青睐选择前者；而在自发性成长不是威胁的情况下，我们选择后者。在城市规划中，僵死的和活力区域之间的反差是鲜明的，僵死的城市规划是僵化的，以至于人们之间没有自发的互动。比如一座建筑在垂直方向集中了办公或者居住单元，仅设置一个入口以便更容易管理；公寓通常由一扇门控制；十分有限的室内商业和很少有门卫的出入口等等。立法进一步施加了更多的控制：公共场所没有悠闲的漫步者，街道上没有行人，墙角没有坐椅，居民区没有商业，路边没有零售点等等。

另一方面，活力城市具有更混杂的几何性，包含了供步行或汽车选择的多样性的路径。建筑倾向于内向型的布局而不会太分散；混合使用功能并只占据少数几个合理的楼层。建筑群是由具有多个出入口并互相联系的小建筑组成的，而不是垂直方向集中到一栋单一的巨型建筑中。我们也发现这里有“非功能性”的城市元素的扩张，如小公园、矮墙、长椅、街头售货机、路边咖啡馆、报刊亭等。这种商业与日常生活交织、与陌生人共度时光以及其他公共场所的社交活动，为充满活力的城市生活提供了基础。古代的集市或广场不仅仅是商业中心，同时也是社交、公关和思想交流的中心。

9. 城市形态的自我进化

将没有相互作用的城市单元组织在同一个区域中会产生病态的非系统性状态，例如功能集中的市中心商业区和同种性质的郊区住宅区（参见本书第 4 章）。为了加强它们之间的交流和交通联系，将这两种功能组团紧密连接起来十分必要，因为长距离连接会产生巨大的外部力，并且最终会导致城市功能运转失灵。反过来，在新的情况下产生城市结构中新的连接配置，将规划导向正面或反面的方向。顺其自然，人们会根据城市的力重新调整商业和居住的状况。

应对突发现象的连接来自于联系不同子系统之间拥有的多种选择。能否选择既取决于城市几何形式又取决于城市立法。当所有的节点通过唯一的路径连接时，选择是不存在的。在规划彻底的城市中很难提供可能的选择性，因此突现和进化是不可能出现的。系统的进化产生了跨越模块界限和不同尺度的连接，同时还会联系一个子系统，因此这个子系统就具有了更大或更小的结构形式：这种连接是模块外的连接。其他的系统连接将被重置或削减（图 8）。为了解城市形态的演变，我们需要研究随着时间的推移一座城市又是如何改变它的连接的。

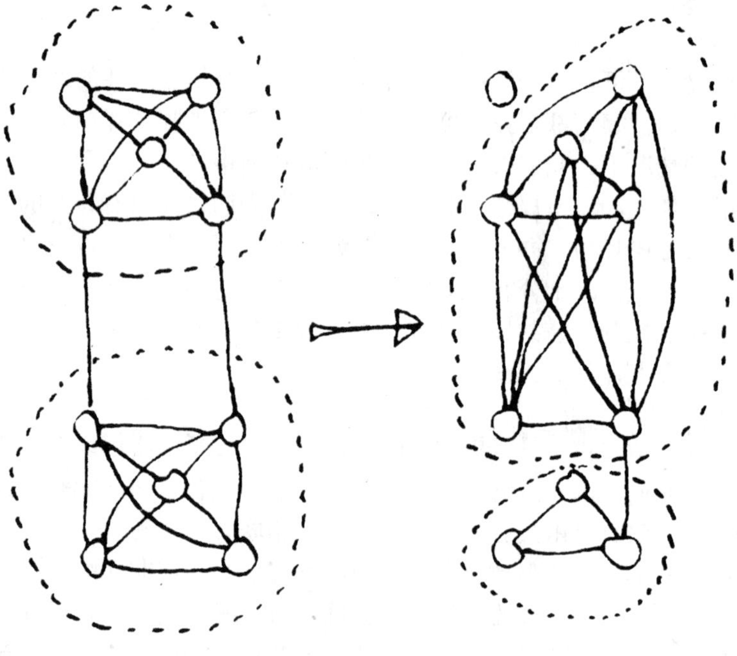

图 8
两个模块随着时间自行重组，定义新的连接和边界

即使这些模块在结构和功能上都很有意义，任何从城市到模块的分解方式都不能不依赖于城市在那个特定时间里的状态。正如我们所知，城市里的功能和节点是

不断变化的。系统会有一个大致的等级排序，在这个排序中较小的相互作用的元素跟更大的元素发生关联（并不一定是正好匹配）。较小的元素持续地变化或者被其他元素所取代，这就改变了模块的内部结构。对应系统连接的边界被这些变化所修改。新的连接将会被安置在系统中，它们代表了突发现象；但是这个过程是如何运作的还不能事先决定。

源于分离规划的相反的做法常会在新城实践里为人们所尝试，它由一系列人造村落聚集而成。这种新城实践也不是很成功，这样的理想化的城市只是在图纸上显得更加人性化，因为它们的模块基于传统的城市模式。它们还通过分解成独立的模块来遵循系统的原则，每个模块都含有连接紧密的单元，比如房屋、商店、学校、公园等。亚历山大已经指出这种结构就是一个树型结构，因此没有生命力（Alexander，1965）。为什么会这样呢，这比现代主义城市中功能分隔的情况更微妙，通常情况，这与模块间的突发力有关系。

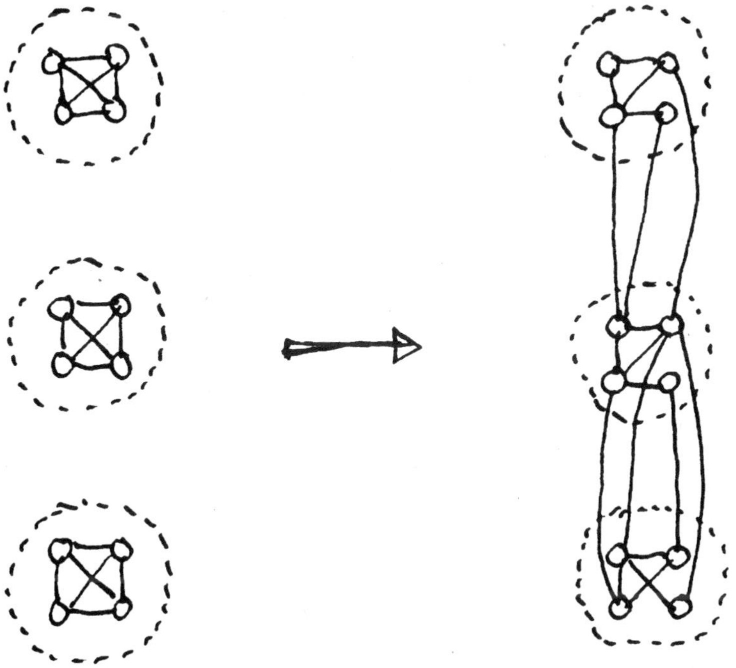

图 9
由无互动性模块建立起来的乌托邦城市，通过建立跨模块连接产生了一种有活力的形式。这个过程破坏了原来整齐的划分方式

由无互动村落模块建立起来的理想城市可能会瞬间瓦解。人们会在一个不同的片区里找到工作；有人搬到另一个片区中居住，而仍然在原来的片区里会亲友、购物；商店将会变化，因此人们要走出自己的片区；一个家庭会为了让孩子受到更好的教育而把他们送到另一个片区去上学等等。社会和商业的力量削减了内部连接而

产生新的更强有力的模块外的连接（图9）。精心规划的系统分解方式自我消解，使得原来的大尺度划分成模块变得不太可行。这个系统开始退化，因为没有设计出适合的突发性连接。

10. 连接长度的分配

即使我们可能立即规划出一座有活力的城市，但做起来也是一件十分困难的事情。我们别无选择，只有改变自己的想法，从强加在城市结构上的方格网规划转变成自然进化的城市发展过程。亚历山大的最新著作《秩序的本质》(Alexander, 2002) 分析了活力城市的几何形式是如何随着时间发展变化的。在本章中，我试图指出偏离城市进化发展的两种极端：(1) 只有长距离连接的无系统性的隔离分区；(2) 只有短距离连接的人造村落的理想化聚合。一座活力城市存在于这两种完全不同的极端的规划形式之间，相对于 (1)，更倾向于 (2)。而且，城市的活力取决于可以随着时间重组连接的自由。

这两个极端的城市连接模式的特点是由相互独立的连接长度形成的。活力城市中最佳的连接长度的分布是什么样的呢？一个关于尺度配比的数学结果（参见本书第3章）回答了这个问题。系统依赖于不同级别的组成部分，当这些组成部分遵循逆功率分配原则时，才能产生最佳的效果。这个分配原则表示，每个长度的连接数量是跟介于1和2之间的力的长度成反比的。短的连接比长的连接更为普遍，而且越长的连接，发生的频率就越低（图10）。

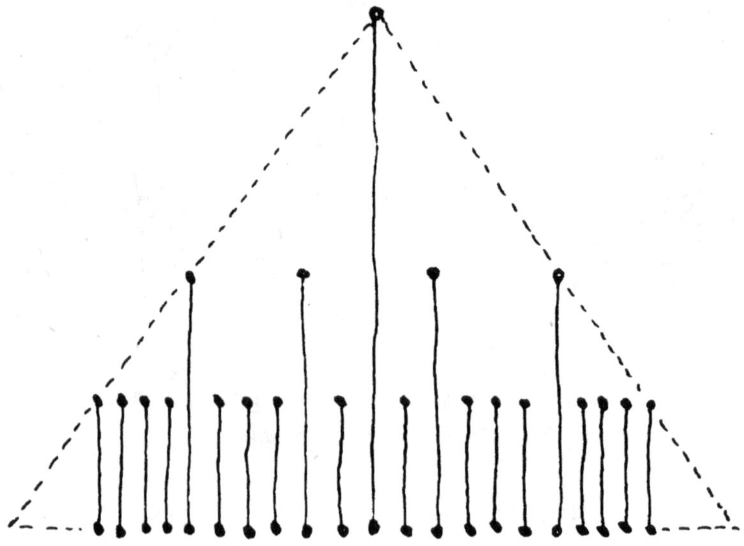

图10
根据 $1/x^2$ 规则的路径长度分配，只显示了三条最长的路径

一个功能性的城市结构——活力社区以互利的方式彼此连接，同时又是不相雷同的城市区域——包含的连接长度遵循逆功率分配原则。追溯到之前讨论的节点和连接的双重性，逆功率原则也适用于城市空间的分布。我们必须为不断增长的人群提供适宜的城市空间：大多数的城市空间应该适合小群体的活动，而只需要少量城市空间可以容纳大量人群。其目的就是依据同样的空间分布原则鼓励人与人的互动：在城市空间中小范围的人们日常接触十分频繁，同时也为很少发生的大的群体活动提供可能。

对于这个结论的支持来自大量各种复杂的系统，这些系统都遵循上述分配原则，从 DNA 结构到经济学规则，再到所有分形的形式。逆功率分配原则在本质上是普遍存在的，广泛存在于自然界和人类创造的很多现象中。连接的分配在互联网上就是遵循这个原则（Albert，Jeong and Barabási，1999）。也许最相关的例子是简单的无脊椎动物神经元的长度分布（Watts and Strogatz，1998）。自然界已经解决了如何以最佳的方式连接这些复杂有机体的节点。我将详细介绍存在于逆功率分配和“小世界网络”之中的密切联系。

在如何让一个充分连接的网络起作用方面，连接长度的分配扮演着关键的角色。网络中出现的自然和人工系统介于两个极端之间：（1）自由连接构成的随机网络；（2）只含有最临近连接的规则网络（Watts and Strogatz，1998）。在前者，路径长度围绕某种配比方式组合，因此大多数连接比最临近的要长很多。重新连接一个（1）的系统，通过断开很多长的连接，用短距离的连接取代它们；或者在（2）中把少量原本短距离的连接加长，以产生一些适中的或者更长的连接，这样就形成了“小世界网络”，这样做会大大改善随机或者规则网络上的连接属性（Watts and Strogatz，1998）。

逆功率分配使得系统具有不固定尺度的特点，也就是说在所有尺度上它的作用力都是相当的（参见本书第 3 章）。实际上，逆功率分配在最小允许长度内有较低的分离点，这就是最相邻连接，它们的平均长度是多样的（介于 1½和 2 之间）。这个原则青睐最小的连接长度。相反，随机配比的特点或平均长度是整个系统里的一部分（大概 1/3），这个代表了最大可能的长度。因为现代城市和郊区缺少短的连接，单一功能分区促使城市连接的特征长度超出了随机平均值，它们更加接近最大距离。

11. 生态系统和几何性

城市可以借鉴生态系统的理论模型。生态系统也是由不同大小的有机体模块组成的复杂叠加的系统。定义一个方形的动物栖息地和定义一个“居住片区”同样有意义。如果把动物和植物隔离在各自孤立的区域，那么就破坏了生态系统。一个允许多样混合的好肌理的几何形式是生命存在的先决条件。我们能通过倾倒在海底的旧汽车和冰箱创建一个人工礁石，它们能和海洋生物栖息数年。清晰的高山湖泊（根据审美标准会排得很靠前）必定是没有生命力的，而浑浊的绿色池塘上面漂满了木头和树枝，这里通常含有丰富的生命形式。

除了几何性，被忽视的城市特性还包括有活力的进化和稳定性。生态系统在内部组合和边界持续变化的意义上是充满活力的。没有人能够规划生态系统，但是错误的干预（来自人类或者自然灾难）会永久毁灭它们。我们发现生态系统的稳定性在不同尺度的单元里存在：每个都对外来干扰做出不同反应。一个简单的模型显示：大的生态单元对外部干扰的反应较慢，而小的模块反应更为迅速。这个内在的多样性保证了对于不同类型的干扰的基本稳定性。

一个健康的生态系统里存在适应条件变化的弹性反应，一座城市也同样需要。我不知道如何去设计这种反应，但是很清楚这个解决方案必定出自一整套城市法规——尚未产生——它允许城市发展自身的生活，随着时间的推移进行自我维护。不仅要通过立法形成一套促进城市生活、保持城市结构连续性的规则，而且这些法规准则还要引导城市生活朝着积极方向而不是消极方向发展。我们需要一个渐进的法律，这是与单一功能分区的刚性设计原则相悖的，而且这些原则需要重新连接以便维护或促进环境中的城市生活。

我们的文明程度已经可以实现我们想要的一切。问题是当今绝大部分人实际上还是想要一种僵死的城市区域的。人们寻找这样的事物——例如简洁的纪念性的几何体，单一功能分区，汽车交通优先，商业和居住的隔离，迫使所有的贫困人口住进巨大公寓楼——这些带来的恶果就是毁掉了城市生活。贫困人群已经有了相同的境遇，因此融入社会后，他们不可避免地同其他中产阶级一起破坏了城市。城市法规产生了我们今天所见的城市类型；如果人们确信他们以及子女的生活会变得更美好，也许会产生一个完全不同的法规，并且会再次重建那些充满活力的城市。

12. 结论

在本章我的目的就是阐明关于城市结构的新的理论观点，这个城市结构源自于复杂的连贯系统的分解方式。这些结果大大改变了我们认为城市就是简单的建筑线形排列的观念。一座城市只有其几何构造允许存在大量变化的连接时才是有生命力的，因此可以允许城市像生物一样进化。这些响应城市“生活”的连接定义了城市形态分解的不同方式。城市的复杂性基于许多更短的连接而非长的连接，这种情形已清晰呈现出来。城市需要重建大量最紧邻的连接，还有数量巨大、种类繁多的中等长度的连接。一座活力城市的核心特点是应该不断重新调整所有的连接，任何规划必须有助于而不是阻碍再连接这个过程的自然发生。

致谢

向给予诸多帮助的安德鲁·科沃德（L. Andrew Coward）和约尔马·门蒂（Jorma Manty）致以诚挚的谢意。

第6章　分形城市的连接

• 本章编者按

——阿瑟·范·比尔森

本章[a]是关于城市和数学分形共有的分形特性的讨论。当我们在分形和城市之间类比的时候，不应走得太远（正如本章图2所示）。城市几乎不会从严格的对称性和数学分形的结构中获益。“分形的”是“断裂的”的意思，与“连续的”相反。在设计中使用分形线（和面）可以帮助城市规划师和设计师达到一些目标。例如，一条分形的边界线促进了人们的互动，而且可以与步行小路融合（参见本书第4章“复杂性与城市连贯性”中的图1～图5）。

什么是分形的特性？一个数学上的分形

（1）在所有尺度上都有结构

（2）有自身相似性

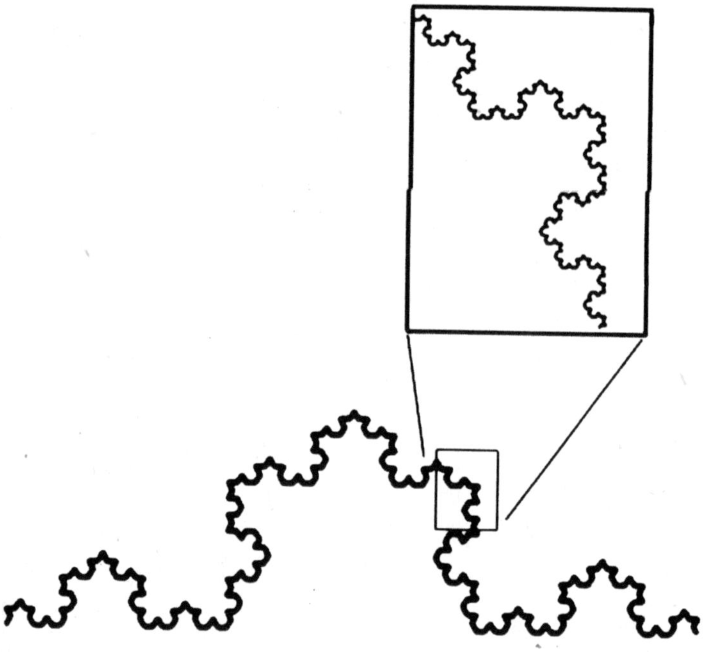

图Ⅰ

冯·科克雪花分形的自身相似性。这个数学分形不像真实世界的分形，它不断重复直至无限小的尺度

分形的第一点特性是在所有尺度上都发生，这一特性在某些城市里也可以找到，这些城市在所有的尺度层面上也都有结构。分形的第二点特性“自身相似性”的意

思是指分形的一部分和其他部分是相似的。特别是我们发现每个部分（结构）在所有尺度上都在重复（见图Ⅰ）。尤其是特性1 使我们相信，人们可以利用分形概念的元素来加深对城市的理解。

我们如何构建一个分形？例如冯·科克雪花分形，可以通过把两条边的三角放在一条线段的中间三分之一处来构建。4 条较小的边都重复这个方法，就产生了一条褶皱线，然后不断重复这个过程直到无限小，最终就会得到一个数学分形（见图Ⅱ）。这个分形的一些特性已经在第3 章“冯·科克雪花曲线”一节中说明过。

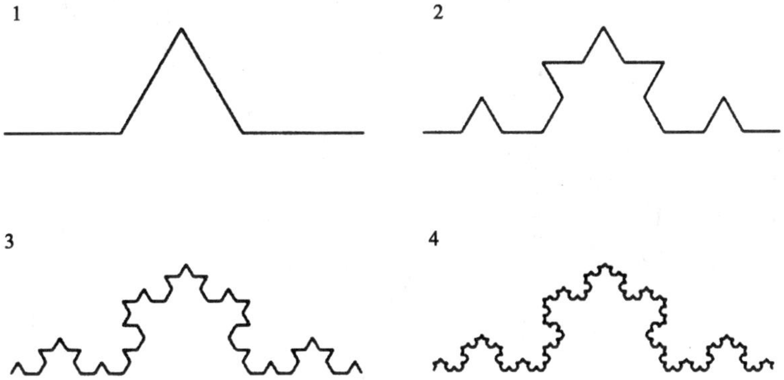

图Ⅱ
构造冯·科克雪花分形的四步骤。这个数学分形不断重复直至无限小。
真正的分形总会在某个最小尺度上停止重复

现实中分形总会在某个小尺度上停止重复。例如，一个城市的分形外边界可以有一个作为其最小尺度的平均外观元素的长度，其结果适应了环境的影响，并往往发展出形式的不对称性。现实中，好的分形线的例子就是一条海岸线。海岸线的最小尺度决定于一个人的定义：例如测量杆可以是100m 长、10m 长或像一粒沙子一样的大小[b]。尽管一个模型总是现实的近似值，通过一个简单方法可以导致复杂结构(Mandelbrot，1983）的这一事实，使我们拥有了更透彻了解像城市这样的复杂系统的愿望。

编者按参考资料：

Mandelbrot，B. B. 1983。“The Fractal Geometry of Nature”。纽约：Freeman。

---

[a]专题演说原发表于：“5th Biennial of Towns and Planner in Europe”，巴塞罗那（2003 年4 月）。出版于：“PLANUM——The European Journal of Planning On-line”（2004 年3 月）。

[b]一个有趣的事实是海岸线的长度是不固定的，它取决于测量杆的长度。随着测量杆的长度减小海岸线的长度就增加了。

插图 H
意大利威尼斯（Venice）的里亚尔托（Rialto）桥。除了有愉快的体验经历，这座桥还是一个可达、宽阔、实用的桥，连接了主城的两个部分（摄影：伊恩·劳埃德，承蒙惠许）

插图 J
桥（未）连接 Borneo-Sporenburg 的两个半岛（荷兰阿姆斯特丹）。这是一个假连接的例子。这座桥坡度太陡以至于健康的人在晴天都不愿“爬”它，难以想象冰天雪地风雨交加的天气，更不用说坐轮椅的人、骑自行车的人，还有恐高症患者了。奇怪的是这座桥竟然获奖了。奖项是颁给它的艺术性的，这也就不奇怪了（摄影：艾娜·克拉森）

插图 K
巴塞罗那（Barcelona)（西班牙）的俯瞰照片显示了海上的兰布拉（Rambla del Mar）桥将港口地区同城市连接起来（摄影：艾娜·克拉森）

• 本章正文

活力城市同所有的生命系统一样，都具有本质上的分形特征。机动车和日益增长的人口压力，导致20世纪的规划师推行反分形的几何性类型学。传统城市的分形特质消失了，造成城市结构灾难性的后果。为了弥补这种毁坏，我们有必要明白以下几点：（1）这些分形的特征是什么；（2）充满活力的城市结构中错综复杂的连接；（3）连接和修复城市空间的方法；（4）覆盖步行、机动车、公共交通的有效途径；以及（5）如何整合物质连接和电子连接。首先，需要澄清一些关于分形结构的基本误解。然后，强调层级连贯的性质和重要性。我们可以用分形的标准衡量城市的几何形式，作为它成功与否的一个条件；另一个独立的标准是连接性，这需要用拓扑学的方法研究。这里将用来自生物系统进化和网络的经验去探讨尺度的分配、逆功率分配原则和“小世界”网络。这些概念显示出，当代城市主义所偏好的极端密度都是病态的：一方面是蔓延的郊区，另一方面是摩天大楼。当代城市的挑战，是怎样以最优方式叠加那些具有竞争性的连接网络。

1. 引言

本章描述了不同的城市类型分别以其连接的几何形式为特征。不同类型的城市拥有不同程度的城市生活。城市生活是直接建立在它的连接和子结构的构架形式之上的，因为几何形式可能鼓励也可能不鼓励人们的活动和相互作用。这样的理解对于由信息和通信技术驱动的电子城市是至关重要的。和人们普遍认为的相反，电子城市不是由“高科技”的现代汽车城市自动发展形成的，而事实上它是与19世纪的更人性化尺度的城市紧密关联的。

为了探讨这些纯粹的几何问题，有必要对术语有个明确的定义。在本章的技术附录里，将花一些时间去定义“分形”、“尺度”和“连接”。城市规划师有可能把这里的标题错误理解为：“把未连接的城市连接起来。”虽然当代的城市是没有联系的，但是在分离的意义上，他们也不是分形的。城市元素和连接的尺度分配原则定义了本质上不同的城市类型。一幅由不同的、相互作用的网络组成的城市图景显现出来：每一个网络都在几个不同的尺度上运作。这些具有不同特征的网络系统，尽管相互竞争同时又不得不互相连接、紧密配合，从而产生一个充满活力的城市。

把城市想象成多样的分形结构（Batty & Longley，1994；Frankhauser，1994）。让

我们在总体概念上获益良多。作为城市规划师，我们把自己从“定义尺度”的术语误导中解放出来，因为一个分形在各种尺度上都是存在的。不同的城市进程和机制在不同尺度上运行，在所有尺度上发生，且跨越尺度以某种内在方式合作的概念，促进了对一个城市如何生存和生长的理解，并使得规划不是一次偶然事件。本章指出为什么历史城市是分形的，而20世纪的城市则不是，未来城市又必须变成分形城市，这一点可以通过从传统城市中继承相应的几何性的解决方式，同时又可以使新的分形结构适应于新事物和新技术来做到。

我通过描述何种类型的城市是分形城市来开始这一章，中心理念是，在从最大到最小的所有尺度上，分层级的、相互连接的结构是存在的。请参照附录I获取更多技术细节。然后进一步概述使城市有活力的连接。活力城市在节点间有大量的连接，比现代城市多得多，为了这种连接自然地发展，它们需要丰富多样的节点紧密融合。因而可以说，国际现代建筑协会（CIAM）关于单一功能分区的城市规划理念是阻碍城市产生生命力的（图1）。

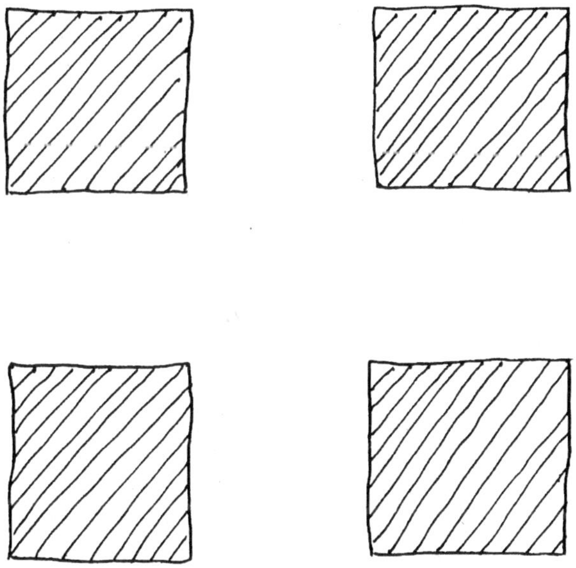

图1
非分形的现代主义城市平面图

本章其余部分讨论了维持城市生活所必需的连接等级。互相竞争的连接网络在几种尺度上都存在，每种尺度适用于不同的职能。如果我们希望把电子城市融入到物质城市，理解这些内部连接十分必要。文中批判了为了大尺度连接而减少小尺度连接的政策——这两种城市连接都需要，而且还要形成和谐的平衡。今天的城市极度缺乏汽车和步行领域之间的连接界面，这让人联想到亚历山大解决这类问题的方法。接下来我将讨论网络的效率，介绍“小世界”网络的概念。

城市规划思想中有一个主要缺失，即缺乏一个认识论框架，人们可以应用这一认识论框架来验证城市干预是否真正能达到预期效果，或者说反而会降级城市结构。在采取行动之前确定城市运行机制（什么导致了什么的）的因果关系十分必要。这里需要一个更智慧、更科学的城市干预方法。本章以关于对重建城市网络的建议为结论，这些提议包括应用克里斯托弗·亚历山大和莱昂·克里尔的思想，并以近来互联网的结构知识为指导去重建步行系统。

三个技术附录涉及了更详尽的描述城市形态的数学方法。首先，探讨了分形和规模，说明了分形其实是跨越各个尺度的复杂的连接结构。其次，提出了大小规模的分配，这告诉我们遵照分形尺度的一种规模应该存在多少。这个结论适用于邻里、建筑、城市空间、绿地、道路以及小路的尺度。第三，讨论了哪种物理尺度分配方法是适合电子连接的。从数学分析的角度看，电子城市最好跟包含步行系统的传统城市连接，而空间/电子界面的发展模式也支撑了这个结论。

2. 什么是分形城市?

只有较早的、前现代主义的城市是分形的，因为它们在各种尺度上运作。中世纪的城市是在1公里以下的小尺度上最具有分形特性，而19世纪的城市在大尺度上做得更好。历史上一直沿用至20世纪的城市类型学自然而然就导向分形结构（Salingaros，2001）（见图2和图3）。传统城市形态依步行交通网络而成，步行型城市随着时间推移，有愈来愈多的附加物加在分形模型上，而它的建造者并没有意识到。正如在别处已经提到的那样，分形模式已经烙印在人类的思想里，所以它自发生成的东西必然会有分形的结构（Mikiten，Salingaros and Yu，2000）。

实际上人们不得不改变心态才能创造出非分形的物体。然而不幸的是，这正是我们的教育和媒体在过去几十年来向我们灌输的。“现代化形象”是一个时髦、突兀的几何形状，这也许是塑造我们城市的最强大的力量。我们不去考虑它跟一座活力城市如何运转的关系，只是这种最简单的图像在驱使着我们去建造；更加令人警醒的是，它还决定着因为哪一片城市结构的“不再时尚”而将它摧毁。我们采用了一系列选择标准，它们跟城市生活无关，甚至还会毁灭城市结构。

勒·柯布西耶的理想城市是一个纯粹大尺度的概念，因此是非分形的。它的组成元素是摩天大楼、高速公路和大量铺装的开放空间。勒·柯布西耶把摩天大楼放在巨型公园里，所有的一切只在两到三个最大尺度上定义。在摩天大楼覆盖范围之下还存在无限的尺度，而几乎没有任何明显的结构网络，当然在1cm到2m这种人体尺度上更没有涉及了。他忽略了一座活力城市所需的所有小尺度的必要性。柯布西耶彻底错误地判断了他的“明日之城”会是什么样的。他的摩天大楼确实是替换了传统的活力城市的结构，但它们不是坐落在巨型公园，而是存在于巨型停车场上。

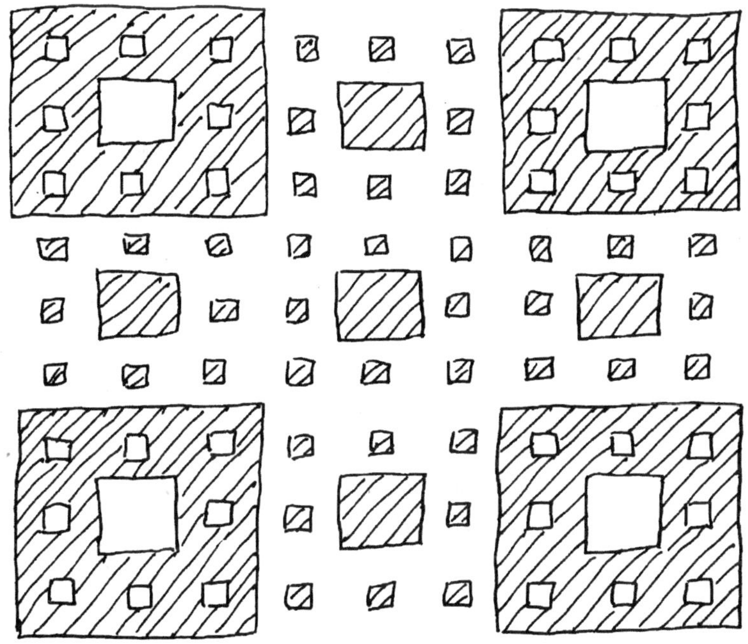

图 2
非现实排列的分形城市平面

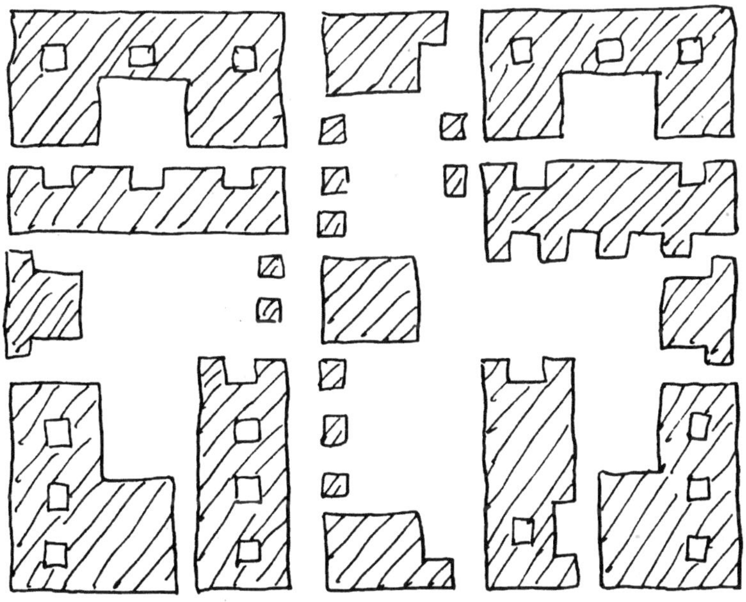

图 3
流动的几何布置方式定义了城市空间

从另一方面来说，豪斯曼（Haussmann）对巴黎城市规划的干预，可以用分形尺度来解释。当中世纪巴黎的发展超过了一定规模，它的狭窄的街道已经不能满足交通需求，增加新的、大尺度的构造就变得十分重要。因此，有必要消除一些城市结构以便引入更长更宽的街道。教皇西斯图斯五世（Sixtus V）在罗马采用了同样的方法，在引入大型城市公园之后产生了同样的过程：一旦城市扩张超过某个界限，它就需要一个更大的绿色空间。在19世纪的大型公园取代原有城市结构的例子在各个主要城市都能找到；然而在20世纪里，这些大尺度的城市干预手段（道路和公园）被人们误解了，人们只效仿了其破坏性的一面。

城市形态学是最初建造城市时政府制定的特定交通系统的产物。后来交通系统的修改，导致了城市结构的改变。今天，政府建造了彻底的汽车城市（通过在一切建造出现之前就制定公路网和基础设施），或者参与进来摧毁一个既存的步行主导的城市，并将其转换为汽车主导的城市。在后一种情形下，老的步行城市的一些零星地区有可能还存在着，它们提供少许的城市生命力（如果改造机制真是高效的话，可能什么也留不下来）。因为这个原因，把一个二战后的城市或郊区改变为步行城市着实困难——人们不得不重新在汽车城市里建造新的步行系统。

当代建筑，包括那些跟现代建筑风格联系最少的建筑，仍是不分形的，原因是它们拒绝在从1cm到2m的人体尺度上组织起来的复杂性。后现代主义和解构主义建筑（只有一小部分例外）继承了图案、修饰物、装饰材料和复杂立面，它们的建筑语汇是由高科技材料和"纯粹"外立面组成的，它们的结构语言是不连贯的。只要一座城市的结构和连接等级忽略它拥有的所有小尺度，这座城市就不是分形的。尽管它的支持者们澄清了其误导，但解构主义建筑风格故意无组织性的特点却与真正分形的内部结构相对立。

3. 连接和城市网络

一座城市的生命力来自于它的连接（Dupuy, 1991）。所有的几何性都是为巩固对一个连接网络的支持，以便于人与人之间互动的发生。这些是人们选择住在城市里的首要原因。我们需要探讨一下随机图形的连接性，从而获得关于城市的活力如何提升的见解（参见本书第1章）。首先我们需要考虑一下连接是怎么形成的。每个连接的产生是为了实现两点间的信息交换（Castells, 1989; Meier, 1962），这个信息可以与实物对应。例如，一个人需要从家到办公室，这两个节点就是"家"和"办公室"，它们是相连接的，必须有一个物质路径的结构实现这种连接，否则人们的生活无法正常运转。

节点以一种完全抽象的方式通过路径相连。假设我们从完全没有连接开始，然后随机地连接一对节点，一次连接一对。我们不必试图连接起所有的点——任意一个连接都是随机建立的，甚至有可能连接两个已连接的节点。根据随机图模型（Erdos-Renyi）的重要的数学结论，在经过了一定的连接步骤后，绝大多数节点（大于80%）会突然之间彼此相连（Barabasi，2002）。这是由于经过一系列连续的步骤，形成了相连的节点之间的网络。在随机图模型（Erdos-Renyi）建立的门槛上，迄今独立的网络之间将连接起来形成一张巨大的网，从而把大部分节点连接在一起（图4）。

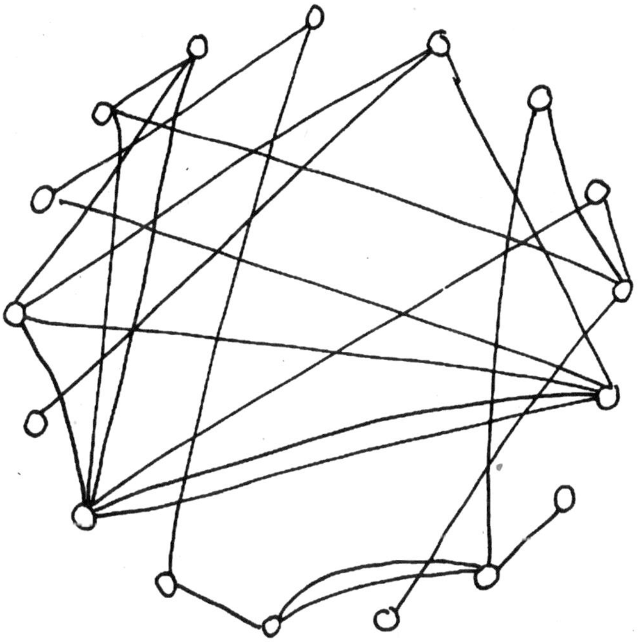

图4
随机连接的一对对节点，最终形成了一个完整的网络

连接的相对数量奠定了一座活力城市的运作基础（Alexander，1965）。有意把 N 个节点用最少的路径连接起来，以便于每两个节点通过一条连接配对，这就需要（½）N 条路径（图5）。在这里，一半的节点是家，另一半是办公室，而每一个家都与一个办公室相连，这样的连接数量甚至比“树型”图形的连接数量还少（Alexander，1965）。要实现随机连接所需的路径的数量是一个很大的数字（½）$N\ln N$。在这些路径中，大多数节点都是通过中间节点连接的（图4）。而更进一步说，完全的连接，即每个节点都是直接与任意其他节点连接而没有通过任何中间点，它们需要多达（½）N^2 条路径（图6）。

这些结果应用到城市中，即为我们提供了所需连接路径数量的上限和下限的范围。不管直接还是间接，当城市中的节点互相连接的时候，城市生活的互动就成为可能。因此我们期望，一个拥有 N 个节点的活力城市有介于（½）$N\ln N$ 和（½）N^2 条路径。为了适应所有这些连接，交通网络必须是多元化的。此外，基础设施必须足够完善，以便允许产生许多可选择的路径。然而战后的做法与此相反，大量的小型城市街区和街道变成少量的超大社区和高速公路，这一进程大大减少了可用路径的数量。

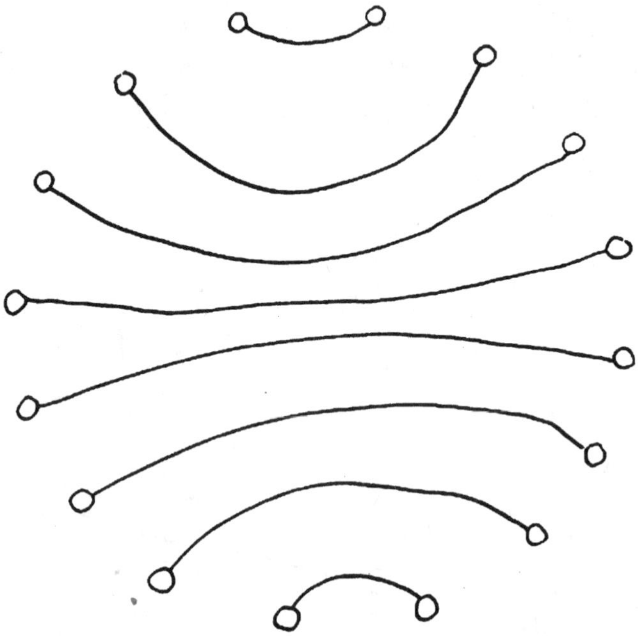

图 5
独对连接的节点无法构成一个网络

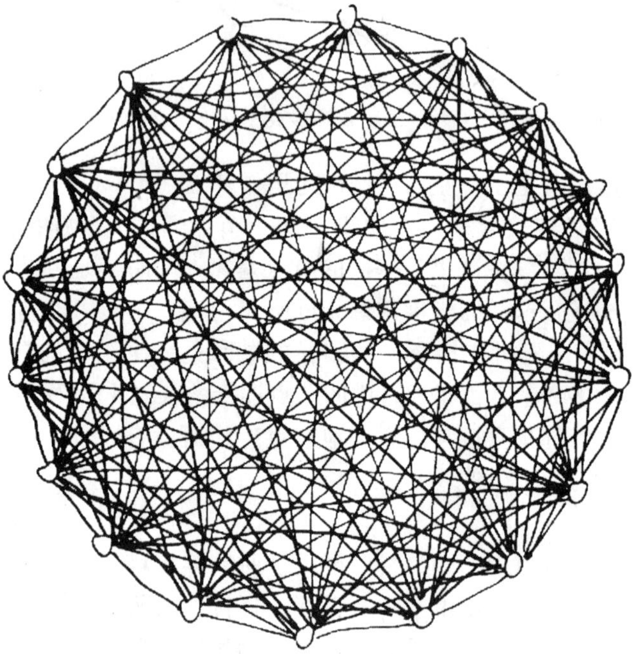

图 6
一套完全连接的节点

对于一个城市而言，N 近似等于城市的人口数量。假设 $N = 200000$，将使我们得到下面相应的连接路径的数量。这样规模的现代城市有 10^5 条路径，而随机连接的城市有 1.2×10^6 条路径，或者说 12 倍于这些现代城市的连接数量。更进一步，一个完全连接的城市有 2×10^{10} 条路径，或者说 200000 倍于现代城市的连接数量。中世纪的城市是完全通过直接的步行通道连接的。我们建造这样的城市，目的在于能够在节点之间取得直接连接，由此带来的人的自由活动和人与人之间的互动，会留存在人们的集体记忆之中，并且令人难以忘怀。

我们对城市节点之间直接利用汽车联系的渴望，使得汽车型城市区别于现代主义城市。20 世纪的城市是一种市郊的汽车型城市和现代主义城市的融合。理论上说，只要有地方停车或者没有其他车辆同时使用这个交通网络体系，我们就可以通过汽车直接连接任何其他的节点。汽车把人们的活动范围增加到几十公里，而对于用卡车运输的货物来说就显得更加重要。但是满足车辆通行的代价是，一个城市 50% 的地面牺牲在道路和停车场的建设上，而且使得我们的经济受到石油供应的严重制约。勒·柯布西耶希望将现代城市的道路（在我们的例子中是 10^5）融合为一条超级道路（参见本书第 1 章“城市网络理论”），他的想法是让住宅变为少量集中而巨大的高层建筑，同时将办公地点变为市中心的摩天大楼。

4. 互补性和催化

一个基本原则是只有互补性的节点之间才能形成连接。相似的节点间没有连接的原因是由于它们有相似的功能特性（参见本书第 1 章“城市网络理论”），这样相同类型的节点之间几乎不可能有信息的交换，而促使城市发挥作用的力量来自于多样性的不同类型节点信息交换的需求。因此，同类的物质节点组团连接到一个地理区域内就显得毫无道理。节点均质地分成单功能区域，使无互动的节点因为开发商的利益或简单视觉秩序的肤浅愿望而产生几何性靠近，这与节点互动的基本准则相对立。

均质区域违反了上述互补性原则，因此不应该把它与可识别的邻里所取得的一致性相混淆。在一个邻里社区，一块包含了充分的多样性和功能性的城市区域，足以发展成部分的自给自足，至少在某种程度上它占据了一个特定的地理区域。它可以具有特定的社会或种族性质，每个节点的连接产生的连贯性使城市结构向着健康的方向发展，同时与社会凝聚力相互促进。然而由于经济原因或规划误导，人与使用功能被强行划分在一个区域，并产生了不利的一面，比如在郊区的宿舍区附近没有商业网点，平民区的高层住宅周围没有商店，或者一栋办公大楼附近没有住宅区。

这里引出了催化作用的概念。许多化学反应需要某种形式的催化剂，否则反应缓慢且效率低下。斯图尔特·考夫曼（Stuart Kauffman，1995）研究了在一个模型中，一组节点实现相互催化后成为一个自动催化的系统，其中的每个分子都是反应的推动者。在相互作用的分子中发现了催化作用原理，即如果在反应中有足够多不同种类的分子时就不需要加催化剂了。考夫曼发现了这些多样性的分子发生反应成为一个自催化系统时需要的最小种类与数量值（在数学上和随机图模型（Erdos-Renyi）的理论相一致）。催化作用原理应用于城市之中，意味着需要有数量巨大、紧密靠近的多样化节点，以使城市充满活力（参见本书第5章“关于城市构成的评论”），而每个城市区域都在与其他部分催化互动（图7）。

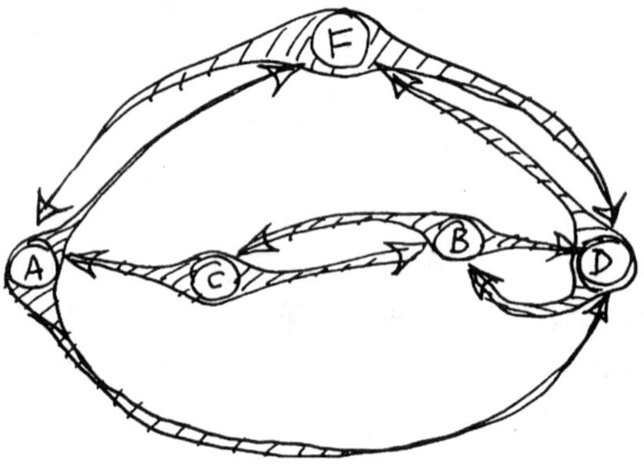

图7
多样的要素催化了彼此之间的连接

这些结果在自动催化的作用下建立了一张多重连接的城市结构图。接下来我将简要描述城市网络的两种影响。首先，每个节点都要通过几种可供选择的途径连接到另一个节点。举个例子，一个人必须选择步行、骑车、驾车、乘公交、班车（私家小公共）、地铁、轻轨或者通过电子方式连接到另一个节点。所有这些除了最后一种连接之外，都需要物质的线性连接，因此它们在空间上竞争并为节点寻找物质的庇护所。这一属性对城市施加了流动的几何性，这与定义当代建筑与城市范例、在视觉上彼此孤立的几何形式是截然不同的。

其次，必须要有足够的密度和多样化的节点，这样它们才能产生相互催化的作用。19世纪充满活力的城市融合了包括住宅、商业、轻工业、政府、宗教等建筑场所，它们彼此邻近（Alexander，Ishikawa，Silverstein，Jacobson，Fiksdahl-King，and Angel，1977；Krier，1998）；城市的物质结构包括了现在城市中已经消失的转折过渡地带，诸如宽阔的人行道、林荫大道以及街头小品等。一座餐厅催化了住宅之间的路径，而住宅又在餐厅前催化了流动性。所有这一切在不同类型路径之间的联系被切断之后而毁掉了（直立的围墙和边界障碍），或是毁于将类似的节点集中到同一区域的做法。在汽车型城市中，我们优先考虑停车的需要，并为此建造了许多功能相似但缺乏连接的城市节点。

5. 连接等级

因特网为城市化提供了令人振奋的新的可能性（Castells，1989；Drewe，1999；2000；Graham and Marvin，1996；2001）。它替代了许多过去依赖于昂贵燃料和基础设施的“污染性”连接。虽然某些城市技术主义者用电子通信取代实体交通的梦想并未实现，但电子网络的确已开始与交通网络相融合。我们面临着当代城市的悖论——我们想尽一切办法为了方便联系而使用汽车，却在步行尺度上相互分离（Dupuy，1991；1995）。而当我们用电子通信代替漫长的汽车之旅时，步行城市变得更加珍贵，尽管我们在世界上很多地方已经失去了它。

城市化的许多问题都与尺度相关。一个城市需要在所有尺度上实现连接，作用于不同尺度上的连接方式是截然不同的（图8）。此外，由于在水平面上（地面层）的顺次连接是最经济的，这意味着不同的连接方式会彼此竞争（Dupuy，1991；1995）。一个城市需要在所有这些连接方式中寻求平衡，就像其他竞争带来的问题一样，强大的连接方式占据优势，会自然取代弱小的连接方式。行人需要在地面层上进行小尺度的连接，这是有深层次的生理学和心理学原因的。如果不加以保护，这类路径会受到其他较强连接方式的威胁。

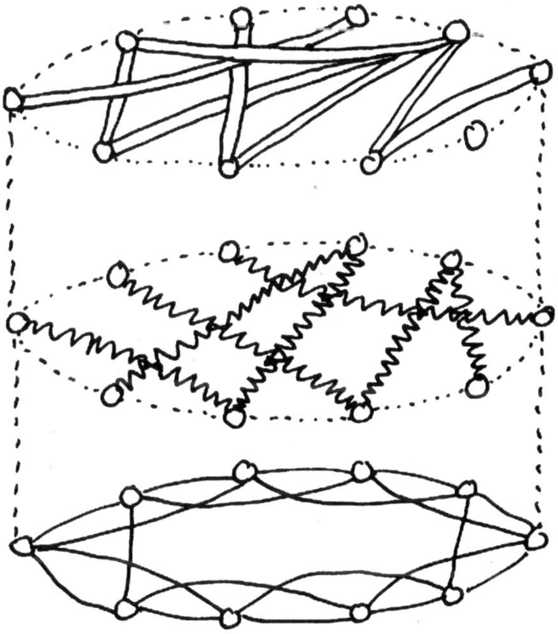

图8
分层表示了三种不同的、相互竞争的连接网络

我们应当注意，必须严格依照其在层级结构中所处的位置来建立大尺度连接。不理解这一点，会导致我们纵容交通的肆意发展，即高速公路越建越多，而低层次

的交通层级（Dupuy，1995）会逐渐消失。实际上交通网络取决于连通性而非速度，对于小型货车而言尤为明显。许多小而窄的道路需要连接到城市结构中，在许多情况下它们需要作为“共有的空间”（德语“woonerven”，即窄的半步行道路，道路表面限制车速）重新引入到城市当中。这样我们就可以重建完全的步行城市，并把它们作为一个与机动车交通交织的、同时受到保护的网络（Krier，1998）。

在大多数当代城市中，交通网络在追求高“效率”的误导下消除了其较低的层级。人们需要直接进入高速公路，于是住宅和商业区与之毗邻而建，他们渴望越过下面所有较低的层级联系而直达最高尺度层级。于是今天越来越多的高速公路修建起来，越来越多的中小等级的道路被拓宽。当然，城市在扩张，汽车数量在增长，很快就会超出交通的容量。不断升级交通网络是没有意义的，因为这样做是在破坏较小的层级。

6. 毛细作用和分形结构

本文的目的是阐述城市社会在邻里街坊和街道层级上的连接机制。我相信在这个尺度上的连接结构已经基本上被破坏了，只有经过修补才能在网络扩展和可达性等方面适应新的模式。我希望通过毛细管道的扩散现象来说明这一点（图9）。不协调的交通是通过扩散发生的。扩散不是引导下的流动——而是粒子在最小层级下的随机移动。当最小层级下的运动被引导为同向时，才成为流动。

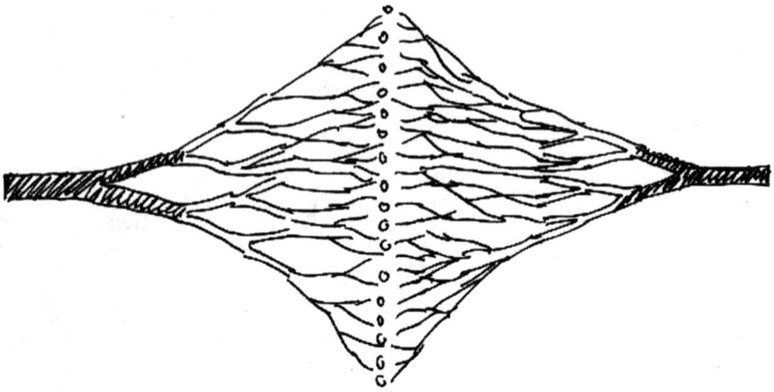

图9
交叉发生在毛细结构的最低级

为了连接到彼一网络，此一网络的元素要穿过交互界面移动到彼一网络中。在流经具有分形特征（逐渐变窄）的通道前往交互界面的过程里，流速要“降低”（图9）。相反，一个网络可以通过流线化、消解分形结构的过程而“加快”流速。在第一种情况下，形体的约束创造出最低的层级，就像人体循环系统中的毛细血管，它们由循环网络供给，但却以最慢、最具扩散性的方式进行流动，而快速流动与毛细现象是相对立的。在网络的最高层级，最发达的通道宽阔而平滑，从而有利于快速流动。一个健全的网络需要覆盖从最快到最慢的所有层级。

人们对城市网络中分形结构的错误认识，导致城市中到处都在试图采用最大化流量的方式，同时逐渐消灭毛细结构，而人们对于大尺度汽车网络结构的痴迷也造成了今天处处可见分离的城市形态。这种失误的原因在于，我们没有认识到，相互联系的多重网络结构需要具有分形特质才能够彼此相连。依据复杂系统的结构规则，多重网络运作本身也需要具备分形特征（参见本书第 5 章“关于城市构成的评论”）。20 世纪早期的规划者们认识到几种相互竞争的城市网络间的共存现象，但是他们的做法不是试图找出调和网络间共存的办法，而是决定消灭其中那些他们认为“过时”的网络。

当代城市的最大疏漏就是缺乏汽车和行人相衔接的界面。这两种特性截然不同的网络需要在不损害对方的情况下进行无缝连接。克里斯托弗·亚历山大（1977；模式 11、22、32、52、54、55、97、100、103、113）曾指出创造并维持分形界面的重要意义，并提出了可行性方案。但不幸的是，城市选择了 CIAM 提出的相反的建议，即想尽办法来消除步行网络。想要破坏一个系统，第一步需要切断进入点，也就是一个系统与其他系统的交界面；消除了汽车和行人领域的转换点之后，步行城市就理所当然地变成“多余”。

人、绿地、城市空间和建筑表面之间的连接界面与汽车和人之间的交界面同等重要。我们在最亲近的尺度上连接得最紧密（Mikiten，Salingaros and Yu，2000；参见本书第 2 章）。人们热爱汽车，因为他们喜欢坐进车里被车身包围的感觉。城市空间（无论有无绿化）曾用友好而舒适的边界来围绕我们，但我们如今却把它们变得陌生甚至充满敌意。“如果其中没有亲切的空间将我们与最小的尺度连接起来，那么城市空间就是无效的。”在严格的现代主义建筑风格的驱使下，我们并不重视今天城市中可亲近的空间，认为其“不够现代”而消灭了它。

最后，我们需要根据亚历山大等人（1977）的想法，为新兴的电子网络和城市网络间的交互界面导出“模式”。电子城市的出现与汽车城市的成长同样具有革命性（Castells，1989；Drewe，1999；2000；Graham and Marvin，1996；2001）。风靡全球的“网吧”就是这种相互作用的产物。而需要强调的是，这种连接是通过典型的步行节点发生的。可移动电话要拿在手上，笔记本电脑要置于膝上——事实上，实体上的靠近对所有电子城市的进入点都有效，这些人体工程学的设计融合了人性尺度上的实体联系。与汽车网络不同（而是更像地铁），电子网络并不存在于任何竞争的实体空间中，它是不可见的。

7. 小世界网络和互联网

到目前为止，关于连接性指的都是连接的拓扑属性。对于大量的讨论而言，不同路径的长、短、曲、直等差异无关紧要。然而，由尺度分配原则我们知道，路径依其长度、宽度或容量差异而适用于不同的尺度分配（参见本章附录Ⅱ）。现在有必要探讨一下连接的长度问题，并根据其几何特性建立一个连接的层级系统。

"小世界"网络的节点是通过长的和短的两种连接联系起来（Barabási，2002；参见本书第5章）。我们从只有最邻近连接的一组节点开始，随机加入更长的联系，结果是显著提高了整体的连通性（图10）。这可以通过任意两点A和B间的连接数目来衡量。如果节点只通过最邻近点连接，那么A和B两点相连需要经过A和B之间所有的中间节点。只要有几条更长的连接就可以提供足够的捷径以提高连通性。这样，一个只有最邻近（最短）连接的系统就变成了一个具有更近似于逆功率分配路径的系统。

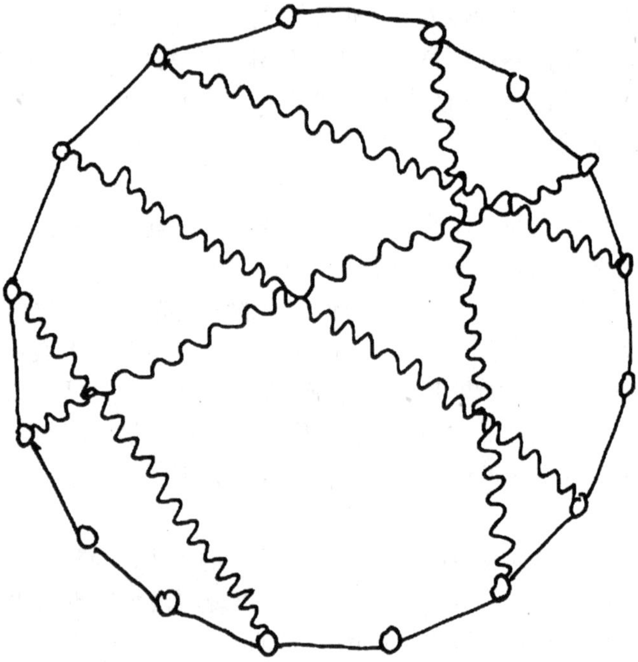

图10
仅存最邻近联系的一组微型连接节点，通过加入少许长距离的联系，才能成为一个"小世界"网络

本章附录Ⅱ中得出了同样的结论，不同之处在于我们探讨的进程是先从最小尺度层级开始，再构建出最大尺度层级。在城市结构中，这种进程与乡村发展为城镇、失去最初小尺度联系的动态生长过程相吻合。如果想再现小尺度联系，城镇需要新

修“捷径”来连接空间上相隔的各区域。随着城市的发展，需要越来越宽的道路。“一个网络总是需要不断调整联系方式以接近逆功率等级。”这就是为什么具有短程步行联系的中世纪城市在不做调整的情况下无法生存发展的原因。

基于同样原因，人为偏好大尺度联系的现代主义城市是一个不切实际的规划模型。现代主义的汽车城市里有大量短程汽车出行的需求，所以停车场随处可见。这与勒·柯布西耶的判断相反，人们从来不会仅仅驾车往返于郊区花园住宅和市区的办公场所，而是已经用于日常生活中的任何细小的家务琐事。这也不奇怪，一旦我们拥有了汽车带来的联系的自由便捷，我们就希望通过汽车实现与城市中任何节点的直接联系。这种强大的动力促成了郊区商业的发展，并在此过程中摧毁了紧凑的城市结构。

由地铁、有轨电车/路面电车和轻轨组成的公共交通网络，是19世纪城市快速发展的产物。当步行城市中各区域间相距太远时，就有必要引入快捷路径。理想的解决方案是加入一个与现有的步行和机动车交通系统（早期是汽车和马车）不相竞争的交通网络，因此它要么是埋在地下，要么是架在空中。我们应当把地铁看做是步行网络的延伸，因为正是它连接着步行网络城市的各个部分。总而言之，这是一种通过少许更长连接来改善连通性的小世界网络。

如果不理解这种因果关系，就会导致一种困惑，即使在汽车城市中出现地铁后，其交通状况依然是令人失望。仅仅因为巴黎有地铁，就认为基于汽车交通道路网络的战后通勤郊区，可以围绕新的地铁站奇迹般地发展出19世纪的欧洲城市结构，这可以说只是一些不切实际的期望。在汽车城市里，驱动力出乎意料地集中在对地铁周边的停车需求上。没有生成步行网络的动力，那么实际需求就会抑制任何步行网络在那里生成。

互联网依照“自相似”的小世界结构以“自组织”方式生长（Barabási，2002）。这就是说，它遵循后面的附录Ⅱ和附录Ⅲ中探讨的尺度分配原则，此处说明的是连接关系（图11）。这种结构决不是强加上去的，而是逐渐生长形成的。这里有一个关于自组织的好例子，即在此过程中力量在相互作用中达到平衡，从复杂系统发展为稳定运行结构。这个过程与生物生长的奇妙之处相类似，如同一个胚胎的发育过程。（在DNA中）密码的组合和化学领域促成了一个奇妙的复杂整体的形成。

当“小世界”网络首次被提出时，人们发现无脊椎动物的神经系统（可简单记录）实际上是遵从这种分布的。通过神经系统进行有效信号联系的需求，在动物中精确地进化出这种网络类型。一座城市理应进化出此类型的网络联系，但不幸的是，它无法自发形成；城市需要在小尺度上自发生成城市结构，而在大尺度上则会受到规划干预。这实际上是城市研究的核心问题——自上而下与自下而上两种规划的竞争，而在今天这两者都被曲解了。

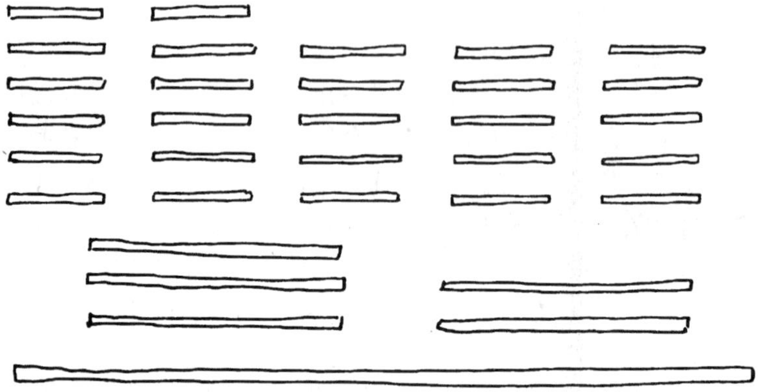

图 11
不同尺度的逆功率分配

小尺度连接的自下而上的生长方式可以使城市的自然力量得到自由表达。然而，在完全不受控制的情况下，它们就会像贫民窟和棚户区一样，很快发展成为随机且紊乱的结构。“规划”的含义（和该职业）是对难以控制的增长作出反应，但是生活本身在相当程度上源于这样无法控制的生长状态。在合适的条件下，小尺度联系可以或多或少地自发形成，我们需要做的只是一些鼓励、引导和控制，以能够确保局部形态一致。可惜的是，今天大部分自上而下的干预都在破坏着有活力的结构。城市确实需要自上而下的规划，但它必须坚持以城市结构如何生长和维持为基础。

8. 城市中的因果关系

缘于信息交换的城市动力催生城市结构，像其他类型的城市动力一样，它可以使城市结构降级或破坏。一个尚未回答的主要问题是，“什么力量导致了什么行为，或者反过来，特定的城市行为会产生哪些影响?”除非能对城市行为和规划干预的结果进行预测，否则我们难以做出切合实际的规划。同样如果我们没有掌握不同城市动力的特性、强度和因果关系，我们也无法理解城市形态的成因。这些问题都有待深入研究，这里只能谈一些初步的想法。

在本章里，我曾提到一些看似明显的城市因果关系的案例，然而其中一些见解是出乎意料甚至于违反常理的。这里一直采用一种科学的研究方法——研究城市行为及其产生的结果，这恐怕并非标准的城市实践做法。针对偏离该研究方法的情况，人们可以辩解说，由于城市动力系统的复杂性，将行为和结果分离的难度太大。然而，我们最终掌握了足够的科学工具，同时应用这一科学工具以切实的研究方法对相互作用的城市动力进行解析，并且据此建立起城市因果关系的内在机制。

我特别担心的是起初无组织的城市“病毒”的出现。这里指的是，最初认为对城市无害的一个微不足道的工具、想法或做法最终甚至会毁掉一座城市。历史上的例子有罗马引入铅制水管和用铅作为酒的防腐剂之后，发生了铅中毒。也许我们今天也面临着类似的症状，只是我们毫无觉察。如今政府通过大量计算机（通常在秘密研讨会中）模拟战争情境，试图预知最严重的灾难和获悉哪怕是最小规模行动的后果，这可以说是未雨绸缪的明智之举。

9. 我们为何消灭了步行城市

当我们能够与城市亲密联系时，就会喜欢上这座城市。对这种感情交流，我们存有温馨的回忆。这种回忆由视觉、嗅觉、听觉和触觉等联系组成。所有这些回忆只能形成于“步行”水平上，远低于最短的可步行的尺度。在潜意识里我们对城市的记忆很大程度上形成于我们身体内部，并存在于身体的生理尺度上。城市的“灵魂”恰恰存在于建筑的最小尺度上。这包括了现代主义想方设法消灭的“碎屑”——不整齐和扭曲的墙、小的色块、剥落的油漆、建筑装饰、台阶、行道树、小块铺地、可倚靠的东西和室外可坐的某处等等。

20 世纪的反分形运动从倡导摒弃装饰开始。建筑装饰是城市内在的组成部分，破坏了它就是破坏了城市尺度中的一环。这种行动消灭了城市层级中从 1mm 到 1m 的尺度，之后城市空间中的定调结构——从 1m 到 3m 尺度的构筑物，比如亭子、坐椅、门廊、露台、可坐的矮墙等——也都被消除了，最后被消除的是人行道和邻近建筑的步行联系，剩下的一切仅仅适于汽车城市，而不是步行活动。的确，我们有必要在 19 世纪 20 年代的城市里引入汽车，但这并不意味着应在此过程中毁掉步行城市。

“我们拥有两个截然不同的连接网络——汽车城市网络和步行城市网络。”十分遗憾的是，我们接纳了前者，并用它来消灭后者，这种行为将人从周边环境中隔离了出来。人类按这种方式生活了几代后，便接受了一种分离的生活方式，尽管他们永远不可能在生理上和心理上适应它。但很可悲的是，正是我们的身体结构让我们接受了它，惰性使我们更愿意坐在汽车里直接联系到几十公里外的节点，而无需在不同交通方式间转换。从心理上我们倾向于坐在私人的（个性化的）空间里漫游城市，而不是与陌生人混在一起搭乘公共交通，我们希望使用汽车连接商店、办公室和自己的家。

步行城市带给我们的享受丝毫不逊于汽车城市，它为我们提供了“充满人情味的物质环境”。在步行城市里人们可以享受到视觉的惊喜、活动的欢愉、令人激动而充满活力的城市生活，以及其他不同类型、不同年龄的人群活动于其中的城市空间所带来的感官刺激（这与在城市驾车时的压力是绝对不同的）。勒·柯布西耶忽视这些因素，并通过国际现代建筑大会（CIAM）的规划原则来系统地消灭了步行城市。他的城市论著仅仅推崇开跑车的乐趣，而城市结构失去了城市空间、绿化联系和人性尺度，因此生成和支撑步行城市的种种动力便不复存在了。

城市生活需要在尺度上遵从逆功率分配原则（参见本章附录Ⅱ）的步行城市空间的连接网络。步行路径的多样性是寓于开放和半封闭城市空间当中并受到保护的，它们彼此相互依存。城市空间网络与步行网络彼此统一并相辅相成（Krier，1998；参见本书第2章）(图12)。然而，建筑师已不再设计让人们愿意逗留其中的城市空间了，所有已建成的城市空间都完全脱离了步行网络，从而也彼此分离。这种城市理念的崩溃并非偶然——这是对与城市空间不兼容的交通几何性的简单应用，是CIAM对城市空间这一概念的偏见等因素所造成的（参见本书第2章和第5章）。

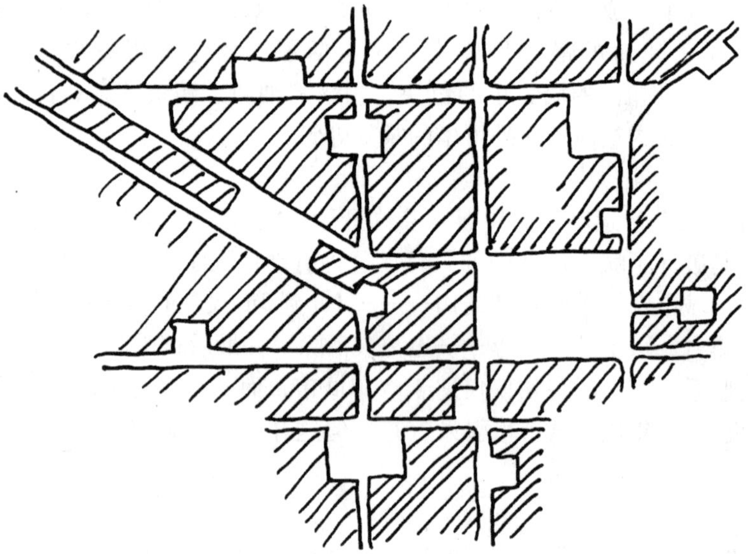

图12
城市和绿色空间的布局与连接

现代主义者对汽车的偏爱和对行人的偏见支持这样一个不成文的信条：“汽车没有对行人构成威胁”，从而否定了人的基本心理感知，因此我们继续谎称城市空间是不必要的，而不是去设计能在心理上和实际距离上确保行人远离车辆的城市空间。正是由于同样的谎言，当汽车与行人发生冲突时，我们优先考虑汽车——正确的做法则正好相反。具有活力的城市生活的一条基本原则，就是行人必须感到安全，不受车流的影响。

对人性的剖析丝毫没有影响勒·柯布西耶的汽车梦想：富人们从郊区住宅的车库里钻进汽车，然后把车停到办公楼停车场里（而工薪阶层主要使用公共交通系统）。他对毫无人体尺度的城市的展望几乎都应验了。然而，即使在今天某些形态最分离而功能最紊乱的反城市里，人们仍然要每天步行到汽车前，因此完全消灭步行领域是不可能的。因为假定这些短程的步行联系并不存在，所以它们在空间上没能得到很好的界定，于是昔日繁华的步行城市便蜕变成为沉闷单调的混凝土停车库和沥青空地。

10. 绿色空间和分形几何

本章的思想适用于绿色空间的尺度和分布。一座具有活力的城市，需要一个相当大尺度、几个中等尺度和大量小尺度的绿色空间。城市应当有公共性绿色空间的分布层级，并要细化到住宅附近可供儿童玩耍的小型邻里公园这个层级上。对最早由亚历山大等人在《模式语言》(1977；模式 51、60、67、111 和 172）里提出的想法，这个方案提供了一种理论上的验证。相反的实践，即绿色空间合并的做法在“规模经济”神话的误导下破坏了绿化空间的自然分布，而结果只有在郊区才提供着那些市区里所失去的绿化空间：各家各户本该拥有的私人绿化空间（但是存在连通性和低密度的问题）。

系统的连贯性不受尺度分配的影响。现有绿地系统的尺度分配和连通性可以看做是我们的城市受到破坏的例证。现在流行一些毫无用处的孤立的装饰性绿地（草坪或灌木），这些装饰性绿地往往是规划出来的，理论上拥有这些绿地没什么坏处，但事实上没有人可以在上面行走，因为它们脱离了城市的步行网络，而且彼此分离。它们仅仅是为汽车城市提供了视觉装饰，对步行城市（也许实际并不存在）却没有任何意义。即使是按照逆功率分配原则，目前不同尺度的绿化空间仍然没有形成网络，因为它们首先需要在人性尺度上连接起来才行。

19 世纪的城市，努力在栽植、种树、置石等方面构成的自然环境方面和人工建成环境之间建立起一个交互作用界面，但这往往是通过几何形式实现的。今天，我们所见的都是边界分离的几何形体，虽然植物具有分形的内在属性，但它并不适合现代主义的机械几何形体。植物与建成环境的分离现象清晰地体现了反分形的思想——将非自然的几何形体强加于自然环境中。比如现代主义钟爱极其平坦的草坪和修葺完美的立方体灌木，而在方形的种植池中种树，也只不过就是将两个完全不能协调的几何形体并置在一起罢了。

再回到连贯性的想法上，如果我们不把绿化空间在步行尺度上连接起来，它就违背了城市功能。无论是在私人领地中还是毗邻高速公路，不能接近的草坪和树木都不能成为城市结构的组成部分。它们不是自然保护区，并不需要在一定程度上限制行人进入。CIAM 那些体现脱节和分离的思路让我们困惑（不仅与绿化空间有关，也包括几乎所有与城市结构相关的事物）。

11. 城市网络重建的干预

城市重建的主要障碍是，脱节的社会哲学试图引导当今活跃的城市结构与大众的秩序概念背道而驰。在 20 世纪，我们接受了没有生命力的城市和建筑类型，而如今这种建成环境反过来则带来一个死气沉沉的世界。周围的建成环境使我们对世界如何运转的基本理解产生偏差，就像随之而来的观念错误地反对从现代性的僵化向传统的活力城市转变的过程一样。结果是，人们认为有生命力的城市和建筑形式，体现的是生命“不纯粹的”、“老套的”，甚至是“反动的”。在这一普遍的世界观中，“认识”有生命力的城市结构是极其困难的，但它又是任何干预措施的先决条件，这些措施的目的在于“创造”有生命力的结构。

让我们回到城市形态是由城市交通网络决定的基本原则。面对功能失调的城市，除非改变交通网络和基础设施，否则创新的规划将是无效的。这样做十分困难，而且代价极其昂贵。城市可能不希望由于哲学的原因进行如此重大的重组，因为这意味着改变它们相应的“基因”成长规则。然而世界上大多数的城市确实已经成功地改变了它们的基因，使他们从最初的步行城市重新成长为汽车型城市，因此，在原则上进行与此相反的转变过程是可能的。

如今城市重建分成两个不同的问题，即如何赋予汽车型城市以生命力以及如何使城市内部没有生命的步行系统重新充满活力。在第一种情况下，我们必须在汽车型城市中建立一个步行网络系统，并在这个过程中去掉一些单调感。令人惊奇的是，这个目标可以通过严格限制汽车/卡车网络来实现，我们不需要牺牲连接性。在第二种情况下，贫民窟更难以解决，因为它是由一些社会问题形成的，城市职能决定了一个活力城市的样子，而这些问题便是从健康的城市职能混合中而来。居住在城市内部贫民窟的人们由于高犯罪率、毒品以及缺乏教育和职业技能，从而与城市中的其他人群断开联系，他们缺乏信息交换的社会连接。

我不会试图解决那些城市内部使重建变得复杂的社会问题。然而，了解这个复杂现象中的某些方面则并不复杂。那些几乎没有权力和影响力的人，不应该因为如今贫民窟所呈现的城市问题而受到指责。更有地位的经济阶级不再将城市内部作为自己的居住环境，而是悄悄搬到了郊区，所以一些人不得不填补这些空置的地区，而且由于任何有钱人都不会把它看作是一个理想的生活环境，所以没有给他们留下任何选择的余地。在这一解释中，贫民窟居民提供了一个必要的城市职能，填补了其他人都不愿填补的区域。

结合自下而上和自上而下的方法的共同作用，可以重新建立步行型城市而免受汽车型城市干扰，同时又使两者联系起来。自上而下的方法，将立法确定功能混合使用的分区，并阻止单一职能的集中。低密度和高密度的限制将避免选择高层建筑，同样也避免了松散的单功能居住郊区。在一个特定的最小密度以上（低于这个密度则经济上不可行），我们可能要求零售场所与住宅混合在一起，并达到一定的百分比。仿效美国新城市主义者安德烈斯·杜安尼（Andrés Duany）的观点，我们需要改变代码，并使城市朝着活跃的结构发展。新的代码规定大多数的建筑将采用混合使用的形式。在特定情况下，随着对周边环境更高程度集聚的充分理解，可以允许建造高层建筑。

其他潜在的生命力来源于城市自然的力量。在重建的自下而上的部分放宽了现在的法规，因此允许业主自建的扩张。这是一个随机的增长模式，产生了棚户区和第三世界的周边城市。然而，它代表了一个真正活跃的城市进程，并且是不能被忽视的。它应该受到限制，以便在增长过程中不会失去控制，而且引导比消灭显得更加明智。规划者们知道（但很少承认）城市的力量“不能”被完全消灭，未受控制的增长将正好发生在官方机构控制范围以外。引导这一创造性的力量以便建立更加实用、卫生和永久的城市结构，这一行动是十分有用的。

在现有的城市区域中应当鼓励重建，并为小规模增长提供补贴，这是城市中最小尺度的重建，是最好而最有效的方法，然而现在我们却失去了。目前，政府主要补贴大规模的项目，伴随而来的是大尺度干预的规划理念。这样大量花费公共金钱变得更加容易，也成为每个政府机构令人遗憾的财务特点。我们不得不去修改这种做法，从而可以使基金根据逆功率分配原则分开。这也意味着要拿出由小型项目的少量资金组成的大量补贴，而这些项目都是越小越好（Alexander, Silverstein, Angel, Ishikawa, and Abrams, 1975；参见本书第3章“尺度分配的普遍原则”）。如今，人们几乎普遍阻止建立小项目，甚至分区立法的原则也阻止它们。

12. 结论——未来的城市

关于“现代性”的有意义但又是错误的意识形态上的干扰，强加在这个世界之中。如果我们可以克服这些干扰的话，便可以了解城市结构是怎么形成的，以及它是如何动态改变的；随后我们就可以建立新的城市，并吸纳传统城市最好的特点，同时利用最新的技术来促进而不是阻止人们之间的互动。与此同时，我们可以重建老城，其中已经包括了今天经济上不可能重复的物质结构。那些建筑和城市空间常常毁在了缺少宽容度的设计教条当中，而取而代之的则是一些无个性而且无生命力的长方形石板、立方体和停车场。

我们可以选择性地抑制城市中的病态要素。无论是不够集中还是过度集中的节点，都过分使用了城市中的基础设施和资源。其中有两个极端，一个是郊区，另一个是摩天大楼。前者是居民个人的愿望，而政府和公司想要的则是后者。两者都是不可接受的，其中第一种城市类型消耗了城市中大多数的汽车燃料，仅仅为了最简单的交通需求；第二种类型把没有互动性的人集中到一栋建筑中，利用城市中其他地方的资源。由摩天大楼过度集中所产生的城市力量，往往抹掉了在其周围重要区域的城市结构，摩天大楼蚕食着城市的其他地方，并且需要更多的基础设施以及更大型的高速公路来维持它们。

电子城市用一种截然不同的方式为人们提供了帮助。首先，它取代了许多老城中的"污染"连接，释放了基础设施和燃料消耗，使得城市中的步行区比以往任何时候更具有吸引力和可行性。其次，它的结构为我们提供了可供借鉴的模板，并可依据这一模板重建城市结构。我曾经提过，互联网和传统城市一样遵循着同样的结构规则。20 世纪错误而简单的城市规划模式给我们的城市造成了很大的伤害，我们有足够的理由最终摒弃这种模式。"如果我们需要把电子城市连接到物质城市，那么物质城市必须遵守同样的结构法规。"通过有选择地应用过去成功的原型，连同来自网络科学的见解，我们可以共同创造一个当代城市生活的全新类型。

附录 I：分形和尺度

"分形"意味着"断开"，但并不是数学中所指的那个词。分形的特点主要是它的精确性，但如果不是数学家就通常不能理解它。分形的关键是它具有分级的结构。定义为整体范围 x 的结构意味着在某些地方和范围 rx 相似，其中 r 是比例因子如1/3类似。对于被分形结构，存在着范围可减小为 r^2x，r^3x，r^4x 等的子结构。一个真正的数学分形有着自相似的结构，并一直减小到无穷小的级别。对于一个物理分形，最小的等级会因为太小而无法看见，这表明了等级的范围可以从十分大直至十分小。

数字 r 被称作"比例因子"，并且在理论上可以是任何分数。在最常见的分形中，它通常是介于 1/2 和 1/10 之间。天然的分形（比如花椰菜、蕨类植物叶片以及人类的肺）展现了一种嵌套结构，其中 r 近似于 1/3（Salingaros，1995；参见本书第 3 章"尺度分配的普遍原则"）。

有两种方法可以建立变为更小级别的分形。第一种是"添加"子结构，而第二种是"除去"子结构。在第一种情况下，在每一级添加的子结构创造了一个合拢的、褶皱的、有质感的对象，没有一个地方是光滑或是直的，每条边上产生了分形的"粗糙度"。我们用催化表面来进行类比，由于起皱表面的吸引，在这里化学物质可以近距离地聚集在一起并且相互之间发生反应。在城市规划中，起伏的城市边界有利于人的互动，例如两旁都是商店和咖啡桌的广场边缘（Salingaros，2001）。实际使用的城市空间几乎总是被分形的边界围合。通过使边缘平滑以消除分形结构的做法，除去了那些“催化”行人交流互动的几何形式，其结果就是城市空间的毁灭（参见本书第2章“城市空间及其信息领域”）。

另一种构建分形的方法是在依次减小的尺度间设置缺口，就像在材料上穿孔，孔洞变得越来越小，形成了筛子或打孔膜。在生物学中，膜和催化表面发挥同样重要的作用，因为膜在不同生物区域间可以提供半透的接口。以同样的方式，如同穿孔的城市接口允许人流穿过城市的边界，同时阻止车流穿过，其中包括柱廊、门廊、商场、小商店入口、沿着人行道的柱子等等（参见本书第2章“城市空间及其信息领域”；Salingaros，2001）。这些建筑间的空间是城市自身尺度上的分形结构，扩大街区的规模并构建没有入口的光滑外墙是战后规划反分形的特点。

分形还有另一个关键的特性——那就是连贯性和自身相似性，这意味着不同的尺度与某种类型的尺度对称性相关。在最简单的几何情况下，设计就是重复越来越小的放大倍率，把不同的尺度组合成一个整体。在更复杂的应用中，一个有活力的城市中的不同尺度的运作过程和几何结构常常以一种基本的方式进行合作。大尺度上建立而成的连贯结构是由小尺度的构件组成，这些小尺度的构件在动态运作过程和建立几何结构的时候彼此协调统一，相互作用，最终组成了大尺度的整体。

附录Ⅱ：分形和尺度分配

一座城市中有多少个部分衡量了尺寸大小 x？这些可能是一个同类对象的复制，或者是相同大小的不同对象。假设一个活力城市是分形的，那么就有一个简单的答案——“大小 x 中有 p 个单位，其中 p 与 x 成反比”。这就意味着城市的组成部分越小，它们就必须有越多的组成部分。确切的规则被称为“逆功率分配”，$p = Cx^{-m}$，其中 C 和 m 是根据特定情况的两个常数。通常，m 是一个介于1和2之间的指数（对于那些想要了解这个公式的人来说，m 是分形或者是豪斯道夫（Hausdorff）维数）。另一个常数 C 与最大规模有关——在这种情况下也就是城市整体的维数（参见本书第3章“尺度分配的普遍原则”）。

虽然尺寸分布是一个连续的分布（即在可能的尺寸上没有限制），但是结合之前给出的等级规则，分布变得离散。我们可以用整数 n 来标记等级，n 越大级别越小，并讨论其中的第 n^{th}级。通过比例因子 $r = 1/3$ 和分形维数 $m = 1.5$ 可以说明这一点，分布就变成 $p_n = C\ (x_n)^{-1.5} = 3^{1.5n}k$，其中 k 是常数。例如，一个城市遵守一个很有效的规则，那么将会有一种结构，即最大的尺度——城市。为了便于阐述，这里把总体大小规定为15km，这样可以使常数 k 等于1，然后，在大城市中将有5个大约5km范围的明确定义的结构、大约27个1.7km范围的结构以及大约140个556m范围的结构。这些情形分别对应于分配方程中 $n=0$、1、2、3的情况。

这一分布规则的结果支持了较早克里斯托弗·亚历山大等人（1977）和莱昂·克里尔（1998）的结论。我们假想的城市由5个大约5km大小的主要区域组成（城中城），其中有27个大约1.7km范围的子区域（区）。最后，城市结构被定义为140个大约556m范围的不同社区（“都市角”或者“7000人社区”）。城市结构的结果直接导致了亚历山大的模式：“亚文化区的镶嵌”（模式8）、“亚文化区边界”（模式13）以及“易识别的邻里”（模式14）。

从理论上讲，中间尺寸的结构会很少。当然，还存在着许多大小不同的城市结构，但是分布意味着最明显尺寸之间的差距。这表明通过可识别和渗透边界的方法可以改进大尺度结构的定义，而这与如今到处被围墙和障碍隔开的无组织的郊区完全相反。如果我们通过讨论找不到以上适用于城市结构的大小，那么可以很容易找到另一种带有新的缩放参数 r 和 m 的分布。如果出于实际需求需要40m和1m的结构，那么被采用的等级必须包括那些尺度。

另一点是层级在所有的尺度上连续发生。例如，有大约2万个21m范围的结构（建筑、城市空间、绿色空间），对应于 $n=6$；甚至进一步下降，对应于 $n=8$，分布预计有53.1万个2.3m范围的结构（建筑构件、灌木和街道设施）；对应于 $n=12$，分布预计有3.87亿个2.8cm范围的结构。当然，我们也可以得到下降到1mm以下的情况。

这个讨论的重要性不在于以上说明所给出的具体数字，而在于所展现的图景。一个分形（即无级别）的城市拥有各种大小的结构，从城市这个大尺度一直缩小到建筑材料中微观结构的维度。这一概念上的方法把城市规划、城市主义、城市空间设计和建筑作为一个广泛的学科统一起来，而彼此仅在不同尺度上有所区别。也许这一理论中最具变革的方面是它揭示了这样一种现象，即建筑结构的分布自然地向小尺度发展，从而消除了20世纪规划中对大尺度的偏爱。

附录Ⅲ：纠正网络分布

电信适合城市中不同流动渠道和信息交换的等级（Drewe，1999；2000）。一个有效而无限多零物理长度的电子路径则完全适合逆功率分配。回顾（见前面附录Ⅱ）公式 $p=Cx^{-m}$，m 是介于1和2之间的指数。当路径长度 x 变为零，则零长度的 P 的路径数是无限的。

引进信息和通信技术并没有纠正分配物理路径的长度，因为它是一个独立的网络。在今天的大多数城市，本应有最短道路的地方却是巨大的空白。在网络分布中，这种少于10分钟路程的空白只能由物理路径填满。矛盾的是，网络科学的分析使我们又回到传统城市（Krier，1998）。然而我们确实存在一种危机，即人们会接受方便的零物理距离的电子连接，并且不会试图重新建立消失的步行连接。

即便如此，电信大大改变了最佳分配通路的长度。看到这一点，我们需要分析不同的物理网络分布。一个很好的单一数字显示了这种差异是平均路径长度。首先，在现代城市只允许极少数的最长的连接。路径长度分配在一些多元化、大小为 x_0 的城市，即（1/3）x_0，达到顶峰，这严重偏向最长路径，因此，电信的增加部分满足了物理短距离连接分布的基本需要。然而分布仍然扭曲，因为那些需要更短的物理路径的地方却有巨大的空当。

在第二种情况下，随机图模型（Erdos-Renyi）的随机连接的城市模型提供了正确的较低的最优路径密度，但其平均长度却不切实际，其长度分布也达到了某些部分的最大尺寸，也就是（1/3）x_0（Barabúsi，2002）。根据现代汽车型城市的规模，这种分布代表汽车连接，也代表了潜在的步行连接。

第三个实例，是一个自由尺度的城市，服从逆功率分配原则，这止是我们想要的。它的大多数连接都是最小尺度的，所以以最短路径为主。标明最短的物理路径——换句话说，就是一个从连接好的建筑到另一个的距离——为 x_{min}，然后这种类型的城市的平均物理路径长度将达到双倍。通过使这一数量级与其他两个模块比较，可以使其平均路径长度变短。人们可以在理论上（和实践上）继续缩短（并且更多）路径长度。只有在这种自由尺度的情况下，电信才适合路径长度的物理分布。

第 7 章　城市的信息建筑

（与安德鲁·科沃德合著）

• 本章编者按

——阿瑟·范·比尔森

本章[a]提出的主要思想是应该把城市理解为信息的流动，而不仅仅理解为城市的物质实体形式。这样的观点更加生动，它让人们可以更好地理解城市的动态行为。例如，信息流可以将一个人或者两个人之间的谈话（无论是面对面还是通过电子邮件）从一个地方传播到另一个地方。同时，读者也应该注意到，所谓的“功能模块”不一定是有形的“立方体”或者某个具体的地方，也有可能是人们彼此活动行为的分配模式。同时我们也可以把功能模块设想为比其他模块拥有更多信息交流的一个群体节点（如图Ⅰ）。这与20 世纪的城市规划者恰恰相反，他们往往偏向于把功能模块描述成那些在空间或形体呈紧凑状的模块。

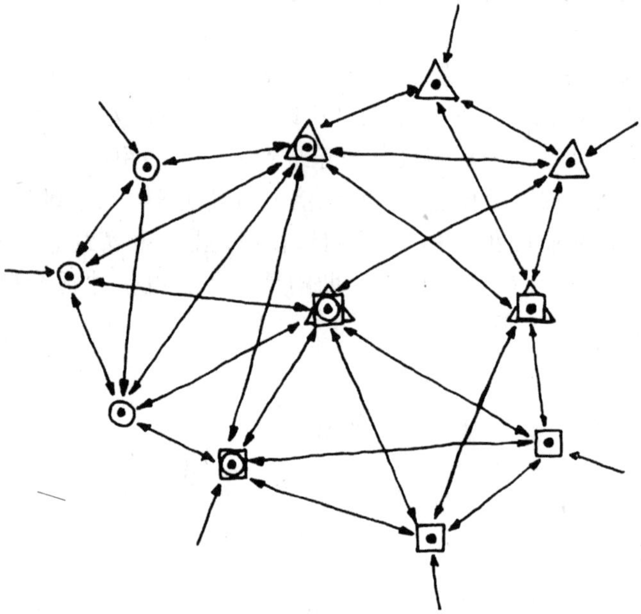

图Ⅰ
三个主要重叠模式示意图（以矩形、圆形、三角形为特点）包含它们的组成部分（黑点表示节点）。线代表信息的变化。例如：一个人（图中的中点）是一家公司的专家（模块），同时也是一间体育俱乐部的一员（模块），并且是一间邻里商店的一名顾客（模块）。因而，这个人在这些模块中与其他人进行信息交流（线）

我们可以把城市设想为包含了众多不同尺度层级的信息网络。举例来说，低等级的信息能够在一个人和他所在的环境或者和其他人的交谈中交流。高等级的信息能够在更远的点或者更大的模块比如公司或者机构内交流。低等级的信息也能够和高等级的信息同时交流。比如在高等级的信息交流中，一个人从A 点走到B 点的同时也观察到周围环境（低等级的信息交流）。见图Ⅱ，这也能产生共生的现象（支持相互之间的活动；见Klaasen , 2004 ）。

图Ⅱ
在A到B（大箭头）高等级交流中，同时发生了低等级的信息交流（小箭头）

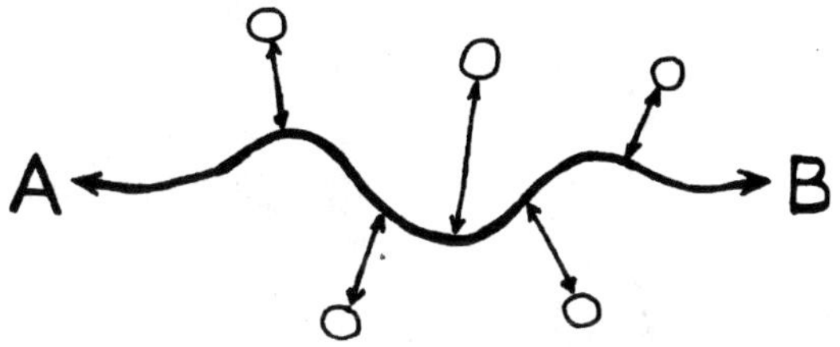

我们可以通过对思维进行处理的方式到达某个新目标。比如尽量减少城市在信息交流中的超负荷现象是规划设计中的主要目标。

作者一直强调城市是一个复杂的系统。我们把活生生的城市比喻成一套城市的复杂系统，人们利用城市系统能够了解城市能在多变性下形成稳定。城市除了要保持灵活，另一方面也应该在一定程度上让变化趋于稳定和长久。这能够通过控制系统层级的变化来实现。

信息网络在普通的地图上是看不到的。但是如果不考虑信息网络，它们就可能被严重破坏。在传统的功能性城市中，在视觉上简化城市复杂性的方法不但没有解决城市问题，反而可能破坏信息网络，事实上这样做带来的麻烦还会更多。在模块形成的过程中，不能简单地在地图上就可以找出健康的城市网络，为此本文作者制定了一般性的原则。

编者按参考资料：

Klaasen, I. T. 2004. “Knowledge-based Design: Developing Urban & Regional design into a Science”, 博士论文。代尔夫特（荷兰）：代尔夫特大学出版社。

---

[a]最早出自“*Journal of Information Science*”, *Vol*, *30.* , *No. 2*, *2004*, *pp. 107-118*。

插图 L

盖尔德斯·卡德：阿姆斯特丹运河一侧（荷兰），是图Ⅱ中原则描述的例子。大量信息交流的过程中存在小量信息的转换。在这里自行车道同时为行人使用，人们从城市中的 A 点行进至 B 点，这就是高等级信息交流；而低等级信息交流在人们阅读路边文化广告的时候就在进行，这取决于这条道路上固定的时间间隔。因此，高层次交流所需要的时间往往会更加有效地为人所利用（摄影：艾娜·克拉森）

• 本章正文

城市是由信息建筑起来的系统。这里，“建筑”的意思借用了计算机中信息体系架构的意思——它不是指对建筑物的设计，而是指在某个复杂系统中，如何建立信息的交流。信息交流包括人和物的移动，人们的联系方式，以及互动电信和从环境中的视觉输入。信息网络为了解城市提供基础，让我们更加深刻地理解城市，并诊断出城市的问题。本章要说明的是：城市的运作不像电子计算机，而是更像人的大脑。作为一个功能性复杂系统，它启发性地描述出自身是如何通过转换连接的手法，来优化组件之间的互动。高效的城市能应对不同变化的系统。该系统可以随着信息的流动调整物理结构，不断地调整人们对城市的关注点。

1. 引言

城市在大部分人中进行协调活动。为此，需要各种复杂模式相互合作。此外，这项合作必须在不断变化的条件下完成，因为在城市里，总有反对这种的做法出现。其中一个合作的目标是，先使基础设施和信息路径尽量永久化地稳定下来，然后在最适合当前形势下，优化和提高交流模式的效率。还有一个目标是要把所有的具有高度适应性的事物集中起来，以便应对某些意想不到的变化。除此之外，另外一个目标则是当城市没有达到我们预期那样的时候，恰当地在城市中插入硬件（如建筑物和公路），以刺激城市往我们希望的方向发展。

简·雅各布斯曾经选择19世纪的曼彻斯特作为具有静态和稳定特征的城市的代表，把英格兰的伯明翰作为具有动态和发展特征的城市的代表，并且将这两座城市放在一起加以研究（Jacobs，1961）。她的研究表明，曼彻斯特在棉花产业方面十分成功，但后来面对外来的竞争的时候却显得十分缺乏竞争力。而在伯明翰，原先以单一产业作为城市的经济支撑十分困难；但是在不断变化的环境之下，后期的伯明翰具备了形成新产业的能力。

我们可以把在诸多方面都表现出色的城市和实时电子系统加以比较，它们的功能都是事先确定好的，并且要完成人们指定的细节工作。人们在设计实时电子系统功能的时候必须要预先考虑到所有可能的情况，以应对未来所有可能想到的后果。同时在设计后还要对这些解决方案进行广泛的测试（比如系统从经历事件的经验中学习），以避免在实际使用的过程中产生不良的副作用。相比之下，其他许多自然和人工的系统则是通过协调自身职能、调整复杂组合来完成工作。

本章探讨的是城市节点和连接及其两者之间的相互关系。它是前面文章的后续（见第1章“城市网络理论”）。我们的部分工作是把城市理解成复杂系统。彼得·艾伦（1997）、尤瓦尔·波图加利（2000）和他们的合作者，简·雅各布斯（1961），理查德·梅耶（1962）和克里斯托弗·亚历山大（1965）先后创建了对城市复杂结构的理解，这些对于城市形态的研究和描述可以让人们在探讨城市发展和衰败过程中采用更现实的方式，而不只是简单地借用CIAM的几何模型来开展研究（见第5章“关于城市构成的评论”）。

城市形态是动态的，它以启发式进行发展。规划者需要对城市肌理进行诊断和修理。就像生物组织那样，城市可以根据需要自行修复。虽然我们在此的讨论可能十分笼统，但是已经有大量的图片显示了城市是什么，以及我们可以如何用最好的方式，帮助它完成城市的使命。其中有一些建议提出应该把城市作为一个复杂的、有组织的系统来看待。不能否认，这些建议代表了战后CIAM规划方法的对立面，到目前为止，这些建议仍“妨碍”了CIAM理念的执行。希望我们的结论能够为这些建议的深入人心打下基础，并且帮助人们意识到那些过去的老观念是正确而富有远见的。

2. 把城市理解为系统

适应性，或者说是功能改变的需求，迫使一个复杂系统在诸多层次上进行模块化处理（Coward，2000）。在下面有关电子系统的例子中，“模块”是指集成的、比其他模块有更大的信息交流量的模块（Courtois，1985，Parnes，Clements and Weiss，1985）。在城市中，一个最小尺度的功能模块可以通过了解一个人在哪里消耗大部分时间的方法来辨识一个人。在较高层次上，模块可包括一小批每天都有强烈互动的人群。在更高层次上，模块与机构、个人企业、教育和政治组织等可以有所对应。

模块化只是一种近似概念，因为在一定程度上，我们可以把城市的功能理解为一种可识别的模块，当然它的某些内容肯定还会留在其他某些模块里。需要指出的是，我们在使用“模块”的时候，更像是在使用“网络”，而不是空间上某个紧凑的对象或地区。如果读者不能够正确地把功能模块理解为某块空间，比如一块内置物理性能的立方体，本文可能会被误解。人类的行动加上分散的相互行动模式，会在不同的地方产生交流。这些是真正的结构组合化的联系，所以它们的可视化必须避免误导人们以为20世纪城市是没有相互行动的空间实体，或者是被严格地置于常规网络之中的形象。

城市的网络——道路、公路以及电信等都是支持信息交流的机制。然而，城市进程的信息不仅仅是将它向四处转移。复杂的信息交流模式协调着城市的功能，推动着城市的动态发展，并确定其结构的演变（Meier，1962）。最低层面的信息交换包括了谈话、观察和显示个人特征。在更高层次上则包括了在某个人或某个群体中，一种职能与另一种职能之间的转换。在城市里，它还包括了商品的搬运、消费、变更、合并以及生产。信息的交流比人和商品的转移要便宜得多，因此，城市需要有效地协调不同成本之间的交流。

系统要求尽量控制信息交流的总成本。这种控制需要我们在对组群内部和外部交流的人群进行判断和比较，在此基础上，我们把城市作为系统进行分析。人们无法事先预知这个系统中的在某个层级上的模块，也无法得知该模块在三维空间内的分布情况。城市模块一般不会简单而直接地符合城市的功能，这就需要我们在评估城市结构的需求时，必须首先放弃对视觉效果的追求，然后让需求先满足信息的流动。我们往往用信息集中化、活动网络化的手段提高交换信息的效率（包括改变形态结构），以便提高城市的功能。今天，人们开始尝试通过城市的信息交流网络来了解一座城市，而不是通过规划出来的形象来了解。

在确定城市模块前，我们改善城市功能的方法之一就是确保信息交流的多渠道化。就是说在一次交流的过程中，不仅仅只完成一项信息的交流或物体的传输工作，而是把更多的连接融入城市，帮助人们能够在一条渠道中同时进行许多不同的任务。人们在沿着某条路径进行更高层次的信息交流的同时，也完成了较低一级的信息交流（如观察）。因为可以同时进行两种层级的交流渠道，这样大大提高了更高层次的交流时间的效率。

从技术上讲，我们建议采用分形载入的方法，这意味着在不同层级的规模上，不同的但相互关联的元素可以共存。同时，分形载入也意味着在进行每个高层级的交流的同时，在较低的层级上也有同步的交流，这样可以最大限度地统一交流的渠道，使它不仅仅只会专注于单一类型的交流。因此，不同规模组团的交流应该得到基础设施的支持，以便让设施允许信息交流的混合，在混合的同时也要保证不让某些有竞争性的交流把较弱或较低层面的交流排挤出去。然而，我们今天的基础规划却采用了相反的方法，一条渠道只能容纳一条信息的交流，在很多信息需要交流的时候就会导致许多类型相同的交流渠道相互独立、彼此竞争，从而造成浪费。这就好像是一条拥堵的高速公路，或者高峰期负荷的地铁。不仅仅效率低，而且还无法容纳其他类型的交流。

在此，我们需要确认一个分形载入的实例（见第 2 章“城市空间及其信息领域”）。城市空间的利用是与产生在周围表面上的信息领域相关的，它们需要让行人十分容易地接收到信息。一个初级的信息交流就是一个行人从一个点走到另一个点。

在行走的过程中，他或她同时会观察到一些与主要运动基本无关，但是有功能性的事情，这样一来，行人的身份就会转变成为一位交流初级信息的观察者。对成功的城市来说，简单的运动也是丰富而有益的体验。因此，城市空间就违背了20世纪死板的“功能”的规划。成功的城市几何形态可以在不同尺度上满足使用者多种多样的需求，有些功能的要求很严格，而有些则相对较为宽松。

相比驰骋于北美的大都市，在某个欧洲国家的首都（事实上，在世界上大多数城市）散步更加令人心旷神怡。行走在那些欧洲城市里，人们可以看到其他人，有些人会让你想要上前和他交谈一番；观察别人可以给我们带来社会交往和互动方面的线索；比如在窗口陈列向人们展示了现有的商品和服务，还有很多这样的线索。当然，我们还需要排除那些会干扰有效的信息交流的消极因素：如犯罪、恶劣天气或拥挤。比如当司机在听广播里的音乐、新闻、谈话节目或者打手机的时候，会无视广告牌上的信息。在这里，需要再次强调的是，低层次的交流必须伴随着更高一级层次交流（无论需要或不需要）。

分形载入的关键特征就是删除最大的尺度层次，并且保留下相对较小的尺度层次上的接触。人们不必非要有事做不可，他们可以直接漫步在信息丰富的城市，接受通过视觉环境提供的建议，感受这种行动的结果。在几百年内逐步变化的城市中常常蕴含着丰富而彼此相关的“视觉语言”，因此，人们可以在闲庭信步间，接收到来自这个本不熟悉的城市的信息。相反的，在一个由非分形确定的环境里，因为缺少所有较低层次的尺度，如果你没有明确的地方要去，你就无法接收到信息。因为每个活动都是例行公事，没有什么新的内容可以学习。所以，在这里我们需要讨论并重申，通过不同物理运动而完成大量信息交流是十分重要的。

3. 城市应当优化信息交流

优化可以使信息能够以最大的流量进行交流，并且只需花费最低限度的成本。在大多数城市，人们严重低估了信息交流活动的费用。花费一个半小时行程的成本和价值，会有多少有价值的信息交流发生？你看到了什么场景？你碰到你想要影响的人吗？如果人们更直接地看到将会发生的事情，这个城市会更加有效用吗？真正的成本常常是隐蔽的，而人们往往只会计算“有用”部分活动的费用。如果我们留意观察那些大型的购物中心，会发现在购物的时候，如果人们追求花费较少的信息交流成本，那就必然导致运输成本的增加。

信息网络没有经过转换为几何的物质空间的过程，因此不适合物质空间模块。在现在和未来，它都和一个只有简单的视觉规划的城市格格不入。然而，信息网络组成了有活力的城市。在城市里提前设计出信息网络是不切实际的，在某种程度上，它是一种城市自我演变的功能。城市的确有能力通过启发性地演变来优化城市的信息交流，只是人们还没有能力预见和管理信息交流的方方面面（见第5章“关于城市构成的评论”）。

让我们以决定要投资一项新生意为例。这个决定需要我们首先综合考虑将来科技的发展方向、市场需求、资金来源和生意来源。这些信息散布在城市网络中。在发展新生意方面，一个可以让人们高效交流所需信息的城市会比不具备这种能力的城市更有效。有时候，城市里不同功能的信息交流的需求是有冲突的。理想的情况是，和其他所有的功能好好妥协，让需要的功能能够有效运行。当然在这一过程中，肯定有些机制会因为需要适应功能性需求而转变和妥协。在应用于优化现有的城市规划时，我们提出了这样一个巨大的转变：我们不是仅仅在优化某一条组织连接单一功能节点的路径，我们最终的目标是优化整个城市的信息交流。

一个中等层级的模块，比如在一间包括准备肉食菜肴的餐馆里，同时还会有这些情况发生：准备外卖的食物；提供人们观察其他人穿着和行为的场所；举办商业或政治会议等等。“餐厅”这个模块指的仅仅是作为用餐的房屋，而餐厅本身已经是城市中一个更大的网络模块。一些餐馆已经成为一个城市信息交流的联络点，在大都市地区，它往往承担着某些特定的业务，或者餐厅也是小镇上社会和政府网络的一个重要场所。一个更大的邻里活动中，包罗万象的模块中就包含了作为子模块的餐馆。

节点往往依靠城市而存在，却无法成为一个更大模块的组成部分。因为它们必须要利用城市的基础设施，正是因为这样的依托关系，节点所在模块的整体功能缺乏一致性。因此，我们在设置餐馆、商店、超级市场和办公大楼的时候，需要对此有所考虑。如果把餐馆建在荒地中间，一个单独的停车点会把它完全包围起来，虽然之前人们已经强行把餐馆和停车场纳入到城市结构之中，但在现在又把它们割裂出去。虽然它们已经被建在城市组织内，但其融入城市的进程却受到破坏。为高速公路服务区服务的餐馆经常建在城里，但是它们却不属于城市。在附近办公楼上班的人在中午时间是这些餐馆的顾客，他们不得不开车到字面上所谓的“隔壁”餐馆就餐。

规划者在近几十年主要采用的是城市类型学。往往每幢建筑都无视其当地情况，并试图独立于任何情况之外。这确实是试图降低复杂程度的一项战略。这样做表面上看来降低了成本，但在现实中却无形地增加了长期成本。在没有优惠政策的情况下，人们寄希望于“以一个尺度来适合所有”，把一个节点直接连接到整个城市，以此降低公司成本。但是这样一来，不仅本地之间的连接没有建立；就是和更远的邻里建筑连接也不再考虑。人们天真地希望，新建筑能立刻连接到整个城市，却忽略如果这样做的话，产生的交通费用会让人望而却步。然而，这种想法反映了现代派规划的哲学：对周围环境毫不让步。这意味着没有本地连接。

人们天真地把购物区与居住区分离，这样做会造成十分严重的问题。首先，不同功能之间的信息交流成本提高。其次，相对于餐厅来说，几乎没有什么范围可以提供给其他功能性的模块，也没有什么物理上的结构和位置来容纳它们。在此我们强调，对于城市来说，信息交流网络具有独特的重要性，这种重要性和我们习惯看到的城市物质空间层面的形态有所不同。仅仅在办公楼的旁边建造公寓是远远不够的。功能模块必须事先加以设计，或者连接在一起的几何组织必须允许这些功能模块可以突现出来（这被今天的区划法规所不允许）。步行道、停车场和就近的其他地方都影响着与其他模块之间信息交流的效率。一个特别的城市单元必须融入到全球的整体中；这不仅体现在物质空间方面，还包括在邻里和城市里的其他部分进行信息交流。

4. 不同类型的复杂性

大范围的系统被称为复杂系统，对我们而言十分重要的是，需要意识到不同类型的复杂性之间的主要区别。借用电脑硬件和软件的分类，我们确定了两大类复杂性。其中一种复杂性是在简单的物理系统一般含有少量的组件类型，所有组成部分的类型是相同的，物理系统的简单性源于组件可以彼此互换。只有当这些组件交互才会出现复杂性。两个组件的互动主要取决于组件的类型和它们之间的距离。而另外一种系统的复杂性则源于大量相同部分之间的内在联系，它们相互连接组合产生大量的联系，这与电脑软件系统原理一样。

从另一方面来看，在复杂系统里可能仍有少量不同组成类型，同一类型中的组成部分虽然有可能相似，但我们不能这样简单地理解。任何一对组成部分之间的互动一般都是唯一的，因此，就会产生大量的联系。同时，系统中的每一个部分往往都具有可识别性和独特性。在这里，我们的系统鼓励在各个组成部分之间形成不同层面的联系，并尽可能地相互替代部分功能。只有在某项功能无法替代并且必不可少的情况下，才允许出现某个单一组件。以前，系统中组件的总数会在相互联系后大幅度减少，这是因为有些组件既不是唯一的也不是可识别的，它们只能在理论上提供相同部分的联系。

自然或者经济系统的初始状态都是一种初级条件下的动态过程。放在城市的背景中，刚开始的情况是在过去某些特定时间的城市，我们关注于城市在发展的过程中能否保持健康的状态，并且能否解决自身面临的问题，以及好好地发展下去。两种不同类型的复杂性意味着大不相同的两种系统各自具有的属性和行为。在工作方式更类似于软件的复杂系统中，开始部分的微小不同都会引起截然不同的结果。这一现象被称为“混沌”行为。（我们能在自然、生态、经济等系统中可以观察到这种混沌行为，并且它是阻碍天气预报准确性的关键原因。关注科学杂志的读者可以把这种极其敏感的现象理解为如“蝴蝶效应”一样，在巴西一只蝴蝶对空气引起的干扰微乎其微，然而这种干扰却能够影响欧洲未来的天气（Gleick，1987））。

相比之下，在工作方式类似于硬件的复杂系统中，如果在开始略有不同，到最后往往会形成相似的结果（比如相似的输入条件能够产生相似的行为）。这种情况造成了系统对变化的不敏感性，也被称作生命系统的“稳态”，在这种复杂形态的发生机制的作用下，同一类型的单体可能会逐步演变成特征各异的个体。所以我们可以把变异性控制在系统之内的某个适当程度。

有活力的城市包括各个不同类型的复杂结构和功能。然而残酷的现实是，原本生机勃勃的城市一旦超过一定的“复杂界限”，就会走向衰败。令人难以置信的是，无论是在周围有植物的环境，还是在先前的城市肌理中，现代的规划者似乎故意创造出一些死气沉沉的城市，那些类比建立于物理的复杂性之上，而复杂性依赖于内部的相同的成分和相互的作用，现在看来这似乎有误导规划师的可能。稳定的复杂系统受到唯一元素通过不同方式表达的影响。无论如何，从图表来看，它确实是一种误读。有些规划师将传统的城市视为简单的物理组合，那些不合情理的随意连接会使规划者错误地认为：只要清理视觉上的复杂性就能解决城市问题。这种想法是建立在对系统架构的误解上的。现代城市，包括相同的单元以同一种方式互动，都存在着相当严重问题。抛开由规则几何形体赋予“秩序”的视觉外观，对系统而言，软件系统中存在着某种我们难以控制的复杂性。

简·雅各布斯（Jacobs，1961）描述了人们误解这种行动的例子。城市规划者们希望将他们对城市肌理的幻想转变成为建立在视觉上的复杂性，并用那些从俯视的角度看来整洁的模块快速代替它们。因此，城市规划者消除了城市的生活，却没有意识到他们的错误。同样的错误也让他们对城市系统进行了粗暴干涉，比如城市历史区域被一条高速公路切断。这种做法看上去简单，并且直接有效地连接道路，但是它忽略了城市的基础的复杂性。正确的方法应该是：首先机动车必须要自我适应，而不是改变和替换原有的城市，信息交流的网络可以使城市更加紧凑和充满活力。我们期望规划者对城市系统复杂性有基本的了解，这是将来决定未来城市规划的先决条件。

5. 系统和模块化分解

复杂系统的整体工作具有连贯性，不能完全分离到完全独立的模块。如果结构可以很容易地分离成独立的部分，那它们组成的并不是复杂系统，而是聚集在一起的单元（称为“堆”的系统理论）。我们已经开始把那些可以在某种程度上的互动，以及一些可以分离的模块广泛应用于艺术、工艺品的设计中，甚至还将它们广泛地应用于对自然界的理解中。在此，我们把模块描述成行为块，模块内部比模块外部对模块本身的影响更大。赫伯特·西蒙（Simon，1969）对此的解释是复杂系统中少量的组件可以从系统中分离，并且形成次系统（见第5章，“关于城市构成的评论”）。

不论是自然形成的或人为的，它们都可以通过信息交流驱动系统，同时还可以在硬件和软件间传播它们的复杂性。任何功能性的复杂系统都可以分成不同等级的功能模块，这种划分有两个原因（Coward，2000，2001）。第一个原因是在设计和遗传的过程中，分隔多少可以弱化信息逐渐减少的现象。因此，这种系统往往含有一些数量上相对较少、类型完全不同的组件，其他部分则由大量的内部变化甚少的基础类型组成。

第二个原因是为了不破坏现有的功能，任何系统都需要通过功能置换来解决问题。问题往往是固定不变的，在相对高等级的系统中，功能置换一般都会存在（如一个完整系统中的部分运行不合理；一座城市的面积在减少）。然而，必要的行为总是先在一个较低的层级发生（如代替一组特殊的晶体管；实施投资和受控制的行为）。人们必须寻找可以遵循的逻辑来操作，因为这种基础的连接是产生这些高层级行为的条件。在一个系统中，连接较高和较低层级可以帮助系统限定等级。这样就可以产生模块化；我们已经在着手研究应该如何定义模块。

不同的模块之间的信息交流应该尽量减少，因为模块本身已经包括了大部分（但不是全部）行为。所有在一个层面上的模块尺度大致相同。如果一个模块远远大于其他模块，那么最合理的路径就是穿过这个模块，因为过大的模块将导致功能过于集中，而不是把功能分配出去。大多数城市有中心区域，这一区域的特征是居住和交通密度减少，但是更大尺度的城市往往有多个中心。

计算机系统的重要启示就是硬件和软件的分离。软件中的模块如遇到“对象”和“模式”，会完全按抽象的空间和程序来执行。和计算机系统一样，实际上城市也是在两种不同的空间运作：信息交流的网络，以及独立的物理结构的空间。在这里，我们应用模块化分解的是前者，而不是后者。

两个大模块之间进行信息交流的时候不会去追查逻辑路径，目的是为了更加有效地分离信息。模块可以让信息交流最小化，这符合库尔图瓦的观点，两种模式间的连接界面，如果只在比任何单独模块内部连接还弱的区域进行，往往会成功实现

(Courtois，1985)。毫无疑问，整齐有序的空间顺序能决定如何隔断信息，以及如何把它们放入功能性模块之中（见本书第5章“关于城市构成的评论”）。通过“在信息组合的不同路径间寻找平衡”的过程，我们可以限定模块，同时还可以推断这样的模块可能会产生的复杂几何形态。用上述模块形成的一般规则可以让我们了解健康的城市形态是什么样子。

把工作场所中的住宅分隔出去（强制执行战后单功能分区）是一个很好的例子。因为在城市中，一种是位于郊区的基础模块，另一种是办公大楼，在整个城市中它们可以互动形成整体。尽管人们简单地期望借助空间簇聚，合理分布它们，但是它们并不参与功能性模块的分隔。与此同时，几何学也导致了功能模块形成很多麻烦的连接（见本书第1章“城市网络理论”和第5章“关于城市构成的评论”）。成型的模块如果太弱，就会遭受超负荷的交通连接和内部联系缺乏的困境。

还有一个问题就是在城市里，无法轻而易举地形成中等尺度的模块。能够满足较大而不同的中等模块往往并不包含在城市单功能区域之中；但这是任何计算机系统的关键要素。家庭和家庭需要的连接是城市连接的核心，它限定了包含工厂、学校、办公楼和超级市场的最小基础模块。在大多数情况下，一个较大模块如果没有包含基础模块，就注定无法成功。从系统观点看，作为核心的家庭一下子跳跃到整个城市的层面，如果城市里缺少等级，就会产生众多病态的模块。从社会的角度看，当代的城市几何限定受到的影响原本来自于任何邻里或者区域。

高耸的办公楼和横向的“办公区”并不是功能性模块。一般来说，比起每个单体办公单元和它的总部、布局、顾客、供应商、投资商等等，在一个建筑内或者人们停留区域里，互动是十分必要的。这个初步分析基本认定了把办公楼和“办公区”作为有效的城市类型，并期望它们扩散的做法是错误的。同样的原理，郊区住宅也不是一个功能模块（见第5章“关于城市构成的评论”）。开发办公区和郊区会使人们所有真正的功能交换成本增加（或者实施系统分隔）。而有种置换的却是简·雅各布斯所观察到并且值得推广的：成功的城市邻里往往混合使用（Jacobs，1961）。

6. 即插即用战略误导

模块可以反复使用，所以一些规划者会对系统有错误的理解。即插即用战略在模块化设计中为修复失败的系统提供了可能，或者是用改善的模块来取代。这也在没有确定可以融合到系统中哪个部分的情况下，模块有可能被添加到系统的任何部分中。相反，在不需要的时候，我们可以立即删除一个模块，而不需要对系统进行再次和全面的重组。最早的即插即用的复杂模块是在第二次世界大战期间广为使用的某些军事硬件。它们可以及时而节约地快速服务一个复杂的系统，不需要寻找代替模块，节约诊断和确定模块内部组成成分的高昂开销。同样的想法已经被计算机产业发扬光大，现在，一次性模块已经成为当今硬件的标准之一。这些都依靠允许模块方便地联系系统的接口。

这一战略的成功应用是基于一个标准的用于连接计算机组件的接口发展，如外置硬盘、键盘、显示器、连接器等，标准的接口允许硬件模块间大量数据的快速传输。标准化是通过限制允许接入系统的接口来实现的，从而简化协议，方便信息交流。这反过来又产生了模块的互换。

这种即插即用功能也可能具有误导性。但是在许多情况下，尽管其净收益已最小化或为零，复杂计算机系统被迫还是要模块化，因为模块化已经导致了硬件的复杂性。与上述通过简化信息交换，与成功交流的例子相反的是，经常简化硬件会使软件承担复杂系统的重担。也就是说，我们可以简化硬件的功能，并将大多数复杂功能转移到软件中。在这种情况下，模块间的界面会变得更加复杂，而系统也将变得更加难以维持，即使它的实体设计看上去更加简单。迄今为止，我们讨论的一直是实体的物理（硬件）。正如早期记录的，我们需要的是考虑模块分离到软件层面的问题。

在一个复杂的实时系统中，想要实现软件模块的即插即用是十分困难的，除非不同的模块所履行的职能很少相互作用（Garlan，Allen，and Ocker bloom，1995）。对象编程使用了标准和简化的接口来支持软件模块，使不同的组件可以在一个大型复杂的程序中相互协作。一些复杂的软件是专为即插即用模块而设计的，例如，许多大型商业项目具有模块化功能，用户可以选择打开或关闭。然而，把这些包括一系列复杂功能的软件用于例如空中交通管制的系统中的时候，其中任何一个模块都不能轻易被删除，否则就会导致系统崩溃（即使它的删除不应该会影响到其他模块）。

建筑、公共空间和基础设施为人们的沟通、行动和信息交流提供场所。规划师用空间模块的概念，来进行表达视觉的复杂性思考，却忽略了城市功能模块并非只是简单的形式。这个误解导致了主要类型学和规划上的错误。一个新的居民小区、办公楼或购物中心批准建设后，将会伴随预期的错误，巧妙地插入现有的城市中。只要这些模块或非模块插入，城市的力量会自发地把它转变为功能模块。但是事实并不像规划者所设想的那样，那些功能模块会逐步延伸进入城市，同时还会增加城市的交通挤塞和公共设施的浪费。由于错误的基础设施和分区，真正有效模块往往会被迫变得十分脆弱，这些模块虽然可以支持城市完整性，但是人们会把它们当做无关的空间（非）模块。

事实上，当代规划在很大程度上依赖于创造新的空间（非）模块，然后再把它们拼插到城市中去。表面上看是完全独立的城市设计，但实际上并非如此。通过单一的路径，郊区的住宅群、办公大楼或办公园区拼插进城市的交通运输网络中。这种方法似乎是虚假地遵循了计算机行业中模块接口允许互换的原则，但其实这是误解。由于在这种（非）模块中包含了大量可互换的零件，所以即使所有的这些模块都只能通过现有的单一渠道来完成连接，但是内部的组件与城市其他地区还会存在一种潜在的可连接关系。这种超负荷的交互性不符合限制跨模块之间接入的标准。矛盾的是，当接口通过限制交流而使这些模块适用的时候，这种模块往往也就失去了意义。

在20世纪初，城市规划的专家们采用了大规模制造业生产技术，并将这种技术应用到城市中。其中之一是把城市的硬件组件极端地视觉简化，在实施的误导性尝试下，城市单位看起来像可重复使用的空间模块。因此，我们对今天的一系列后果不应感到惊讶。物理分离和职能分离的方法瓦解了城市建设结构中的功能复杂性，并且覆盖到人们日常活动方方面面。因此，简单直观地应用现代主义规划程序，后果就是一个功能极端复杂（因此超载）的交通运输网络。

让我们再回到城市/计算机的比喻，目前许多城市活动和消耗是因为数据的转移。这在电脑中并不是有益的行为，但是有些事情只会发生在出现错误的时候。把数据到处转移，服务那些没有太多用处的功能，这不是软件的应有服务，服务也不参与计算或处理任何事情。我们应该把有用的计算时间花费在处理信息上。然而，今天的城市迫使人们为了支撑日常生活不得不在城内来回奔波。这种行为类似于毫无用处地不停洗牌，结果只会是浪费时间和精力。然而十分可悲的是，规划师们设计出不适当的几何模式的插件空间（非）模块，使得这种浪费的转移达到了最大的极限。

7. 城市像大脑一样运作，而不是电脑

不同体系的结构有着不同方式的复杂的系统，例如，哺乳动物的大脑相当于拥有复杂系统的计算机。电子系统的功能表现为一系列软件命令。由于使用环境明确，大部分计算机的基础是冯·诺伊曼（Von Neumann）架构的存储/处理分离方式（Coward，2000）。在这种方式里，两个模块之间的信息交换，必须有明确输入和输出方式，输出模块利用其自身功能传递给输入模块。模块接着可以利用输入信息，生成系统命令后再次输出。

在一个复杂的系统中，如一座城市，保持明确环境是不切实际的。但是它必须

可以启发式修改或认识其功能。在一个认识系统中，模块必须启发式地决定其自身的输入和输出（即通过反复试验来认识）。然而，如果一个模块改变了输出，对于曾从这个模块获得输入的其他模块来说，就很难立即调整适应，接收模块就不能顺利确认新输出的价值。因此，模块的输出只能逐渐改变，并尽量减少其他模块的价值损失。在城市中，这就意味着健康的城市结构是缓慢进化产生的，城市也必须能够随着时间的推移不断进化。另一方面，健康的城市结构如果要彻底重建，必然会破坏城市之间有意义的信息交换，其结果就是必须再花费足够的时间，才能让城市功能重新建立信息环境。

一个复杂系统有两种可能的信息结构。一个是冯·诺伊曼架构，其存储/处理辅助分离明确的信息交流，其中功能被明确地控制着。另一项架构是集群/竞争的方式，辅助分离有意义但略微模糊的信息交流，后者的功能被认为是启发式的（Coward，2000，2001）。竞争的子系统将子模块的输出解释为一系列选择，并迅速选择替代品的行为。这个过程严格依赖于结果反馈，以确定适当的系统行为。

当我们需要做功能性的改变或者没有核心指示时，系统采用的方法是建议构架法。生物大脑进化了这种建议结构（Coward，1990，2000，2001），在皮层和皮下结构之间，哺乳动物大脑中的聚类/竞争分离对应了解剖分离（Coward，2000）。而在商业系统中，往往应用的是冯·诺伊曼架构。在大多数复杂的电子系统中，在一个限制的方式中发展控制功能是相当困难的。当产生交换时，必须进行测试然后再修正错误，需要测试的不仅包括修正的功能，还有所有其他的不同的系统功能。

冯·诺伊曼系统是标准和固定的。因此，城市在一定范围内的调整不能立即有效地处理转换。因为在冯·诺伊曼系统中，调整标准比完成同样的功能要耗费更多的资源，如果没有功能置换的需要，城市就会促使系统向冯·诺伊曼系统转变。因为每种情况下行动都是必须的，信息转换变得更明确。然而，如果条件开始变化，系统就会发现它很难适应这种变化。系统不能在模块和信息顺利转换，达到有效的平衡点，往往在转换能力下降的情况下，它们才会修正自己。19世纪曼彻斯特的失败就是一个实例。城市的棉花工厂变得越来越高效，但是当环境改变时，曼彻斯特就难以适应。

在不需要复杂的协调并且可以独立分隔的功能中，我们还是有可能解决冲突。在城市中，选举和法律机构正在扮演这种角色。比如限定城市、法律和警察机构，还有那些功能高度重复的机构。从生理学的角度来看，大脑中也存在这种类似的功能，一般情况下它会给人们一个或其他的选择，而不是马上寻找一个妥协，因为大脑还不知道妥协是否正确和有效。因此，法律和政府在解决斗争的演变过程应该选择一方，而不是另起炉灶选择新的替代。

8. 电信的作用

今天，传统的城市功能需要把信息和通信技术纳入其中（Drewe，1999，2000）。人们对迅速发展的电子城市没有什么了解，而20世纪的城市模型就是建立在与简单的空间秩序并没有太大关系的通讯网络的基础上。这个模型从功能的角度划分建筑区域，看上去严格一致的矩形网格实际上并不能揭示各种真正推动城市功能的重叠网络（Dupuy，1991，1995）。作为一个复杂系统，它输出的是商业和文化财富，同时在一个城市功能结构的基础上，进行信息交流（Meier，1962）。然而，信息和通信技术需要在不同等级范围内转换不同等级的信息。

根据详细记载（Droege，1997；Graham and Marvin，1996），自从电信问世以来，电话的推出大大改变了城市系统。信息交流的加强程度是人们以往无法想象的。信息交流是低成本的，因为它只需要很少的体力劳动。人们向城市集聚也是遵循了低成本交流的根本原则，并且背后仍然有推动力，比如在纽约市的黄金地段和安特卫普（Antwerp）。可以说，人们部分的贸易是通过电信进行的。当电信的交流和面对面的交流效果一样时，人们恐怕更倾向于选择前者。

曾经有些作者预测，电信终将取代通勤。不难看出，这种预测失败的原因是人们可以从不同角度分析信息架构。通过个人联系和交往，人们之间的信息交换往往存在更丰富的内容，包括口头交流、表情和身体动作（Hallowell，1999）。另外，面对面的交流允许观察者观察那些不可能通过电话得到的信息。即使是在有数量限定的交流渠道上，也不能阻止人们获得来自多重环境的信息。

“知识管理”的发展领域应对了一些疑难问题，这些问题在很长时间被身在其中的建筑师和城市规划师所忽略（Ward and Holtham，2000）。比如，什么是有利于创造性输出的最理想的物理工作环境？当然，这是个有价值的问题，城市化的基础是人们推动了经济，带来了发展，而不是靠耕田种地。在周边空间受到严格限制的信息领域（见第2章“城市空间及其信息领域”），考察者在知识管理上判断了每个环境的信息影响，这包括了小到办公室装潢和人造物品，大到人们的互动和社会动态的环境，这一切对支持或者阻止创造性工作来说十分关键（Ward and Holtham，2000）。

大公司已经着手建立发展新的信息机制，比如电子邮件或者视频会议，不需要面对面，从而减少交通量。新型交流能力的影响增加了工程的复杂性，而不是代替现有的交流（另外，我们看到最优化的方案是趋向于用分形的方法负担）。例外的是，新的交流机制让信息在资源和时间方面向更低的成本地转换，新的交流机制将取代旧的。比如传真取代了电信，在北美，空中交通取代了洲际间的火车交通。

如今在家通过电子网络连接工作是可行的，我们已经有几个成功的应用实例。首先，现在被约束在家中的个体可以与信息节点相连接，否则进行真正的互动代价则会十分高昂。其次，富裕的人们有条件通过电子连接开展业务。因为资金资源上的便利使他们可以方便地得到所有必要的信息，这些都是可能的。这里的模块也可以给能够负担它的人提供信息环境。

一些陷入缺乏信息的环境的人们往往不乐意工作地区远离居住区。人们一般喜欢对抗交通高峰，因为远足至少能给人信息刺激，能够和同事面对面进行信息转换。郊区的信息十分缺乏，人们只能通过电话、电视机或电脑获取信息。对很多人来说，工作地点已经代替住宅作为初级社会交点。人们不再需要仅仅消除借助汽车、公交或者火车进行的日常交流；他们更需要的是消费更少的日常交流。尤其是在今天，对获得较少的信息的机动车交通，我们却给予了言过其实的评价。

同样的论述也支持电视购物的行为。当然，在家里从电脑上购买商品是商业的改革，也能引起将来购物习惯的转变。然而，购物的关键成分是社会、感官和公众。包括去商场的旅程，和顾客的交流，在决定前接触和感觉产品，和其他人一同购物等等。这个社会尺度使得人们是“为娱乐而购物”，对每个人来说，购物是他们在情感上能够得到满足的信息交流方式，包括在地球上繁忙的所有人们。

珍妮弗·莱特（Jennifer Light）已经检验了实体城市和电子城市间的互动（Light，1999）。她不赞成其他作者对后者代替前者的悲观主义。我们赞同她的观点：“城市的衰败不能简单地归咎于电子媒体的发展”（Light，1999）。这与我们对新城市活动模式的观点一致。莱特甚至维护商场，因为在城市各个地方，它们都满足了人们信息交流的需求（Light，1999）。我们的观点是，城市的衰败是因为对城市形成和网络的误解，如商场这样的城市类型和人们产生互动，这并不是城市衰败的原因。

最后的例子表明，在互联层次里我们对功能性模块的需求。人们在家里工作的模块需要被包含在一个大的功能性模块之中。如果这成为可能，就会出现分解较小的模块。然而，这些并不是没有促成人们在家工作的原因，真正的原因是它缺少实现多类型“电子城市”的等级模块。相反，能让有钱商人上网工作的高级咖啡馆，或者在可以在岸边工作的游泳池，已经变成拥有令人高兴的环境的模块。

9. 网络和不断发展的城市形态

除非可以通过电信转达足够的含义，信息交流最终还是要涉及人员的流动。有效的交通网络提倡大部分的信息交流采用短程交流（少于 10 分钟的路程）；一般长度的交流占中间比例（少于 30 分钟路程）；长距离高开销的交通占较少比例（30 分钟到 1 小时路程）。占据整个工作日的行程一般不予考虑。路程长度和行程时间应该遵循逆功率分配的规则，人们更加喜欢小规模的范围——路径数量和长度成反比（见第 5 章“关于城市构成的评论”）。

建立一个有效的网络取决于城市的功能分区，并且需要我们的妥协。减少旅程超负荷的决定会增加另一种旅程的负担。比如，拓宽道路和增加车流量交通会使行人绕更多的路程，或者这种拓宽行为本身不符合现实，因为它摧毁了许多还在运作的功能模块，这些模块的运作都取决于路径。因此，至关重要的是，首先要调查人们对一个新的高层次的网络连接是否有明显需求，比如一条主要道路可能被不同模块分割，那么就要注意减少各方向穿越这条主要道路的需要。

城市的改变无处不在。城市规划的目标就是帮助城市的发展和重新界定其模块，这样它们就可以修正自己的功能。我们应该确定适当的模块和网络的变化，以应对变化的城市需求和环境，这并不是一件轻而易举的事情。城市的变化必须是一个自然的内置功能系统，有一个复杂的模式进行信息交流。如上所述，来自核心指示的变化通常会引入大量的预想和不良副作用。如果在中心方向的模块如想要与每个等级的模块都连接起来建成网络，其后果就是这些模块功能性的丧失。如果我们考虑到这点，规划者就应该关注大规模的调节，而不是容忍各种不同等级输入的任意发展。

在每个等级规模中，不同的模块需要产生模块和网络转变的选择性建议。一个简单的竞争过程肯定要选择最合适的转变。结果会一直反映到必须借用地下系统来适应竞争，选择发展网络和转变有关的知识，寻找可能存在的一些等级。因此，城市中肯定存在很多转变的等级块机制，人们应该能够接受这种用综合集中的方式优化城市效率的决定。那些难以运行成功的城市能把更成功的城市复制到自己身上，因为城市提供的是功能性联系，并不只是依靠实体的结构和单个机构。

电子城市能够帮助我们真实的城市。有很多的想法是关于如何使人们和自己的环境有所互动的；这需要对居民进行城市相关知识的普及教育，并得到他们的反馈意见，模拟城市中发生的干预和协调行为，在因特网应用之前，很多事情难以完成（Light，1999）。但是今天，如果我们明智地利用电子城市帮助真实城市，就能把对城市系统新的理解应用到很多地区城市生活的复兴上，并且也防止了由于盲目推进“现代化”而导致的现有生活的消失。

10. 结论

我们通过比较联合的信息系统，并采取具体步骤的方式来确定城市的系统架构，如数字化计算机、生物有机体和人类大脑。从中我们不难发现，一座城市依据信息建筑而运转，但并没有要求应对这些信息。人们通过信息交流，可以试行很多不同等级的功能：从两个人面对面的交流，到个人的活动，甚至再回到城市节点之中人们日常的活动。

功能模块可以在一种模块中发展，并且比不同的模块间信息交流量有着更多的方式。与电子系统所不同的是，城市更像人脑，在没有明确去控制每一个细节的变化之前，它就必须具有了修正自身的功能。而我们人类的功能模式，使我们能够帮助一座有活力的城市进行自我修复，成为一个活生生存在的有机体。并在某些条件变化的情况下可以指导城市的发展。相对在一般在平面几何基础上利用模块的方式来说，在城市规划、区划法规、交通和交流网络中，该方式使根据城市效率的影响来发展城市的想法会更加有可能实现。

致谢

十分感谢拉金德拉·V·博普娜（Rajendra V. Boppana）、乔斯·N·约维诺（José N. Iovino）、图尔加伊·科尔克马兹（Turgay Kork-maz）、何塞普·奥利瓦·i·卡萨斯（Josep Oliva i Casas），以及阿瑟·范·比尔森提供的有益建议。

---

* 合著者安德鲁·科沃德：默多克大学信息技术学院，西澳大利亚 6150，澳大利亚珀斯。

第 8 章 模式语言的结构

• 本章编者按

——阿瑟·范·比尔森

接下来的节章中[a]将阐述模式实际上是什么等一系列问题。并且结合实际背景和文脉，讨论某些问题的常用解决方式以及该如何组合应用模式语言。

克里斯托弗·亚历山大的模式语言（Alexander，Zshikawa，Silverstein，Jacobson，Fiksdall-King and Angel，1977）向我们揭示了该如何建立建筑和城市规划设计的相关知识。作为一种整体的知识结构体系，他的观点一般并不被人们广泛接受。然而，斯特林格（Stringer）却认为，真正危害建筑创造的，是缺乏完整性的工程和学习教育（Stringer，1975）。在接下来三个章节中，我将证明创造力和模式语言是可以在实际中与设计结合起来的。

语言解释了文字的意义，并介绍了它们之间应该如何组合的方法。模式语言则解释城市模式的意义，并介绍在成功的城市区域中各个模式之间应该如何组合的方法。一个设计师能够形成他自己的模式语言，也可以谨慎地应用某种已经广为人知的模式语言。虽然寻找、发展和证实模式需要花费一些时间，但是当设计师必须站在全局的角度上解决问题的时候，利用模式还是能够节约一些时间。一旦问题解决，其内容就能够容纳到语言中（Klaasen，2004）。为了能够在环境中恰到好处地加入某个添加元素，我们必须检查可能会产生的冲突和该添加元素在语言中与其他模式的联系。

这个理论观点接下来的步骤就是组合模式。本章将帮助证实和发展模式语言，并且描述它如何发展的过程。我们将利用城市网络的粘合物，比如城市界面，来梳理模式语言的结构。（在“城市界面的几何连接”一节）。自从最初的出版以来，本章已经在计算机科学社会中变成了一种小经典。在有关模式的章节中，本书此后两章“模式语言与互动设计”和“设计方法、实现以及集体智慧”明显更加理论化。在将模式成功应用到实际中时，这两种知识都是不可或缺的。

编者按参考资料：

Klaasen，I. T. 2004. “Knowledge-based Design：Developing Urban & Regional design into a science”。博士论文。代尔夫特（荷兰）：代尔夫特大学出版社。

---

[a]最早出版于《建筑研究季刊》，Vol. 4，No. 2，2000，pp. 149-161。

插图 M
来自于亚历山大《模式语言》：6ft 阳台 167 模式实例——在“什么是模式”一节中提到的模式（绘画：阿瑟·范·比尔森）

插图 N
这间房子的住户将阳台当作一个小花园来使用。阳台最多只能容纳两个或三个人，围坐在一张使用率很低的桌子周围。面朝外面并排坐在一个狭窄的阳台上，不如围坐在一张桌子与对方面对面交流沟通（Alexander et al.，1977，p. 781-784）（摄影：艾娜·克拉森）

• 本章正文

模式语言帮助我们解决各种复杂系统，这里所说的复杂系统的范围可以从计算机软件到建筑和城市，每一个“模式”都代表着在复杂系统中管理某个工作环节的规则，人们可以系统地应用模式语言。如果希望设计可以与人产生互动，就需要使用的模式语言里包含相关的信息。本章将讲述如何验证现有的模式语言，并且如何发展它们，以及模式语言又是如何演变的。城市界面的连接几何体系正是源自克里斯托弗·亚历山大的建筑模式。

1. 引言

我们观察周围的世界，通过抽象的原因和影响学习世界的结构，记录在不同条件下获得的经常性解决方案。这种代表规律行为的实证规则被称为“模式”。视觉模式是一种最简单的表达模式概念的方式（Salingaros，1999）。许多模式硬性地连接到人们的思想中：我们继承了保证人类生存的行为和反应，而其他一些模式需要我们自己去学习，形成人类意识的延伸。观察模式的能力使人类适应并改造我们的环境。当然，在特殊的情况下为了得到基本机制，我们不得不部分清除某些模式中的复杂性。

一组模式语言为一些规则提供了基础。而反过来，那些不是人脑固有的模式语言又常被人们精心保留下来。许多人与人的关系模式被编纂成宗教、神话、史诗和文学。集体智慧的发展源于几代人的发现和积累，这一过程需要不断地总结。科学家靠数学来整理材料，并通过规律或者逻辑模式来解释现象（Steen，1988）。当一个地区的模式连接到另一个地区的模式的时候，往往会有新的发现。

本章将讨论把模式联系在一起的语言。一种模式语言包含了有用的、相互联系的信息，它们帮助验证以及应用这种模式。我们要做的就是把可以构成模式语言的那些性能加以组合，并且寻找模式语言的结构。这种做法显示了在处理空间、时间和人力等方面模式的顺序。本文假设读者熟悉亚历山大在《模式语言》一书中的建筑模式（Alexander et al.，1977），尽管它早在20年前就被引入建筑学的研究，可惜的是其重要意义只被少部分实践者所接受。模式是控制复杂过程强有力的工具之一，但是因为人们对模式还存在着误解，使它们没有在建筑设计上扮演更被广为认同的角色。形成对比的是，模式语言在计算机科学中反而获得了未曾预料到的成功。

本章的读者是一群热衷于如何把他们的设计与人类联系起来的人。我们将揭示如果没有组合模式的帮助，建立设计与人类的联系几乎是不可能的。我们在描述什么是模式和它们的组合方式后，还将进一步讨论模式和科学之间的联系。图表理论可以说明模式语言中的一些关键的问题：如何把现有模式结合起来并形成更高级的模式以包含更多的信息；如何联系存在于不同等级中的模式；如何在新语言中发现新模式；通过与单体模式有联系的结构，语言模式如何加以证实。更需要关注的是，模式语言又是怎样如何遭受到建筑类型规则和反模式的毁坏。很多时候，人们试图通过转变建筑模式语言来改变社会。对城市界面几何学的应用也来自于模式。

2. 什么是模式？

在《模式语言》一书中，亚历山大和他的同事们提取 253 种解决方案或设计“模式”，如对小型停车场（编号 103）的需求，或产生良好效果所必需的深度 6ft 的阳台（编号 167）(Alexander, et al., 1977)。他们认为，违反设计模式的建筑设计明显不如遵守这些模式的建筑设计来得更加成功。亚历山大固定了模式的格式，而这种模式中包含了总结某种具体课题的哲学，比如“巨大的停车场破坏了土地”的模式（小型停车场模式）。

他们从对于模式、统计数据的科学分析中发现，模式的产生伴随着完全不同的文化，以及心理、结构或者文化等原因。例如，伴随以上模式而出现的讨论还包括“……社会结构正在受到汽车的威胁；如果放置汽车的空间占了整个社区面积的 9% 或 10% 以上会怎样；尽管总面积一样，分散设置小型停车场远比集中设置大型停车场更适合环境；大型停车场仅仅适用于汽车，对人却没有什么功能”等等。

一种模式往往是以某种实际情况的解决方式结束的，从而也促使这种模式纳入到一个实际的设计。例如：“让停车场变小，每个停车场服务不超过 5 ~ 7 辆汽车，每个停车场的周围设置围墙、篱笆、栅栏、斜坡、树木，这样在停车场外人们基本上看不见汽车…”

许多对亚历山大的批评是因为模式语言在一定程度上存在着时间的限制，它反映的是 20 世纪 60 年代的哲学，那是过于激进和不容易融入现代设计和规划的年代，模式语言忽略了几乎所有被认为是极其重要的 20 世纪的建筑。但与它所提供的信息相比，这些局限是微不足道的。本章将试图表明，任何忽视模式的设计，绝不可能和人类产生联系。

3. 组合亚历山大的模式

你可以用无限的方式组合设计模式。然而，组织规则——即语言——只是简单地被勾画出。如果要理解模式之间的关系，必须回到亚历山大的早期工作中（Alexander，1964；Alexander，1965）。除了在《建筑的永恒之道》第16章（Alexander，1979），亚历山大本人并没有谈到模式之间的合成。任何模式的弱点可能在于它是一个个人化的模式，但它更可能是难以言传的组合产物。虽然亚历山大在书中暗示了单独的设计模式语言可以与其他模式的连接，但是如果没有图纸帮助理解，人们很难想象出这种连接。那些应用模式的建筑师试图不去在意模式之间的连接，因此常常导致设计缺乏大尺度的连接。

在一个完全意想不到的发展之中，模式语言的格式为计算编程建立了基础。任何在单独例子里出现的程序解决方法都可以被当做一个“模式”，随后又被当作是一个单位。现在人们认为模式是一个聚集了复杂的电脑程序，并且功能强大的理论框架（Coplien and Schmidt，1995；Gabriel，1996；Gamma，Helm，Johnson and Vlissides，1995）。软件模式的创始者相信，面对那些大范围的繁琐且浪费时间的实际问题，模式能够给人们提供帮助。

为了让读者更好地了解什么是相互连接的模式，我们列举了以下案例。

——一种模式包含或推广另一个较小尺度的模式。
— 两种模式是相辅相成的，彼此需要才会具有完整性。
——两种模式可以解决重叠和共存于同一层面上的不同问题。
——两种模式可以用同样有效的方式，相互替代地解决问题。
——不同的模式有着类似的结构，从而意味着更高层次的联系。

由于组织规则的不同，两种不同模式发挥不同的作用。一方面，一种模式的内部元件将决定这种模式能否纳入到一个更大的模式中。另一方面，内部元件同样也是界面，两个模式可以重叠或连接在同一层面上。同一层面上的两种模式可以是竞争的关系，可以是松散并存的关系，也可以是相互补充的关系。

模式语言与现有的经济实践和建设过程往往会产生冲突，一些对亚历山大的模式语言的批评正是来自于此。模式语言的尺度从表面细节到大规模的城市，同时包括了亚历山大提出的如何更好地实现人性化的环境（Alexander et al.，1977）。一些城市模式与土地投机之间存在着无法调和的矛盾，而建筑模式所要求的建筑质量远远高于承包商能够提供的，这几点都威胁到工业建设的利益来源。目前我们尚不清楚该如何协调这些差距，正是这一原因导致对亚历山大模式语言的大肆批评，批评者还以此为借口，企图取消所有在他们看来“不切实际和不现实”的模式语言（Dovey，1990）。实际上，这是一种十分短视的行为。

一组相互联系的模式提供了一个框架，可以容纳任何设计。该模式并不需要确定设计，而是通过加强限制的手段，减少大量的可能性，但是设计仍然还有无限的可能。在实际设计过程中，减少一些可能性十分重要。因为在这种情况下，剩下的选择恰恰是那些与人类相连接的视觉、情绪、功能或促进它们的相互作用和活动。人有基本的身体和情感的需要，这些需要通过满意的居住环境来保证，但其中大多数是被人们所忽视。在容纳或者提高建筑设计的过程中，在亚历山大模式的工作框架完成的设计，会比不使用模式语言产生的设计更加“自然”。

4. 城市界面的几何连接

在一座有活力的城市中，我们可以通过界定边界，连接不同的区域，并鼓励许多人们的活动等方式让城市成功地运转。无论这些功能的发挥是否取决于城市的几何边界，这些边界必须是有皱褶和具有渗透性的。（按照数学术语的说法，可以将其准确地称作为是“分形”的线，“分形”的线既不连续，也不平滑）。对城市边界的需求已经出现在一些亚历山大模式中，它与我们今天的现代城市的边界完全不同。

在实践中，这是十分繁琐的工作，其中包括从完整的目录中发现模式并应用在某个作品的设计中。简化连接目录可以明显改善任何模式语言的效果。而这种目录索引的产生是基于把信息“组块化”的做法（Miller，1956）。我们的目标是在每个尺度上把5个甚至更少的模式组成组块。假设一个事物需要利用现有的设计模式，就需要先挑选那些和要解决的问题关系最为密切的模式，然后从现有的模式目录中选择不超过十几个相关模式，确定出一个和最终设计匹配的垂直空间维度（例如，时间、空间或组的尺度），并研究设计如何满足不同层级尺度的需要。

一旦模式目录组合成一组模式，人们就可以回到制定其他进程的工作中，其中包括那些被排除在最初一轮选择之外的模式。不同的结果的模式组应是彼此独立的，而不是混淆了彼此的清晰度。在城市界面中，有几个模式是直接相关的。在这里我列举出它们，前面的编号和《模式语言》中的一致（Alexander et al.，1977）。

13. 亚文化边界
15. 邻里边界
42. 工业地带
53. 主要门户
108. 连接建筑
119. 拱形走道
121. 路径形状

122. **建筑正面**
124. **活性口袋**
160. **建筑边缘**
165. **沿街敞面**
166. **廊道周边**

这十几个模式为城市界面的几何形态提供了实证基础。

5. 对模式需求的扭转

亚历山大根据尺寸的大小编号，在这里主要按照讨论的名单顺序编号。“廊道周边”模式建议人们应该可以步行穿过某些连接空间，体会那种像站在阳台上感受外面世界的空间体验。“沿街敞面”模式则是这样推论的：走在街边的人应该能感受到与建筑功能的连接，并通过直接的开放空间来实现连接。“建筑边缘”模式认为应该鼓励人们建造一些步行节点和节点所需要的几何形态。“活性口袋”模式揭示了边缘需要和成功的步行道的公共空间连接起来才能发挥作用。“建筑正面”模式描述了当人们在“毁坏建筑间开敞空间的价值”的时候，道路两边作为边界的建筑物的生存状态。“路径形状”模式需要人们沿着道路布置步行节点，使一些边缘变得形式多样。“拱形走道”模式通过中间半封闭的空间连接起建筑内部和外面世界，没有这种模式，建筑和室外的过渡就显得太过唐突。

“连接建筑”模式需要沿途建立一条边界和路径，今天这条边界和路径往往被建筑中间的空间所打断。“主要门户”模式定义了连接，没有连接建筑之间的空间就毫无用处。“工业地带”模式提供了某种做法，在不同类型的建筑之间创造一条宽的边界，以分开不同的区域。最后，“邻里边界”和“亚文化分界”这两种模式是有活力的城市必须具有的限制模式，它们展示了在缺乏合适的边界时某个区域如何毁掉另一个区域。总之，与上述模式结合起来，如果想要创造图片中的有活力的城市，在很大程度上取决于城市边界的皱褶和渗透性。亚历山大和他的同事整理的模式语言所收集的资料为我们提供了这样一个概念，即城市结构是一个高度连接的结构，该结构的细分是由其复杂的边界所定义的。

一些评论家可能希望消除那些仅仅和步行城市相关的第一组模式，按照他们的估计，这些模式已经不复存在了。然而事实却完全相反。以上讨论使得这个步行城市的观点更加明确，因为从人类解剖学的角度看，步行是人类的主要交通方式，即使在当今被汽车占领的城市中，这些模式也是永恒而具有重大意义的。当人们步行的时候，这些模式仍然在停车场、店面边缘、郊区人行道以及超市内应用。几十年来，具有压制性的汽车网络模式已清除了大部分的步行模式（Newman and Kenworthy，1999）。无论如何每当有一个建筑产生的机会，这些步行模式就会自己重现，并自发创造一个生机勃勃的界面。

6. 验证模式

亚历山大曾经介绍模式语言是一种实用工具，并按照尺寸大小以降序的顺序排列这些模式，因为人们在用它们做设计的时候，需要首先考虑最大的模式。然而，这也预示了使用模式的先决条件是，它们需要设身处地加以设想。然而，问题是主流的建筑设计从来没有完全接受亚历山大的模式，人们更加倾向认为这些模式虽然让人们有所感觉，但是这仅仅是精神行为。为了验证上述模式，它们必须以相反的顺序来读：从小到大。人的思维可以将规模较小的模式并入较大的组里；较大的模式可以利用这些组产生新的属性，而不是单纯地把模式组合在一起。同时，当我们按照展开的顺序（从小到大）阅读这些模式的时候，人的思维会下意识地接受这些模式。

即使是现在，在模式语言公布于众的20年以后，人们还是很难理解模式语言的根本意义。许多人仍然错误地认为它是一个供人们选择的目录（Dovey，1990）。即使有些人多少有所认识，但是每个模式或需要通过实证观察，或需要通过科学推理，现实中却往往看不出其必然性。在此我建议，从原来的模式语言中挑选出相关的模式（Alexander et al.，1977），将它们按相反的顺序订在一起，不受到其他相关的模式干扰，按照从小到大的顺序自然地发展，人们就可以从中看出较大尺度上的联系。这样做得出的结论是，城市边界的类型不是简单按照人们的期望而形成，这些类型主要来自于一座成功的城市的自身需要。

大量的模式均独立地体现出建立连接的能力，从而在模式内部证明了和人类行为和活动建立起连接是模式的一个基本属性。城市几何学促进了许多人类的功能和互动，我们应该直接生动地连接行为模式和建筑模式。在很多例子里，这些连接被视为是对城市边界模块“感觉上是正确的”的直觉。亚历山大为这种直觉的评估建立了许多证明（《建筑的永恒之道》的第15章，Alexander，1979），这种直觉被人们当做是不科学的。然而图形和理论的基点就是在此基础上建立起来的。

在模式发挥作用的时候，尺度越小的模式往往与人类的联系越紧密。在人的1cm至1m的范围内进行的建筑模式创造往往出自人的本能，因为我们大部分的感知系统可以感受到它。于是那些尺度更大、不能触及或认为需要合成和识别的模式就需要更加智能，以便于人们可以更好地感受到它。没有经历过这些的人（在世界上还是有很多这样的人存在），很少能想象出某种模式对他们情感的影响。这也是为什么在证明模式的过程中需要从小到大排序的原因：这样的排序在开始的时候就能够给人们带来强有力的相互联系，在直接为人们接受之后，逐步建立起成功的模式。

7. 模式和科学

本章余下的内容将以十分笼统的方式讨论模式，证明其必然性。模式是一个被发现的解决方案，这种解决方案已经过一段时间的测试，而且是在不同的条件下加以验证。因为建筑和城市的模式可能存在了几千年，于是人们难以经常发现新模式，所以创造力是科学调查和观察的产物。虽然我们也可以找到新的方式把模式结合起来，但是，创造力仅仅保留在那些由模式语言产生的设计之中，而不是保留在设计的过程中。由于模式是根据经验从观测中产生，所以它们不同于那些奉行“第一原则”解决方案的科学理论。然而，已经发现的模式提供了一个现象学的基础，它可以在科学理论之外发展。在模式建立起来之后，这些理论就可以解释为什么一些模式在工作着。

有时模式内可能出现一些有信息含量的猜想，它们必须经历科学方法的强烈质疑和仔细检查。模式在现代科学技术兴起以前就已经存在，在现实中，它们的应用范围比科学更广。一种模式可能就是若干单独科学的机制之间的交叉。许多模式还没有科学的解释；然而另一方面，比起看上去更加简单的模式，它的发展可能是庞大而复杂的。在一定程度上，医学、药理学和心理学的基础就是模式语言，而这些现象学的基础正在缓慢变化，取而代之的是一个生物/化学一体的基础。形态和尺度的规则广泛适用于许多不同的学科（West and Deering，1995）。基于观察到的现象产生的特定机制，适用于多个不同学科的形态和缩放规则会独立地发挥作用。

不幸的是，建筑作为一门学科目前还没有办法确认建筑模式，因此，基本格局的形成机制并不存在。没有受过科学方法训练的建筑师无法分辨哪些设计方法或程序让建筑设计成功，哪些让设计失败（Stringer，1975）。很少有人去认真审视：为什么有些建筑物会失败，在意义上来说这些建筑让人产生的不愉快和难以使用。因此，设计的错误往往会被重复下去。

哲学上的反复更加阻碍了建筑模式的应用。建筑在这个世纪，从用舒适、有效的结构服务于人类的交流，发展成为建筑师表达自我感觉的艺术。在最近的建筑典范中，对使用者心理和生理产生的舒适效果不是最重要的。建筑师强调拒绝使用模式语言，是因为他们认为模式语言会阻碍建筑师的自由。他们宣称需要创作的自由度，从来不强迫自己在不合适的环境中工作。同时，建筑物已经变得具有自我参考性，它们要效仿的是最近被广泛接受的形态类型，而并不是任何外来的客观的，或者科学标准上明确的正确性（Stringer，1975）。

8. 模式语言的本质

在实践中，人们对模式语言有两种截然不同的需要：（1）作为一种理解，并有可控制性，一个复杂的系统；（2）作为必要的设计工具，在功能和结构上建立一致性。我们使用代表性的图就能够形象地表达这些模式及其相互连接。模式在图上定义了点，不同长度的线把这些点连接起来（图 1）。模式是一个含蓄的力量；一般对应一个问题的解决方法。"语言"把节点结合在一起，成为一个组织框架。一个松散的模式集合并不是一个系统，因为它们之间没有连接。

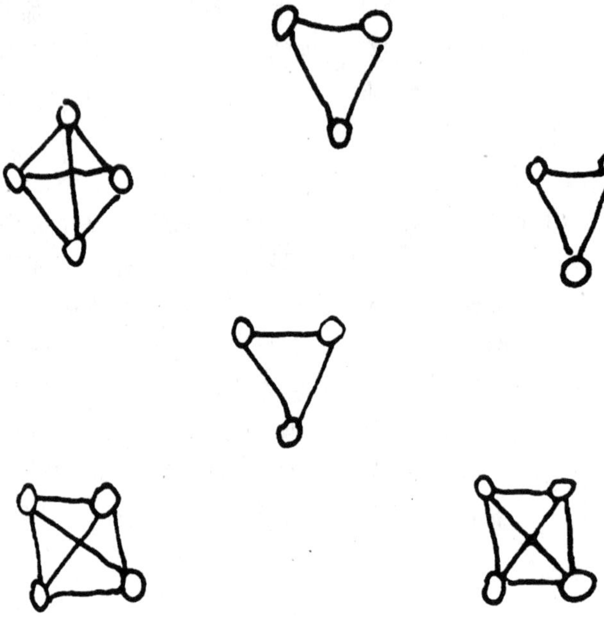

图 1
6 个更高层次的模式形成一个独立地模式组，它具有更高的价值

模式（节点）连接的规则与模式本身一样重要。字和词不经过由规则的排列就无法形成语言。连贯的组合模式将形成一个新的、更高层次的模式，同时拥有更多的性能（图 2）。把每个原始模式都和要解决的问题相对应，但是如果仅仅包含了组织过的信息，还不存在任何的组成方式，那么由原始模式组合而成的更高级别的模式就无法单从低层次模式开始预测问题。模式如果没有经过适当组合，就无法提供整体的一致性。每个部件都可以单独工作，但是组合起来的整体却没有发挥作用，恰恰是因为它们还不是一个整体。

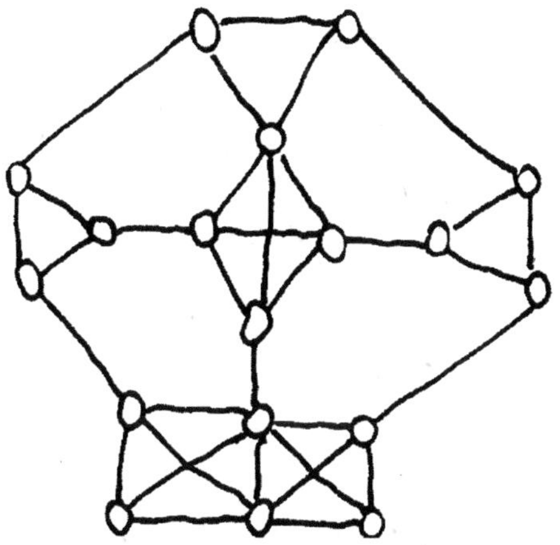

图 2
将图 1 中的模式进一步连接到更高等级中，对称性的整体产生新的价值

模式语言并不仅仅是模式的列表而已。单独的模式比它们的语言容易描述，而目录不仅仅是一个字典。它没有给手稿，没有交流和沟通，因此无法产生联系或者有秩序的结构规则。同时一个模式的目录缺少对组合而成的模式语言的价值进行评价。一些模式需要其他互补模式来达到完整性，而能够容许的组合常常是有限的。语言告诉人们哪些可以组合，以及可以用什么方式来创造一个更高等级的模式。以生物系统为例，因为子系统的联系，才让这个系统运行起来（Passioura，1979）。

9. 跨尺度的分层连接

每一个复杂系统都具有层次结构，即在不同规模和层面产生不同的程序。连接既有可能在同一层面，又有可能在不同级别的层面上（Mesarovic，Macko and Tokahara，1970）。这同样适用于模式语言。“语言”产生出连接网络，某个级别的节点有可能创建在一个更高的水平。这个过程就会在不同层面的上上下下发生（图 3）。语言提供的统一的框架可以让模式向上过渡到所有更高的水平。如果每个等级均对等级里的复杂性提供保护，并且各个等级组织有序，我们就可以更好地理解一种语言。

如果我们通过一些基础单元来描述语言，就可以发现模式语言并没有严格模块化的规则结构，但是随着规模的增长，便会产生一些新的规则。更高层次的系统依赖于所有的较低层次的系统，但反过来较低层次的系统不一定要依赖高层次的系统（Passioura，1979）。即使断开更高层次的模式，较低级别的模式依然可以工作，这种制度是不连贯的，因为它存在于某个级别中。组合模式在小等级的应用需要新的和没有预料到的属性，目前还没有形成模式在更高等级的层面上加以表达的状况（图 4）。在更高等级上的模式能产生新的信息，因此它们是必需的。

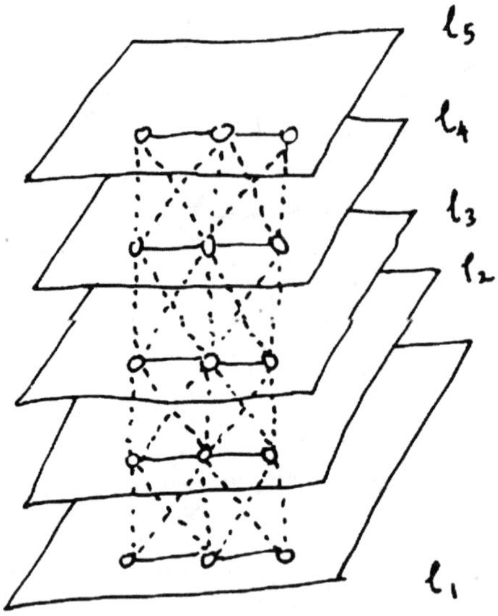

图 3
分等级的联系揭示高等级的模式依靠低等级的模式

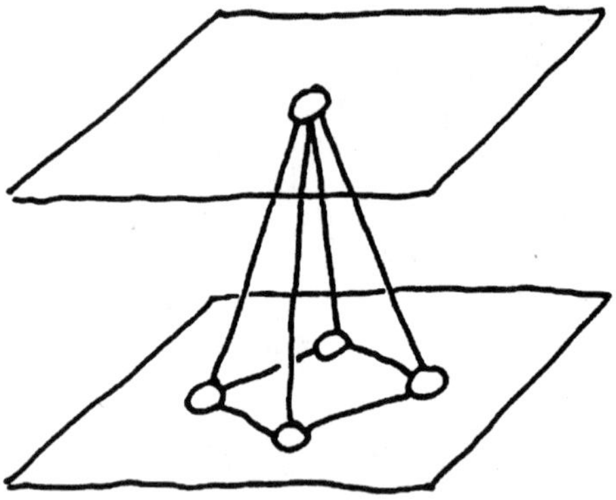

图 4
一个等级中的模式在更高等级定义一个新模式

很多对复杂系统的描述都不成功，主要是因为这些描述没有反映出系统中足够的等级。如果在不同等级上的模式相差甚远（图 5），不同等级间的间隙就不能连接起模式语言。如果我们不建立分级，就会陷入这种失败的陷阱。一些在 100m 范围内的城市模式中仅仅包含了 1m 范围的建筑模式，但是所有中间范围的模式是什么样的呢？一个更加严峻的问题是：在今天的城市中，这样断层的城市模块大范围地肆意传播。在断层的想法指导下，人们很容易把注意力集中在大范围的模式（或相反模式）而忽略小范围的模式。如图 3 和图 4 所示，这样就无法实现纵向联系。

验证模式语言的主要方法是每个模式都与高等级和低等级的模式相连接。如果任何一个模式超越了图 3 所示的情况，模式语言的损坏就能够看出来。人们可以删除所有较低等级的模式联系加以协调；如果一种垂直关系里还存在一种包含关系，那么被包含的模式就将会被取消。同时所有高于上述模式的联系也将会被自动取消。因此，在不理解其连接的情况下，轻易删除一个模式有可能会损害模式语言的另一个重要部分，因为它删除了至少一个垂直关系的模式。

这里我们有必要陈述一个误解，即用一个反过来的树形分级顺序来判断一个多等级结构。在一棵树上，每一等级都由上一层级的等级点派生而来，在同一等级上的点并不直接联系。尽管一些作者用过这个术语，但是这里所说的并不是他们表述的意思。图 3 表明，我们对模式语言的分级并非呈现反向的树形，因为模式语言中存在多个主题和多个等级的联系；比一棵树的联系更多。分级的树形结构的限制性太强，所有的交流必须先通过更高的等级点，而在反向的树形结构中，整个系统都有自上而下的联系（Alexander，1965）。

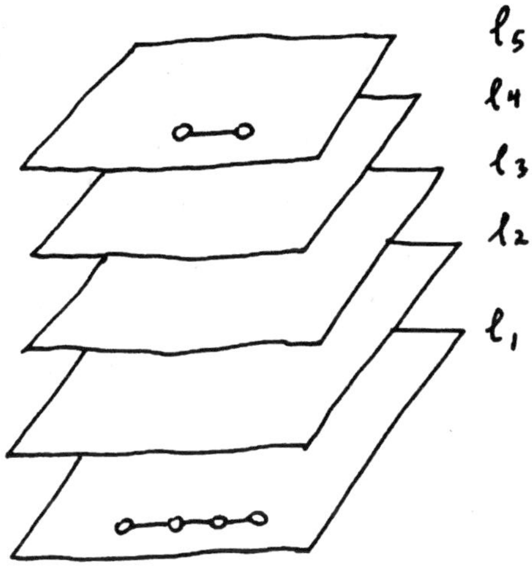

图 5
两组模式在尺度上距离太远，以至于无法有效地连接

10. 寻找新学科的模式

新学科需要以抽象的模式出现，这是建立在自身的基础和合理的骨架之上。了解这种基础模式，能够加快语言向正确的方向发展。人们可能将视线投向新领域，却对于新学科的模式语言缺少关注。一个普遍的高层次结构是在所有的模式语言中固有的。它的解决方案很少是在一维空间里的，这就意味着：简单地站在问题的对立面，是无法轻而易举地解决问题的。因为问题往往可能有无穷的不同对立面。这需要在一种模式自身耗尽之前，通过鉴别很多相关的反模式来研究它。

在这里需要提醒是，在这个时代，人们过早地使用具有破坏性倾向的判断模式，如提高效率、降低成本和精简这些严格的标准。这是不恰当的，它们往往忽略了内部的联系。换句话说，模式语言依靠的是复杂的方式，急速减少被视为错误的“多余的”模式，往往可能毁坏语言的联系。很多基础模式已经在错误的经济导向中被遗弃，人们却还没有意识到它们对系统联系和所有现象的重要性。长久以来的顺序也许是消极的，但是却十分重要。人们可能尝试先将联系的复杂性加以理解后，再让过程合理化。人们往往承诺建立出新的模式，却目光短浅地把历史悠久的模式毁坏殆尽，对复杂系统盲目的信任已经形成了所谓的“极简派设计”，而这种设计来自于对系统运作的肤浅理解。

最优雅的复杂的系统，几乎（但不完全）不下达任何命令。系统会自己适应较小尺度和中等尺度的模式。较大尺度的模式无法在简单和单纯上达到完美。良好的设计可以避免不必要的并发症，它可以在松散的组织和小尺度模式中达到平衡，这可能导致随机设计的产生和发展，并且模式可能会把注意力过多地集中在大范围中，在系统连贯性上（提高效能方面）做得太过火。

把城市模式延展到城市电子城层面的想法被证明是有益的。“智能环境”的概念，在新的千年确定了城市的连接。在现有的亚历山大模式管理下的结构基础上（见第1章“城市网络理论”），我们需要发展电子联络的规则（Droege，1997；Graham and Marvin，1996），用来说明连贯性和运营城市网路。现在已经发展起来的由电子连接的语言模式，必须要和物理连接语言缝地连接。如今，一些作者错误地宣称城市是由多余的电子连接组成。这种观点忽略了新的观察模式，即行人在城市网络中会将电子点和物理点联系起来。这两种语言可以互相补充，相互加强。

11. 一致性和连接

这里有两个标准：（1）内部的一致性，（2）外部的连接，其中第二种连接更为重要。系统复杂度可以防止新的模式，仅有一个平淡的内部结构。更重要的是，无论如何任何语言都需要有某个现存的语言连接它（图6）才能发挥作用，就好像一栋建筑的内部没有相互联系，这栋建筑就是没有用的。一旦建筑达到最低程度的内部联系，这时与其他模式的外部联系就会变得更加重要。其中关键的是如何避免和非正常的系统联系，因为它们并不受到互动的约束和平衡而独立存在。

我们可以定义一套反模式，来帮助人们了解僵硬、一维的想法是如何“清除”复杂性的。这种语言的内部可能是和正常的模式完全一致，但它不能与其他模式并存。最好的例子来自于政府。法西斯主义和极权主义清理了人类社会的混乱，然而这和我们最为信仰的人类价值观相互冲突。同样，那些试图创造一个积极的工作环境的模式语言必然会相互联系起来，并逐渐形成亚历山大的某种建筑模式语言，进而由集合而成的模式语言决定在各个尺度层面上的建筑形式（Alexander et al.，1977）。

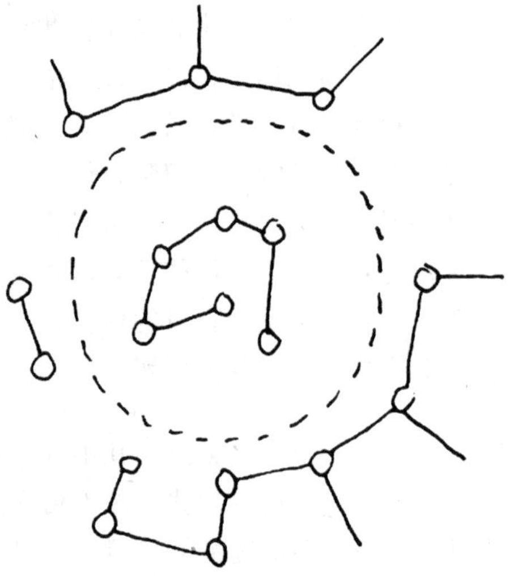

图6
等待加入的连接和外部具有一致性，但却存在根本的缺陷，因为它无法连接到外部模式上

“6 英尺阳台”这个建筑模式有助于我们解释连接（Alexander，et al.，1977）。许多社会里的家庭生活方式，如坐在一张桌子边吃吃饭；儿童在地板上玩，在大花盆里种植物，户外烹饪的炭烤等，往往都可能出现在至少有 6 英尺的阳台上。有时候，为了遵循一些任意设计或者仅仅是廉价设计（满足国内统一标准），阳台会过于狭窄，这时它就没有连接到上述的社会模式。这里的连接意味着两种不同语言模式之间的相互包容。如图 6 所示，数学上的独立为使用者保证了阳台在物理空间上的独立。

我们还不够重视应该如何把社会模式，以及那些前人形成的重要的传统文化与建筑模式全面地连接起来。失去这些文化将是对社会功能无法挽回的毁坏，因为这些建筑模式描述了所有更高等级模式（图 7）。尤其在贫苦的乡下，维护传统是保护他们文化的唯一方式。这里的传统包括了无穷的繁衍，所以设计模式就是一种生活方式。这点已经被亚历山大证明（1979），哈桑·法帝（Hassan Fathy）对此也有强烈的辩护（1973；PP. 24-27）。敏感的建筑师会关注这些，所以他们的设计容纳并发展了社会模式。

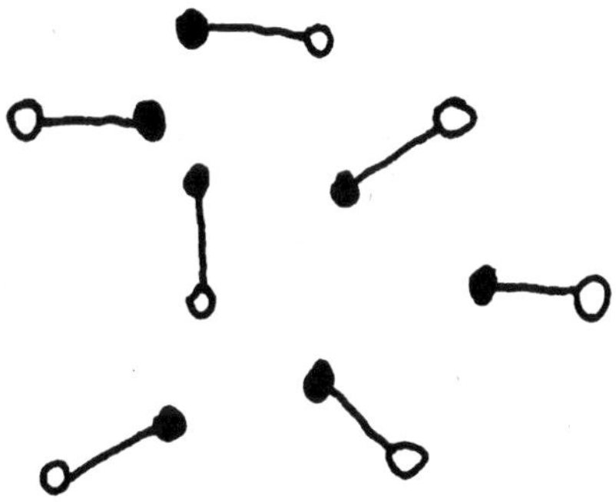

图 7

建筑模式与社会模式成对组合，创造一个更高等级的社会-建筑模式

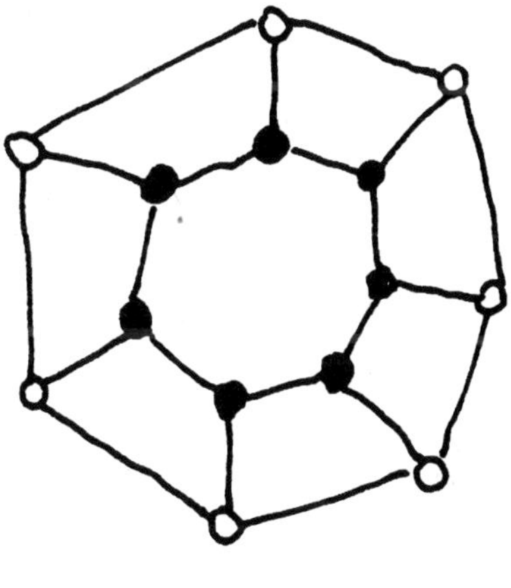

有时候，模式可能有不需要的二次特征；相同组织中固有的特征对生存是很重要的，但它同样有反效果。同一种模式可能有两种不同的特征。人们会尝试除掉在他们看来是不需要的次要特征（比如在整个完美模式中，人们会去除他们认为是次品的建筑元素或者社会模式）。但是我们没有意识到，被我们去除的部分联系着可能毁坏整个语言的因素。这种二次特征因为与系统没有显而易见的联系而被质疑，或者因为一些反社会的厌恶情绪，建筑师们已经成功地消灭了世界各地的传统模式语言。

12. 文体规则和病毒复制

在危急时刻，我们想要做的或许是决定彻底创新，创建纪律，希望以文体规则来代替模式语言。这些完全是随心所欲的。然而如图 7 所示，无论是来自于时尚还是由权威人士宣布的从未遭到质疑的信条，或者是那些没有被广泛应用的解决方法，文体规则并不适合于复杂模式。文体规则的机制有能力传播和复制病毒。文体规则通常给出一个模板，提倡人们在环境中复制它。它的成功不是以如何服务人类的活动来衡量，而是以复制的数量来评价。

文体规则经常和人类的需求无关：它们只是表面上具有象征意义的图案。当一些规则开始运作时，人们往往会发现有很多是不合理的。有些规则是良性的，但是还有很多是病态的。例如某个建筑形式的信息代码“在街道上平缓而连续的墙体”，可以通过教育或看到的例子植入设计师的大脑。聪明的人很容易受到简单化的设计方法的诱惑，因为这种设计方法消除或抑制自然的复杂性。这样一来这个信息代码就变成了被复制的单位病毒。每当这个符号被复制，它就将毁坏人类在那个区域的连接；结果是显而易见的：这些病毒已经毁坏了城市界面的连接。

相反，模式不会强迫人们去接受，它产生于使用中，会给人们带来好处。它促进了人们生活和互动，并在这方面持续提高效益。一个重要的不同点是因为它们隐藏了力量，没有哪个建筑模式会被视为简单的视觉图片。一个模式包括了复杂的问题；它并不是可以被无意识地复制的模块。复制视觉上的模块要比解决根本的设计问题要简单，然而，前人没有建立合乎逻辑的想法，只是凭借直观加以匹配。有才智的人就不需要这样，当面对建筑形式和人类行为之间的困难难以抉择的时候，设计者往往会放弃选择，逃避责任。这种行为导致建筑设计正向那些视觉模板的方向发展。

许多文体规则是反模式：它们既非偶然，也不是简单的个人喜好。只是为了新奇，故意做与传统相反的模式。通过伪装成“新”模式，以自然修复过程来摧毁正确的模式语言。在动力平衡中，模式试图协调既共存又竞争的复杂性工作，让它们可以合作起来发挥作用。相比而言，文体规则就更加强硬和不可协调，它们被应用于很多和建筑几何形态相关的事物上，通常会排除人类的惯有模式。一些单个的系统模式能在很多不同尺度中抑制整个连接链（图 3）。一个破坏性的文体规则就像病毒，是解散有活力的系统中的具有复杂性的信息符号。

今天，建筑师的培训用的是借助有限词汇来讲解简单形式、材料和表面。这些内容和它们之间的组合都是无法形成模式语言的。过去，在文字记载的字里行间中，在概括人类诸多经验和生活的文学里包含着模式，但是今天，它们都被取代了。很少有人再去关注影响周边环境的建筑类型，再去领悟城市采用特殊设计词汇的重大意义。和宣称的相反，建筑并不只是一种单纯的艺术工作。单调的视觉模板会像病毒一样传播，以至于最终会彻底毁坏人类的文化。

13. 模式语言的演化及维护

证实模式多少是不变的有一个修复和替代的过程。从现在开始，我们变身为魔鬼的代言人，看到新的解决方法而忽略了旧的，在旧的学科中创造新的。与旧的模式相比，如果新的模式可以与大多模式产生连接而取代旧的模式，那么新的模式就是优质的。新的模式可能有更广泛的内容，或者代替一些旧的模式，强化语言。这就是修复和演化来增强现有模式过程的目标，通过保持与交换需要的关系来保护累积的才智。

信息的摄入量有时会有减少，有时也会发生模式转变，使某些模式语言失去效果，比如过去的马车为汽车所取代。尚未失效的模式语言只能在从前的环境中发挥作用，今天借助它们产生的设计可能不够理想。然而虽然技术和材料在不断变化，还有许多模式却跳过了从马车到汽车这一时期里的所有的影响。一般情况下，人们通过创新，可以最大限度地促进观念的变化，因此，一些模式需要更换。但是要彻底清空模式是很浪费的，其中有些模式可能已经建立了几千年。

采用新的模式语言不必取代旧的。竞争或互补的模式通常是可取的，甚至是必要的，特别当新的模式占据了各个等级的不同位置的时候（体现在不同的尺度上）。如果连接正确，它们将建立更丰富和更稳定的复杂系统。汽车运输网络模式往往被错误地认为是对行人和集体运输网络模式的威胁。在此基础上的误解让城市规划者和汽车制造商能做的只是抑制行人和集体运输网络（Newman and Kenworthy, 1999）。如今，我们正开始认识到：只有首先平衡共存的了所有 3 种语言，即描述行人、汽车、大量交通转移的模式语言，才能够建立起一个综合运输的体系（第 1 章“城市网络路径”）。

有若干个工作模式可能在不同等级里都可以良好运行，但是大多数模式需要在一个特定尺度的范围内确立自己的位置。有些模式可以在模式语言中上上下下各个层面发挥作用。这样的上下运动扩展了模式语言的自身相似度，意味着扩展后的尺度看起来像把原有尺度放大了一样。因为可以跨层次地建立连接，某种模式语言可以随着时间增加连接性，同时也在一定程度上发展出自我相似性。通过不同等级（或反模式）间的合作，所有的模式都演化发展出协调的结构，它就有可能创造出意想不到的相似之处。因此，在连贯的结构中，每个等级都体现了整体性的功能。

14. 细节的重要性

语言需要模式针对许多层面，因为它需要连接到自然的进程中，每一级本身都很重要。在任何复杂系统中，细节是较低的层次结构。如果这些细节毫不相关或有所丢失，那么系统就不连贯，而且不能工作（Mesarovic, Macko and Takahara, 1970）。有的模式可以被忽略，因为它的残缺产生在整个结构的较低的水平上。细节是不同等级中的一部分，它能连接所有较高等级的复杂性，而不是“增加”。不同尺度下，在内部和外部力量的作用下，实物形式的结构特点在不同的尺度上均有体现。从微观到宏观的所有中间尺度上，需要有不同层次的尺度的合作。

在建筑设计中，有几个尺度对应于人类的各种尺度，如果在1cm至1m的层面缺乏细节设计的话，就难以自圆其说。然而，为了确定连接的等级，这些细节必须在结构中有所体现（Salingaros, 2000）。因此，在设计的时候应该在结构对这些尺度有所区分，结构建立的时候也必须要设计这些细节。这需要创造传统的“装饰品”和与此相关的模式（Alexander et al., 1977; Salingaros, 1999）。如果想要在整体上保持一致性，那么适当的装饰往往是必不可少的形式（Salingaros, 2000）。一个对结构的尺度与层次的连贯性而进行的分析表明，装饰是必不可少的，尽管今天的很多装饰品很不协调，那是因为它和更大的尺度之间没有丝毫的关系。

细节是一个独立的问题。人类可察觉到的最小尺度是0.25mm，它和视觉系统有关，体现在比如纺织品或者电脑显示上。虽然这些细节在富有肌理的材料上有所体现，但是它通常是处于纹理和饰品的中间等级（1mm～1cm），这一尺度在当代建筑物中已经消失了。最简约的设计中已经消除了传统的中小尺度的建筑形式。在拥有这种习惯的半个世纪中，人们已经忘记在那些最让人们喜欢的建筑（包括那些现代主义者的建筑）中，中小尺度层面提供给人们的那种愉悦感受。人们需要在结构的每个尺度上都建立联系。

15. 结论

模式语言概括了人类的经验，帮助我们应付复杂的环境。它们适用于几乎所有的方方面面，从计算机程序到建筑，到组织系统，到城市。文明的模式语言往往和技术以及文化遗产是同义词。今天，人类的行为拓展了新领域，同时发展了自己的模式语言，在一些相关的领域，该模式语言与现存的模式语言是相关的，随着时间的推移个人模式将被验证。如果组织结构与规模可以有层次地结合，那么语言本身就会在正确的轨道上发展。在20世纪，建筑和城市设计依靠的是文体的硬性规则，却无法连接到人类生活的模式。人们一直通过学校、评论、电视、杂志宣扬抽象的视觉形式，却忽视这样一个事实，今天环境所产生的范本已经无法容纳人类自己的行为模式。产生这方面例子的源头可能来自于那些被人们完全误解的城市中的几何形态。人们相信消除城市界面将有助于创造现代化的城市，但事实上，这种做法反而严重损坏了城市。

本章认为，模式提供了设计方案与人相互连接的必要的基础，并反对与人没有联系的建筑形式。这一结论对建筑实践具有深远的影响，因此会极大地改变模式语言在当代建筑中的地位。模式语言已经在边缘位置徘徊了20多年，现在终于回到建筑的中心点。模式语言是所有建筑的“主根”，它通过满足人们需求的功效来描绘生活。即使和亚历山大模式有若干的不一致，模式语言也是正确的。我们的研究结果表明，那些自绝于生活本源的设计模式都是徒劳无功的。那些明知不可为而非要如此的设计，实际的目的只是完成这个设计本身，但在本质上它们和创造美好的生活毫无关系。

致谢

我要感谢G·阿本（G·Arbon）、P·L·布里格斯（P. L. Briggs）、J·O·科普林（J. O. Coplien）、C·L·杰弗里（C. L. Jeffery）、R·约翰逊（R. Johnson）、J·蒂德维尔（J. Tidwell）、M·瓦丁顿（M. Weddington），以及S. Woo所提供的有益建议。

第9章　模式语言与互动设计

• 本章编者按

——阿瑟·范·比尔森

为避免过于理论化，本章[a]将论述在实践中应用这些模式的方法。这种方法说明：为什么之前的尝试大部分都会失败，而只有小部分取得了成功。同时作者也指出这种方法可能存在的一些缺陷。

在本书中，模式语言包含了人们如何与建成形态互动的一些规则，而形态语言是由整合物质形体的几何规则所组成（Salingaros，2002）。在规划设计一个城市地区的过程中，之前谈到的“活力”的概念被当作一个重要的参数来考虑。正如之前的章节，本章也明确地使用模式。模式可以是通用的，但同时也是由一个国家或地区的文化所决定的。亚历山大的模式语言仅意味着是“一种”模式语言，而非“特定的”模式语言；能意识到这一点十分重要。这就意味着，如果有必要的话，城市和区域设计师应该使这些知名的模式适应给定的环境，或者去研究一些新的模式。一旦一个模式被确认并且它的应用语境得到研究，那么它就能成为一个有价值和高效的开端，可以为城市区域设计师服务几十年。

在第1章“城市网络理论”的引言中，曾论述过构建城市和区域设计师知识库的必要性。在接下来的章节中，你将看到鉴别这些模式（或者说完成一些模式语言）是成就这件事情的一条灵活的途径。

编者按参考资料：

Salingaros，N. A. 2002。“Two Languages for Architecture”。“Plan Net Online Architecture Resource”（2003年2月）。再版于：“Architecture，Community，and Participation：Which Language?”，University of Rome Ⅲ（Aracne Editrice，Roma，2003），pp. 41-45。

参见：http：//www. plannet. com/features/twolanguages. html (2003年2月)。

---

[a]最初发表于“POIESIS”（图卢兹）No. 15，2003，pp. 385-405。早期版本发表于 Proceedings of the International Seminar：“Design With the Community”，由A. Giangrande和E. Mortola编辑，University of Rome Ⅲ（2000），pages 15-21。

插图 0

一些人在阿姆斯特丹社区举办的工作室参与活动，以及工作室的作品之一（摄影：艾娜·克拉森）

• 本章正文

应用克里斯托弗·亚历山大的工作成果，我提出了一种在城市设计中使用“模式”辅助设计的方法。这种方法可以使一定的社区居民参与到规划自身环境的活动中来。最重要的是，这种方法改变了当前规划实践被规划权威大范围干涉的状况，而这些规划实践常常并没有反映当地人们的需求，同时还导致了让后代人厌恶且并不宜居的环境。这种实践理论是以来自于数学、神经生物学和进化心理学的重要理论为依托。不过，在城市设计中使用者的参与通常并不能带来令人满意的结果。如果从反模式或者“米姆（memes）”的角度来看——它们把使用者预设成某些固定的人物，这种情况就可以得到较好解释。

1. 引言

过去推动居民参与规划设计自身环境的努力并不十分成功。但是到了今天，居民参与规划仍然还是缺乏集体设计的理论基础，同时每一个参与过程也存在着严重阻碍。在建筑学中建立合作设计，要比在研究和计算机软件开发等领域更为困难。在那些领域，“合作”的观念促进了所涉及各方的互动。复杂软件的编写必须要有两方面的合作：（1）软件团队中个体之间的合作，其间他们必须共同完成由一个人无法编写的不同编码条目；（2）软件团队与终端用户之间持续反馈的合作。

一些建筑师采用社区参与的方式进行建筑设计，在这种情况下他们也就成为了朝一个设计目标带领大家讨论的老师。在每一个案例当中，参与过程会依据项目和参与人员的情况有所改变。至少在主流建筑机构中，目前还没有参与设计的明确规定。随着克里斯托弗·亚历山大等人《模式语言》(Alexander, Ishikawa, Silverstein, Jacobson, Fiksdahl-King, and Angel, 1977）的出版，一种崭新而全面的技术已变得可行，并且随后得到了亚历山大以及那些出色完成任务的建筑师的应用。只因为缺乏相应的出版物，这种方法目前还没有得到更多人的了解。随着克里斯托弗·亚历山大《秩序的本性》(Alexander, 2002）的出版，这种状况将很快得以改变。

在这里，我将讨论应用亚历山大模式进行互动设计的过程。我所列的简要提纲并不能替代亚历山大的方法描述，因为他的方法应该由每个认真的参与者来讨论完成。而我将重点探讨的是一个基本问题：为什么参与者潜意识中那些顽固的反模式常常会导致每个参与设计的方法都可能失败。在第8章“模式语言的结构”中，我阐述了在构筑城市边界的过程中模式是如何结合的（仅作为应用它们的可能例子之一）。在概述完互动设计方法之后，我将花时间论述导致这种方法失效的一些缺陷，而这些缺陷一旦得以确认就一定能够避免。

一个“模式”仅仅是一个重复的解决方案（在此，这个方案是针对建筑和城市设计中的问题，但通常要针对任何的社会或技术问题）。不管人们如何最先获得这一解决方案，一旦人们确认并且以口头或图形的形式来沟通这个模式，那就会给这一群体带来巨大的优势。沟通模式的能力最终构建了可再使用的设计知识库。这样，这种多模式的语言就会紧密联系文化和传统（第 8 章“模式语言的结构”）。每一个模式代表一个规则，而这个规则控制着运行部分复杂系统的模式。模式语言允许较小尺度上的一些模式相互结合，并且支持更大尺度上的一些模式。大尺度的一些模式是必要的，因为与它们本身依赖的那些较小尺度的模式相比，它们包含了更多的信息，这样也就表现出一些突现的属性。

我并没有提出我自己或亚历山大本人的个人喜好或者理想的理论模型。我在描述我所设想作为设计过程的东西，因为为了创造有活力的城市和世界，它已延续了几千年。最后，我将试图从一个新视角来解释参与设计失败的原因。我也将回顾那些支持结果，这些结果解释了在模式与反模式间竞争方面的理论（反模式在许多情况下可以被当作心理病毒，或者“米姆”，一个来自于生物进化著作的概念）。如果没有这种认识，鉴于来自现代建筑传统的阻力，引入参与设计的方法就根本没有意义。

2. 关于城市界面的两个矛盾的模型

第 8 章“模式语言的结构”源自一个关于城市界面的明确的（分形的）几何形体，这种情况可以在传统城市、未规划的人类居住点和第三世界国家的贫民区中发现。20 世纪经历了一个传统规则蓄意颠倒的过程，因此就会允许一些新颖形式的出现。人们长时间以来赞成或反对这一转变，但是这种讨论总是停留在表面上。城市边界影响着城市居民的活动框架。边界几何形体是由基本过程所决定的；如果这种几何形体受到干扰，它就会约束有益于创造成功城市的日常活动。

我相信，通过压制更为传统的模式，而强行接受城市形态中过于单纯化的几何形体，已经缩减或排除了使城市富有活力的传统功能。当代设计哲学完全去掉了连接的界面。现代主义者希望通过剔除复杂的结构、细节以及连接，从而在视觉上“净化”这些地区，而这种想法会带来更深层次的问题。通过从几何形体上整合它们的多功能合并方式，从而会消除作为传统城市特征的复杂混合性。在当代，城市规划专家通过从空间上分离它们的方式，故意削弱城市元素。

20 世纪已经创造了一些城市边界，它们都是一些十分糟糕的界面。许多城市边界可能是由过去的传统城市所没有的技术所造成的。城市规划专家已经创立了一套可以用于界定城市边界的新规则。20 世纪的城市界面阻止了之前可能发生在那儿的大量活动。学校、批评家和杂志已经教会了人们欣赏平滑和不自然的边界，而不要去欣赏那些具有与自然结构相类似的分形比例的边界。建筑院校把一个精确、圆滑的世界图景灌输进我们的思想。因此，建成环境中的这两个矛盾的观点就必定会影响到任何一个参与设计的过程。

因此，我强调在参与设计当中所需要的两个目标：（1）通过重新引入那些永恒的模式来教育使用者；（2）仔细避免那些必定与模式相对抗的现代主义的景象。不然，矛盾的力量将破坏最终设计成果的连贯性。除非这两点被明显地区分开，否则设计团队将要处理来自用户的对立要求。由于在建筑媒体的影响下，这些用户把经济成功和 20 世纪最糟糕的建成环境案例联系起来。

3. 实践中的设计方法

规划师首先要坚持与所有地区的居民进行初步沟通之后确立设计的主要内容，例如对他们会带来影响的一些模式。这可以依据多数人的意见或者通过集体投票的方式确立，但是为了“挖掘”隐藏在居民潜意识中的模式，只有经过讨论后才能确立。例如，在设计东京荣进学校（Eishin School）校园时，亚历山大发现令人惊讶的是大多数受访的老师和学生把湖作为他们优先考虑的东西。当时他设计建设了一个人工湖，并且这个特征也成为这所学校最出彩的地方。不灵敏的建筑师和承包商本可以把这一想法看成是天方夜谭而不予理睬。实际上，一些受访者最初都不敢表达对湖的愿景，因为他们担心仅仅是提及这个想法都会显得过于疯狂。

一旦这些居民最深切的愿望受到关注，那么建筑师就必须提出一些模式，以表达用模式形式书写的需求，正如在《模式语言》（Alexander et. al, 1977）那样。如果在模式语言中还未记录这些高级的模式，那么它们就必须得到研究；这一研究主要是通过观察现实世界中最出色的例子来开展，并还需在研究中鉴别出是什么使得这些例子如此成功。这些成功之处也许是几何形状、区位、连贯性，或是与其他模式的关联。与此同时，建筑师还应该挑选出若干个与手头工作最具关联性的、记录在案的亚历山大模式。这些模式将以图示的形式推介给居民。

下一个步骤是给居民召开一个培训会，传授给他们适用于项目的 12 个最重要的亚历山大模式。来自居民自身的任何附加模式也将合并到那些模式当中。剩下的工作包括，以各种不同的途径将所有这些模式结合在一起，并判断最后的结果。在这方面，如果人们可以在计算机上做模拟以及以绘图方式观察结果，那么就可以省去大量的工作。不巧的是，目前大部分软件只能提供非常简单的设计环境的图像，而对于如何来判断某个特别方案建成后将具有的生活内容方面，它们还无能为力。

由于现实原因，项目的实施将委托给建筑师、规划师以及一两个自始至终密切参与的居民。这些居民或许是那些在城市设计方面有浓厚兴趣的人，并且人们希望他们可以代表整个社区。这并不能说明他们可以做出任何的集体决定，因为集体中的不同成员在一些细节和爱好方面肯定有分歧，项目可能由此被不确定地延期。这种介入或者说否决权在一些主要的模式中一开始就可能发生，且这种状况恰恰发生在愚钝的规划产生最多破坏的地方。

另一个问题是，在设计过程向前推进的时候，由于以不同的尺度建造房屋，人们不得不在设计中引入更多的模式。由于可能的模式组合不断增加，项目变得更加复杂，因而也需要做出更加快速的决策。这些都将受到竞争技术、可行性、法律方面因素的影响。无论如何，只要遵守模式和模式组合的科学原理，任何人都可以从无穷大的选择机会中充分平等地进行选择，并且所有这些机会都将带来一个成功的结果。

这种方法的巨大力量在于它在较小的尺度上是递归的。也就是说，一旦在最大的尺度上做出了决定，我们也就解决了紧邻的较小尺度上的个别区域。某人利用大约 5 种模式解决一个特定的设计问题，而这个数字 5 来源于大脑所能够同时操作的"一大片"完全不同的信息碎片（第 8 章"模式语言的结构"）。同样，一个人可以从原始的亚历山大模式语言中进行选择，或者如果需要的话，一个新的模式将应运而生。

4. 保存最有价值的东西

在城市重建中，保护现存环境中最有活力的东西是十分必要的。由于受到稍后讨论到的精神病毒的影响，城市更新破坏了邻里中为数很少的富有活力的对象和场所，这种现象始终存在。因此，十分需要通过公众认可来鉴别这些东西并优先保护它们，以能够使其在任何新规划中都得以完整地保存。举一个例子——印度尼西亚政府重建那些在地震中遭受破坏的整个村庄。规划者忽视了老村庄里传统的宗教场所，没有考虑把这些场所保存在新建的村庄里的措施。结果就是文化和身份的缺失以及严重的方位丧失和文化断裂。

由于受到来自媒体和教育的反模式的影响，恰恰这些人自己希望消除他们最神圣的城市场所。他们错误地将这些场所与过去视为一体，错误地把它们与大多数居民所不齿而希望消除的生活方式视为等同。人们频繁地被杂志上展现的繁荣的空洞映象所迷惑，想象着只要他们的环境可以像北美郊区一样空旷，他们就可以追求到一种高品质的生活。几乎无一例外，当人们获得金钱改变周围环境的时候，他们总是毁掉了其中最美丽的东西。这是我们这个文化迷失的时代中最令人震惊的事情。

例如，在一个社区，由一棵树和一段旧矮墙所构成的角落也可以成为一群年轻人聚会的场所。这个有树的角落可能不符合一个严格并且方整的重建规划，通常也就毫无异议地被排除在外。我建议扭转其优先次序，并把社会需要放在首位，由此任何新建筑必须尊重和保留这一角落和树，原因是它支持这个社区的社交模式。因此，整个市区更新规划必须更改，并适应那棵树和它的角落。此节点应当影响新环境结构的形成，而不是反过来。除非规划者理解这种行动的必要性，否则任何干预和重建都将可能破坏邻里生活。这一过程需要开展一些初步的工作，并通过这些初步工作来揭示究竟是哪些形态结构（尽管琐碎的）紧密联系着该社区的社会模式。

计算机学家托马斯·埃里克森（Thomas Erickson）(Erickson，2000）也已得出了同样的结论。他回顾了在复兴北卡罗来纳州（North Carolina）的曼蒂奥城镇（Manteo）的过程中城市规划专家伦道夫·赫斯特（Randolph Hester）(Hester，1993）所做的工作。赫斯特和他的团队深入探讨了在改造环境之前对那个社区十分重要的社会城市模式，然而最初并没有人要求他们去这么做。既然大家都不谈论它们，那么我们就必须直接调查这些方面。一旦这种“神圣结构”得到确认，所有的建造都旨在增强它而不是减弱它。重要的是，依据当前的建筑和城市标准，被列为“重要”等级的任何建筑或城市结构并不能组成城镇的“神圣结构”。从建筑学上看，城镇的“神圣结构”过去是由一些可以忽略且无关紧要的场所、建筑以及少量建成形式所构成的网络，这个网络仍然给城镇生活提供了一个框架。依照这个规划，这个城镇在复兴方面是极其成功的（Erickson，2000；Hester，1993）。

5. 设计的情感尺度

体现社会城市模式特点的东西是一种行为，而这种行为是与给人类带来情感愉悦的场所相结合的。因而模式从根本上基于情感。一些模式必须利用一个涉及某些功能的有效过程，甚至人们必须从所有可能模式中挑出这些模式，而这些可能的模式或许使参与者感觉不舒适。在此，我们面临模式与“功能”设计之间的基本对立，现代主义和后现代主义的建筑师与规划师也都这么认为。

在他的项目中，亚历山大在试图“挖掘”模式的时候，也一遍遍地体验了设计的情感尺度。例如，在准备设计东京郊外的荣进学院的时候，他邀请老师和全体职员想象可以在其中教学的最美丽的环境。起初他们认为这只是一个玩笑，但是当他们描述课间沿着湖边漫步的景象时却充满了感情，并认为激发他们这样的梦想十分痛苦与惋惜，因为在城市环境中它与当代堡垒一般的混凝土学校是格格不入的。在另一个项目中，同样是在日本，在设计一个位于名古屋（Nagoya）千種台（Chikusadai）的新社区时，他邀请许多家庭如实地描绘出他们住所的规划。当他们开始画的时候，许多人都感动得哭了，因为他们本来只是希望给他们一个固定的标准样式，或者至多是给他们一个模数化的设计样式。

如果不使用情感的话，无论是针对建筑的形状、通道的形状，还是针对两个结构之间的关系，我们都完全没有办法决定几何尺寸。人类的大脑是世界上最先进和强大的计算机，它能够独自进行庞大的数字运算，以决定把物体放置于哪个最佳位置。忘却排成一个人造矩形网格的简单方法，对于那些希望避免困难决定的建筑师而言则是一个轻松的出路。在设计荣进校园的时候，亚历山大派人手持旗杆，在场地四周移动，以此来体验规划建筑的最佳位置。委托方的细井（Hosoi）校长这样说道："站在那里……我们可以感觉到实际的建筑"。

现代主义者在设计中排除了情感，因此在此过程中也就剥夺了所有提议者当中的个体使用者。如果没有情感，人们怎么会热爱一个场所呢？现代主义者用机器来理解房屋，甚至试图用机器来理解人类，但是这都注定会失败。你无法扭转人类的发展（至少无法在一代人内）。我们从情感上感受建筑物：它或者是滋养人的、中性的，或者是令人厌恶的。对于后者，由于它在严重地威胁着我们的情感，因此我们自然希望在它毁灭我们之前就消灭它。

6. 模式如何被反模式所取代

单词"米姆"是指在人脑之间游走，并进而自我繁殖的一个可传递信息单元（Salingaros and Mikiten，2002）。与病毒传播相比，米姆是一个观念，一种事物的描述，或者是一个视觉形象或音乐片断。它一旦被释放到集体的人类智力库中，个别人就会把它挑选出来，然后通过效仿传递给大量的其他人群。米姆的成功有赖于它的复制效率，而无关乎它对人类智力有益或有害的那些方面。一个失败的米姆完全不能传播，而且可能会消亡，或是在边缘游移。一个成功的米姆以倡导者的形式感染大众，但也可能轻易地被更致命的竞争性米姆所取代。

人类语言（包括口头语言和图示语言）为了适应信息输入的增加，极有可能促使大脑扩张四倍。而问题是，破坏性的米姆同样利用人类头脑中固有的复制程序在全人类自我繁殖。我们显然无法抵御这些恶性的米姆，甚至无法辨别这些恶性的和良性的米姆。一幅令人恐惧的景象浮现于正遭受许多单调信息操纵的人类当中；这些信息就像病毒，以它们的人类主人为代价，只关心增加其数量。重大的人类灾难可以归因于或者确实受助于一个破坏性的米姆，这个米姆传播给大众，并驱使人们深信不疑地行动。

米姆更像是一个简单的视觉图像，而不像一个如何做东西的详尽描述。成功的米姆是非常容易被记住的。一个简单米姆的集合可以装扮成一种语言，这种语言自身本质上可以完全一致；然而，它们无法与一个尊重复杂性的模式语言共存。最好的例子来自于政治。法西斯主义和极权主义通过取代我们最深切拥护的人类价值模式，扫除了人类社会的混乱。它们有着不可否认的吸引力，否则它们不会每隔几十年就能接管一些国家的集体意志；每当这种情况发生，人们就会再次欺骗自我，并且也会相信那些告诉他们生命的复杂性可以被彻底简化的煽动政治家们。

7. 破坏城市界面的反模式

大多数知名的建筑和城市的反模式都是由勒·柯布西耶创造的。我们作为生物体发生代谢变化，并且与生态系统中的其他生物体相互作用，因此对于我们而言，所有病毒的特征并不存在完整性。我们所拥有的是一个无生命的信息代码，或者米姆，其唯一的目的就是自我复制。正因为如此，人们把精神病毒假设为一个简单的图像，而不是一个规则或者一个问题的解决方案。我注意到了以下一些最具破坏性的城市反模式。它们已经感染了现今活着的人的精神，并且开始从集体的潜意识中取代模式。这就是为什么再次将亚历山大模式带回到当今社会显得尤为困难的原因。

1 完全的矩形网格

2 功能的分离

3 临街绝对连续的围墙

4 建筑的退让

5 强调大尺度

6 分散的建筑物

7 垂直的堆叠

8 直线的几何学

9 不相互作用的单元

10 非自然的材料

11 几何模式的抑制

12 人性尺度的消除

这个名单突出了我的观点。尽管一些错误的主张是由勒·柯布西耶做出的，并且后来由他的辩护者再三重复，但这十二条反模式中的任何一条都没有科学的支撑。人类交互作用的科学调查证实，这十二条反模式阻止了使人们居住于最初的城市地区的正常城市活动。然而，反模式逐渐深入文化之中，以至于任何对他们的质疑都威胁着众多人的基本生存。这些人当然不愿承认他们允许自己感染精神病毒。他们的精神就是他们本身，因而他们会强有力地捍卫自己的偏见，正如同捍卫自己的生命一般（Salingaros and Mikiten，2002）。

以上十二条反模式作为一套工作规则，已经运用到了城市设计方法中，并以此来建设全世界的城市。它们很好地结合在了一起，并相互支持。它们具有一种被误认为是适应性的连贯性（第 8 章“模式语言的结构”）。由于这种连贯性，它们给出了一个标准的并容易确认的结论：正是现代主义者的反城市论把人类视为没有情感的机器。在近期的一篇文章中（Mehaffy and Salingaros，2002），迈克尔·梅哈菲（Michael Mehetfy）和我曾讨论过：通过抹去传统的城市肌理，现代主义者的城市反模式在全世界的应用，可以说是造成非工业化国家对工业化国家感到愤怒的直接原因。

8. 结论

基于克里斯托弗·亚历山大的理论和实践经验，我已经提出了一些关于如何与当地社区进行互动设计的想法。当开始一个实际项目的时候，人们还必须查阅亚历山大的著作以获得更多的细节。在此，这种描述仅仅意味着：证明参与设计的可能性，开展参与设计的建议，以及为什么参与设计很可能会失败（除非在整个过程的开始，一些深层次的问题就已得到解决）。今天的设计已被反模式（或者精神病毒，或者称为“米姆”）所阻碍，这种反模式将不自然的形态与形状强加于环境。这些都将阻碍设计模式的应用，而只有设计模式才是提供创造生活环境的唯一途径。

第10章　设计方法、突现和集体智慧

• 本章编者按

——阿瑟·范·比尔森

从理解城市形态的复杂性来说，这本书本质上是一套创新的技术。为了切实设计“有活力的”城市环境，这种技术是首要的。在这篇总结性文章[a]中，作者进一步表明，有活力的城市形态十分复杂以至于人们不能完全理解它。他的观点并不是哲学理论式的，而是建立在计算机软件的应用基因算法之上的。因此，这本书的结尾开启了城市形态研究的新课题，它的意义超越了这本书的其他部分。

不论演进设计是一些传统的城市肌理，还是一些计算机上的遗传演进算法，这些设计并不总是那么容易为人理解。也就是说，演进的复杂性往往超出了人类大脑的分析能力。在叙述这些例子的基础上，作者强调必须尊重那些并不遵循单纯化模式的现行城市解决方案。他敦促设计人员利用这种演进的复杂性，而不是通过加强他们自己的单纯化模式而忽视它。

在此，即本书的最后一章，作者进一步讨论了这些本质的话题，但它们几乎得不到理解，如突现[b]、自组织、适应性和设计过程本身的基础。人类思想与建成环境之间的互动，相对于以往人们刚刚意识到它的时候来说，显然已发挥了更大的作用。作者指出，这是一种深奥的联系，同时传统的城市方案似乎有种“储存的智慧”，并且这种智慧应该尽量地被推崇为生物的（即人的）智慧。

---

[a]在代尔夫特学院成立大会上演讲的论文，代尔夫特理工大学，2004 年6 月10 日。出版于Katarxis No. 3（2004 年9 月）。

[b]“突现”这一概念已经在第5 章“本章编者按”中做过解释。

插图 P

处于轻轨站及其两侧房屋之间的一条演进的步行路线。连接着阿姆斯特丹（荷兰）市中心和郊区阿姆斯特尔芬（Amstelveen）的这条轻轨线，架设在完全服务于汽车的城市地区上方。这一地区有一小块符合汽车司机意愿的单独场地。沿支路布置的房屋与主要的汽车道路之间设计了最少的联系，并把宽绿带作为噪声屏障。自从人们只能正式地通过汽车支路（一定时间和能量的消耗方式）到达这个轻轨站那一刻起，这条非正式的路线（图 P）就已出现（摄影：艾娜·克拉森）

• 本章正文

自上而下和自下而上这两种适应性设计方法从理论上看起来都是同等的。虽然它们在应用上有着巨大的差异，但这两种方法之间是能够相互扶持的，甚至可以在某一特定项目中相互结合。这两种情况都有赖于传统的解决方案，而这一方案体现了集体智慧产物的建成环境。贯彻实现重建世界的目标，可以为那些基于建筑和城市结构的人类生活提供巨大的支持。

1. 引言

现今，一些开业建筑师仍然采用已经沿用了近 80 多年的设计程序。尽管这些程序是由世界范围的建筑院校所讲授的，然而许多评论家已经指出，这些设计程序并没有包含一些可以产生愉悦、舒适、实用建筑的设计方法。例如，建筑和城市规划师莱昂·克里尔（Leon Krier）声称：它们只是表现个人的臆想而不是坚实的设计基础，这点在那些令人完全不满意的设计作品中体现得十分明显（Krier，1998）。建筑理论家并没有提供一个实用的设计基础，反而声称应坚持 19 世纪 20 年代狭隘和过时的观念，从而发挥心思和精力去创作了一大堆与人类需求无关的作品。

当代建筑批评者认为，当设计开始受到意识形态的驾驭，人类的严重问题就会接踵而至，以至于外观、形式、评价和辩护都不再与人类的建筑用途相关。在这种思想氛围中，人们很容易忽视建成形态对人类感知的影响，并且使用抽象的标准来证明某一建筑风格的合理性。这些标准往往受到那些无关乎人类或者人类与建成环境关系的想法的影响，也会受到那些常常会破坏这种重要关系的想法的影响（Krier，1998）。

接下来讨论的话题是：我们面临一个完全混乱的处境，而唯一的出路就是去理解基于科学分析的可适应性设计方法。我深知，人们已经在 19 世纪 60 年代开始追寻这一目标，但是并没有获得许多持续的结果。建筑学和设计应该以艺术敏感性为基础。然而，当今建筑师的一些基本信条有如此多的惊人错误，因此我认为，我们不能再以这种直觉的方式继续工作了。艺术或直觉的方法在传统建筑文化中当然是有效的，但是当破坏性的影响作用于设计，那么这种方法就会完全失效。种种迹象表明，当今这种情况仍普遍存在。

2. 达尔文的设计

一篇早期的文章（Salingaros and Mikiten，2002）曾提出，所有好的设计必定是具有适应性的，且获得适应性设计的最佳方法是遵循达尔文过程。由此我认为，针对某一项目的一组相似比选设计方案的演化，以及从这些演化阶段中挑选出最具适应性的设计方案，这个过程需要一套选择标准，并以此作为从各种可选择的设计方案中选择或者“剔除”的基础。我是在阐述一种有意图的程序，而不会困惑于一种完全随机的、缺乏选择的扩散性思维。

正如生物进化，选择标准会强烈影响着最终结果的面貌。因此，基于适应性的一套选择标准将产生适应性设计，而基于与某些原型相比较的一套标准将确保最终结果类似于参考原型。生物学中，对不同环境的适应性选择已经发生，进而产生了我们今天认为完全不同的那些动物（实际起源于共同的祖先）。

如果原型本身可以满足设计方案所需，那么通过与原型进行比较的选择就并不一定是件坏事。只要进化的适应性已经产生原型，这种选择就会发生。虽然复制原型的最终结果或许不是最初的可能原型，但是它确能保证是一个强大的有效方法，因为派生设计继承了最初原型的适应属性。传统设计的方法如下：复制一系列原型（这些原型本身已经过几千年的选择演化以适应特定的用途），并且确保最终原型具有适应性。如果原型没有适应当地的影响，那么仅有的问题就会出现。

当原型没有经过演化而是被抑制（即被定义为特殊的），那么复制原型将导致灾难性结果。这种情况在20世纪期间曾大规模地出现，当时人们把那些随意的几何形态描述为建筑和城市的原型。这些原型是建立在抽象推理的基础上，这种推理本身与社会和哲学观念仅有薄弱的联系，但是并没有一个原型涉及人类的活动、功能或情感。匹配这些原型会产生一些非适应性设计，而这些设计从来没有在生理或心理上满足用户的任何舒适性要求（Krier，1998；Salingaros and Mikiten，2002）。

不过，以匹配简单的抽象原型为基础的20世纪设计是非常成功的，因为它很容易在实践中得到运用（Salingaros and Mikiten，2002）。通过计算在该设计方法中的步骤数，就可以论证这一点。我们可以非常粗略地估计在有意的达尔文过程中的步骤数，这些过程与上述每种方法中的选择相对应。数量级的评估：（1）现代主义设计只需要几个（通常少于5个）步骤，以匹配纯几何原型；（2）传统的本土化设计，包括古典的设计，特别要求在20至30个步骤内才能匹配源于传统的原型；（3）并不局限于任何传统形式的创新适应性设计一般可能需要多达100个步骤以演化其适应性。

在设计步骤数中的经济问题方面（这一经济问题是指，在开发设计变量以及在其中选择最合适设计变量过程中的艰苦脑力劳动），现代主义设计确实胜过任何其他设计方法。因此，我们必须认识到它的巨大经济优势。这一经济问题同时还有助于解释20世纪期间现代主义的广泛应用（如上所述）。为了用适应性设计方法取代现代主义设计，人们就必须相信这种改变的益处。

3. 作为设计类推的排序算法

探讨计算问题将有助于说明两种基本的设计方法：（1）有意图的即自上而下的设计；（2）自然演进的即自下而上的设计。它还将帮助我们了解适应性。我主张这两个方法都可以用来获得比较实用的最终产品。接下来将讨论它们在抽象的数学方法上是否是等同的问题。设计适应性的核心问题只能在后文进行阐述。

计算机科学的最新成果对于设计具有重要意义。这个成果在建筑或城市规划的圈子中并不广为人知，因此需要在此加以说明。把设计当作一种算法（即为获得一个特定结果所遵循的一组指令）是有益的。建筑学与计算机科学之间有着紧密的联系。当克里斯托弗·亚历山大在建筑学中引入的"模式"（Alexander, Ishikawa, Silverstein, Jacobson, Fiksdahl-King and Angel, 1977）最终在计算机软件中获得成功的时候（Gabriel, 1996），这种联系就变得明显。

目前的讨论有别于设计模式。最简单的一个可能程序是数字排序程序，它获得一系列数字并把它们排序成越来越多的量级。程序如此简单的原因是它的生成组件（谈及生物体中的DNA所对应的）基本上是两个：比较和交换。这些指令包括比较两个数字大小的指令，也包括把两个数字按原次序排列或者交换它们的其他指令。通过比较指令和交换指令的恰当结合，可以创造一种数字分类算法。

接下来讨论的具体例子是对一组16个数字进行排序。这就是所谓的"$n=16$的排序网络"。即使由最聪明的电脑程序员编写能够排序一组数字的最短（即最优）程序，这也是一种挑战。人们使用越来越少的交换数来编写这个任务的最短程序，具体情况如下：1962年65次交换，1964年63次交换，1969年62次交换，1969年60次交换（Hillis, 1992）。不管能否写出一个更短的程序来完成相同的任务，这一问题总是存在的。

4. 算法的达尔文演化

计算机科学家丹尼·希利斯（Danny Hillis）为演化的数字排序算法制定了达尔

文设置（Hillis，1992，1998）。他通过编制包含随机分布交换组件的无数种程序，选取了在排序数列中取得一定成功的程序。（实际上，希利斯为了排序 16 个数字，他从最成功的现有程序中取出了最前面的 32 次交换，并允许所有随后交换的数字和字符的演化）。然后，他把这些程序结合起来或者将每个程序随机搅乱，并在每次搅乱后检查它们的排序能力。通过在一个最强大的计算机（他自己设计和建造的）上这样无数次的操作，希利斯能够创造出始于基本组件随机组合的一种排序算法。他的成果是得到只有 61 次交换的排序算法。

这些成果的意义十分深远。首先，显著的成果是，达尔文过程从一堆混乱的变换指令中演化出一个程序，而这一程序恰恰与由最好的人脑编制的程序一样有效。完全出人意料的第二个成果是，希利斯无法理解这一演化算法实际上是如何工作的（Hiilis，1998；Johnson，2001）。大约 30 个演化的交换都同属于一个并没有展示可识别排序模式的配置。那么，我们有理由设想，由一个程序人员编写演化的排序算法是不太可能的。

这一个例子表明，达尔文过程不一定要产生一个可以理解的模式（然而，这并不意味着所有的达尔文选择结果都不能得到理解）。我们可以测试这种进化算法，以确保它们的正确性和有效性，然而它们内部的复杂性超乎我们想象，其困难程度可想而知。这种情况在最简单的算法（16 个数字的排序程序）中得以体现。显然，更复杂的系统必定会有更大的、或许无法理解的复杂性。

人类智慧使用已证实的编程方法，编写了具有 60 次交换的程序，而达尔文过程却产生了具有 61 次交换的程序。这些结果从效率上看几乎差不多。这也说明了有关建筑设计的一些问题。基于演化原型的、有意的即自上而下的设计确实可以与演化的即自下而上的设计相比较。有意的和自下而上的两种方法均拿出了比较合适的理想解决方案，而演化方法的结果基本上是意想不到的。

5. 理解模式和建筑

通过理解适应性形态的产生过程，我们可以进一步分析设计方法是如何出现的。设计方法本身就是解释性的。我们无法考虑形态在历史演化中所耗费的时间，例如历经几个世纪建造和修缮的一所教堂，或者历经更长时间演化的一座城市。无论在建筑修建之前的规划阶段，还是在加工建造阶段，设计都以人为加速的实际时间梯度的方式在演化。在施工期间设计可以变更，施工之后一些适应性的改变也是允许的。不过，每一个阶段的形态都是可以理解的，因为它适应周围环境和用途。

自然界的运行都要经历一些复杂过程，这些过程在细节上仍然超乎我们的理解。

我们已了解的物理、化学和生物学原理的巨大数量，与我们仍然不了解的相比，显得相形见绌。科学家尊重自然的复杂性，我们也不断努力加深对自然运行的理解。最重要的是，我们应该避免任意强加对自然界的简单化理解。要是我们这样做，其结果往往是灾难性的。医学、生态、环境中的干预在下列两种情况下是最成功的：（1）当我们利用大量因果观察的基础去指导我们的干预措施；（2）当我们继续了解这一实际过程可能要比我们认为的复杂（Buchanan，2002）。

对排序算法的讨论表明，演化的建筑和城市的解决方案并不一定是可以理解的，但它们仍然是随后可复制的理想原型。亚历山大和他的合著者在《模式语言》一书中描述了建筑和城市的模式（Alexander et al.，1977），在那个时候他们就解释了使用科学数据的一些模式。对于其他模式，他们仅仅认为那些模式是有效的，这主要是因为它们的重复出现，但是却没有什么正式的证据。的确，人们可以如此叙述一个普通原则：因为我们还不知道产生模式的所有因素，所以这些模式，其中大部分已经经过几千年的演变，未必都是可以理解的。

我们很难理解一些当代建筑，其原因无外乎是由于与上述内容存在诸多的不同。它们并没有朝任何目标适应性地发展演化，而是任意的，并且只是有意让人们震惊于它们的分离（Salingaros，2004）。由于这种原因，它们并不类似于那些可以被认为是适应性的东西。他们的《存在的理由》（raison d'être）一书是对空间和形式的有意打破，以便产生观察者心理和生理的焦虑。这里没有秩序可言，只有混乱。我们的学校和媒体目前正在传授着如下观点：这种破坏性的状态是建筑创作的顶峰，而不是虚无主义的危险表达（Salingaros，2004）。

早期现代主义者在相反的方向上也同样是武断的。他们重建环境是基于如下的傲慢假想：他们理解所有预知的东西；他们的简单几何概念对于创造建筑技术和城市的结构，实际上是足够的。此外，他们坚信，编码于建成环境的现存复杂性不但是多余的，而且还由于它阻碍了“科技进步”，因此必须要为人们所排除（Salingaros and Mikiten，2002）。他们被肤浅的外观所蒙蔽，而且只有一个关于19世纪科学的粗略且完全错误的观点（尽管他们吹嘘他们预想和未经考验的观点是“科学的”）。这种态度在医学上注定是致命的。

6. 自上而下与自下而上的设计

我想澄清一个老问题，它阻碍了两个不同设计思想流派间的有益合作。一群建筑师和城市设计师，他们遵循那些可以统称为“经典的”规则。这些规则强加给那些在规划阶段已经深思熟虑的形式。执业者包括正规的古典建筑师、新古典主义者和新城市主义者，他们倾向于应用那些源于希腊罗马和19世纪模式的原型。他们的研究结果是舒适、有序和人本的，并且在我们城市的大规模建筑和城市再生中表现突出（Krier，1998）。

其他的设计流派（被 Brian Hanson 和 Samir Younes 定性为“结构的”（Hanson and Younes，2001））放弃已经开发的几何类型学，反而在每个实例中重新发展出设计方案。这里的执业者经常与潜在用户进行明确和持续的合作，尽力发展现时中的设计。设计和建造过程是自下而上的，而非自上而下的。由于这种方法的主要问题是一些用户的持续影响，他们在建设过程中不断改变形式，其设计通常会演化成一个意想不到的最终状态，正如我们从上述的计算机演变中得来的结果一样。设计流派的一个关键工具是亚历山大等人《模式语言》的应用（Alexander et al.，1977）。这些模式是为适应人类使用和需求而演化出的解决方案。它们是联合的和配置的预案，而不是几何的限制（第 8 章“模式语言的结构”）。

初步看来，这两种设计方法间似乎没什么共同点，然而这两种方法都有赖于达尔文的选择过程。不同之处如下所述。在自上而下的设计过程中，有意的达尔文选择往往发生在以下两种情况下：（1）在过去，由形式语言组成的几何原型发展演化，以适应人类的使用和敏感性；（2）在任何建设开始之前，在设计者思想的虚拟空间里，自上而下的案例使用已证实的形式库。由一个人做出选择是更加有效的，因此设计往往具有较少的合作性，而更多是一个人决定的结果。

在自下而上的设计过程中，我们有一个非常近似的两部分的区分：（1）达尔文过程在过去已经产生了亚历山大模式；（2）达尔文选择进一步发生在初步试验和实际建设的过程中。自下而上的案例具有与自上而下过程相反的特征，在这个案例中许多人在形式的演化过程都有重要的贡献。由于完全不同的方法，自上而下的设计更多依靠几何学和继承的形式语言，而自下而上的方法无需几何原型，而是在以“模式”为代表的设计限定当中工作。

我所提议的自上而下设计专门由传统和古典的原型所组成，这些原型本身已经通过达尔文选择演化了一段时间。自上而下设计的危险是：它可能采用从未演化的原型，并因此不适应人们的需求。同时，以一种非适应性的方式对那些完全适应的原型留下印迹也是可能的，除非这一原型对当地影响非常敏感。通过采用自上而下设计（这种设计允许本章后面所讨论的自组织）当中的一些技术，这个问题可以得到最好的解决。

自下而上的设计有更好的适应机会，但相应的潜在弱点是：除非设计是有意的，并且选择是受人类需要的适应性所控制，否则设计就会变得十分随机。然而，无组织的生长寄生于健康的建筑形式和城市结构，正如寄生于生物组织。这种生长既不是适应性的，也不是自组织的结果。它代表了与整体无关的结构增殖。演化的形式产生有组织的复杂性，而随机生长产生无组织的复杂性（Salingaros，2004）。组织的原则通常非常复杂，以至于它们得到了演进的解决方案的帮助；这些方案使我们重新依靠自上而下的组织方法（虽然强调不是依靠形式的强加）。

几十年来，人们往往认为自上而下和自下而上的设计方法代表着相反的和互相矛盾的两种方法。人们可以追寻刘易斯·芒福德（Lewis Mumford）与简·雅各布斯之间恰恰针对这种差异的著名的（和非常遗憾的）争论。我和诸如汉森和尤内（Hanson and Younés，2001）等其他作者都不相信这种差异将会是实质性的，而只是应用性的。的确，在两种各自的设计实践中，实际的设计操作将遵循不同的路径，但是两个过程均依靠一个基本类似的数学结构，也因此相互依靠。这两种设计方法均可以产生与人类功能和情感相适应的最佳结果。

在某些情况下，采用自下而上的设计或者传统的自上而下的设计，都更加有效。传统的自上而下的设计带来一致的、可预见的结果，而自下而上的设计带来意想不到的、更新颖的形式。新颖和更大自由的代价需要有更多的步骤，因此，相应的也需要在该项目中投入更多的时间。将自下而上设计与传统的自上而下设计相结合的这种可能性已经得到汉森和尤内的提议（Hanson and Younés，2001）（在他们称之为“第三条道路”的书当中）。适应性设计过程本来就存在，不同的设计者可以选择在虚拟环境（也就是在他们大脑中）或者现实世界中进行设计步骤操作。在后一种情况中，让更多的人参与到选择过程是可能的，以使得设计变得具有“参与性”。

7. 集体智慧

这部分引用了弗朗西斯·海拉恩（Francis Heylighen）的著作（1999）。海拉恩把智慧定义成解决问题的能力。由于单独的个体并没有所需的精神能力，智慧具有一种突现的属性，有时这种情况也发生在诸如白蚁和蜜蜂这样的群居性昆虫群体当中（Johnson，2001）。以人类为例，每一个体确实都有高级智力，但是为了解决复杂的问题，有时综合一些想法也是必要的（Heylighen，1999）。一座城市常常会以一些复杂的机制在运行，而任何人都无法完全理解所有这些机制。无论在空间分组中还是在时间观点上，历时建成的城市都是共同行动的几代人集体智慧的产物。

虽然自上而下与自下而上的设计实施之间存在区别，但是两者都以非常不同的方式体现集体智慧的应用。自下而上的方法产生设计方案的选择过程，实质上就是许多个体介入的行动和决策的结果。一个集体设计项目包含了来自于建筑师（或一群建筑师）、终端用户和环境因素的选择。扮演集体智慧的这些代理人感知到所有这些影响因素，并将其输入到选择过程中。由于这些影响因素的数量和复杂性，自下而上过程中个体设计师不一定能感知到这些因素。

适应性的自上而下实施也使用集体智慧。建成环境是一个共同的存储信息库。现代主义之前的建成建筑保存着与形式和结构相关的发展信息，这些形式和结构与人类的生理、感官和心理需要相适应。这信息代表了无数个体的劳动和历经岁月的集体努力。它具有方便每一个人的优点。存储于书本的信息直到最近才仅仅为受教育阶层所使用，而存储于建成形式的信息不像前者，它们具有直接便利性，并可以作为一个正在运行的社会记忆库。

这样一个集体记忆的存储容量，远远大于任何个体的记忆容量（Heylighen，1999）。来源于传统类型学（这些类型学扩大了个体设计师或群体设计师的智慧）编码信息的使用，有助于自上而下的设计。因此，通过整合过去其他人的经验，利用传统类型学的自上而下设计的实施，可以把人类智慧延伸到建成环境中去。另一方面，现代主义者针对传统建筑环境的蓄意破坏，抹去了社会的集体记忆。这种行为削弱了社会的集体智慧，严重限制了建筑和城市问题的解决能力。

建成环境是适应性设计方案在其中得以演化（并仍在发展演化）的媒介。创新设计的探索不仅依赖于选择，而且依赖于检查存储于集体（建成的）记忆的适应性案例。适应性设计可以提高人的生活品质；它们是人类健康机能不可分割的一部分。破坏生活的设计就像病症；如果人们认为这种设计像这样的话，它们通常就会拒绝接受它。一个特定人群（难以置信，这些学科的专业人士）一直在孵化建筑和城市尺度上的一种病态结构类型。当人类智慧不再扩展到建成环境，它便不能保护我们免于遭受因此而扩散的建筑和城市病症。

在自然科学中，人类思想与周围环境联系起来的成果正在逐步积累。我们所建造的东西反映了我们如何思考，这一事实正变得越来越明显；建筑和城市试图适应变化的环境，正如一个聪明的实体试图在其环境中改变。适应性设计解决了一个问题，问题的解决就是被定义成智慧的东西（Heylighen，1999）。这需要一些遴选方案的自由演化、无约束的反馈以及适当的选择机制。系统中的积极反馈有助于产生竞争方案库，而消极反馈则确定那些非适应性的方案。

具有组织性和复杂性的人类观念几乎完全编码于我们的史前器物和建成环境。我们对自然复杂性的观察加强了对复杂性的先天把握，这种把握使我们所有的技术成就变得可能。这方面的知识并没有转译为一个复杂性的一般理论公式；我们确实知道的大量东西常常是运行在一个直觉层面。描述组织性和复杂性的那些模型都非常新，远比那些复杂机器和软件的运行案例更加受限。为理解（或创造）被组织的复杂性，我们的集体智慧往往依赖于存储在环境中的信息，但是外部建成记忆库中的建筑和城市组成正在以惊人的速度被抹去。

8. 突现与自组织

每座城市、每片城市肌理、每座建筑都是突现的产物。这表达了一个观点，即整体大于部分之和；在最好的情况下，城市和建筑组件集合起来，可以建立一个可以承担自身“生活”的联合体（Johnson，2001）。人类最伟大的建筑和城市的联合体只是由砖块、木头、石块和瓦片等造成。然而它们却超越了自身的材料属性，并且在观察者当中激发深刻的情感。这就是突现的表现。平凡材料的连贯连接可以产生一些意义深刻的东西。在过去的几个世纪里，人们明白了在一些宗教方面的这个过程：狂喜的体验自然是与伟大的建筑和城市空间相联系的。

相反的结果也具有启发性。许多狂妄的建筑师和业主曾尝试（未获成功）通过使用徒有其表和最昂贵的材料，进而去创造令人印象深刻的结构。在许多情况下，这种结果通常都是十分平庸的，而一个真正伟大的建筑可能被认为是由普通甚至便宜的（不贵重，但并不是假冒的）材料所组成。与人类沟通的东西是全体的总体连贯性，即所有集合组件的突现属性。

系统中的突现属性或许可被理解为组织连接结构，这种结构的演化建立在这些组件之上（Johnson，2001）。这类似于一个句子的含义，这个句子相对于没按特定顺序排列的一些单独字母。突现被认同为信息、意义、学习和连接子系统。所有尺度的建筑和城市组件是信息编码的物质基底，信息的组织产生了意义。传统的建筑和“模式”都包含了一些连接规则，这些规则都可以通过排序和连接一些建成组件而产生意义。简单的建筑语言阻碍了突现。

突现系统是不可简化的：它们不能仅仅根据自身的组件来理解，正如一个句子的含义不能仅仅通过认识那些使用的字母来交流。突现始终是演化的产物，这使我们回到易读性的问题上来。在复杂性中，演化的人造系统最终达到一个复杂性的极限。要是超越这一极限，理解它们如何作为整体进行工作就变得困难。即使如此，也不应该阻止我们去使用它们。无论我们是否有一个复杂的程序，传统的混合使用的城市肌理、或者传统的建筑形式和“模式”等这些解决方案，它们都可以代表方案的一个发展探索。

建筑或城市规模的突现方案，恰恰由于其新颖性，可能会令人惊讶，也可能因强加一个简单易懂的形式而被排除。这就是现代主义和法西斯主义建筑学阻止突现的方式。传统建筑学接受并组织新颖性，以使之具有适应性。然而，这个时候，为了创造新颖性，随意且不可理解的形式常常被强加进来。这种方式反映了在建筑和城市领域对形态生成的根本误解，这已经不幸地愚弄了大众。这种非适应性新颖形态尚未演化形成。它们并不是解决方案，因此它们并不会增加我们的集体智慧。

要是任何动态的复杂系统能做到这样，它们都会尽量组织其复杂性以优化能量流动。虽然这种反应或自组织并不总是能得到人类赞成或理解，但是它可以被解释为一种“学习”。前面讨论的排序算法是突现的，并且有时候突现带来了意想不到的属性，这一点以前也已谈到。一个不是供人们使用的系统可能会发展出一些意外的特征和不想要的（不是特别有用，甚至是有害的）属性。毕竟，病毒是演化的产物。

自组织是一种系统属性，这种系统使用内部力量去影响其自身的结构或生长。也就是说，这一系统的产生是依靠它发展内部连贯性的一些算法。我们可能不完全理解自组织是如何工作的，但是在许多自然系统中它是可以看到的。例如，雪花、蜘蛛网、花椰菜、液体中的漩涡和环纹等都呈现出自组织的特性。要是任何自然模式体现了在每一放大级别上的组织性，那么这些模式都是一些自组织机制的产物。

然而，自组织和适应性之间有着重要区别。自组织主要是通过内部的制约来推动的，然而适应性则是通过外部的制约来推动的，因此该系统必须是开放的。一个系统可以自组织但不具有适应性。它独立于其周围环境，也就是说，它是封闭的（Johnson，2001）。一个复杂的分形不需要去适应在其对称性之外的任何东西。在这种情况下，无论它在哪里生长，它都发展成同样复杂的模式。另一方面，无论一个适应性系统是否自组织，它都是根据其周围环境的输入来发展。雪花型城市规划因其带来的分形界面或许显得十分有趣，但它并不适应人类活动。建筑物上的分形模式也是一样，它实际上只是一个抽象装饰。

9. 适应性和反馈

适应性的关键是有一个反馈机制。如果没有反馈，也就没有了为生成复杂系统而将周围信息合并进入算法的途径。为了自身的功能，大脑和活的结构都是依靠大量的反馈。死的事物没有反馈。早期现代主义者之后的当代建筑已省却反馈。建筑师们希望把呆板的抽象形式强加给并不质疑他们的那些人。事实上，有关建筑和城市形态及功能的任何反馈都被认为是令人生厌的，这是因为它暗示着最初的“理想”形态并不完美。

反馈是一种双向影响，这种影响发生在两种截然不同的环境中：（1）在同样大小的系统组件之间；（2）在系统的不同层级之间。单元和机制在任何层次上平行运作，它们的输出有利于彼此双方以及一些更高的层级。适应性系统将使用反馈去影响那些较小和较大的层级。要是没有反馈，那么或者没有连贯性，或者连贯性是无组织的，也就是说，与在连贯的复杂系统中连贯性所需要的东西相对立。

自上而下实施中的主要缺陷在于：这种实施可能忽视了使其真正具有适应性的影响因素。保证不发生这种情况的唯一办法是确保每一个设计步骤适应当前形势。通过聚焦这一过程的每个步骤，个人应该从最终结果中摆脱出来，以至于体谅与最初严格目标的分歧。通常情况下，最好的成果始于最初的仔细安排（Highsmith，2000）。相比之下，直接进入固定的最终产品没有必要按照一系列步骤（每一个步骤都具有适应性），如此的话，最终的结果就会更加脆弱。

现代主义建筑师用精确和优雅来代替人的联系，使人们感到困惑不解。“精确”表示与人类的使用或敏感性无关的机械理想相匹配。这是一个与纯几何相关的严格抽象概念。另一方面，适应人体舒适性就要放弃机械的精度，因为满足人类需要的结构通常是不精确的且具有较强适应性。众所周知，人类最令人难忘和鼓舞人心的建筑成就不会极其精确，也不会完全一致，同时也没有遵从绝对的几何学。而且，民居建筑比今天任何大规模生产的建筑更加令人舒心。它通过高度重视情绪和感觉反馈以及非机械的精确性要求不断发展演化。

适应性设计根据其如何满足使用要求的目标而发展演化。它适应各种条件，通常不得不处理与其内部和外部影响相关的关系。例如，如果一座建筑物的设计逐渐演化以满足未来居住者的需要，那么这座建筑将初步具有适应性。考虑到满足新居住者的当前需求，建筑结构的适应性根据其构造需要做些改变；通过这一方式建筑物在建成之后也可以演化。虽然一些建筑学者没有充分认识到第二种适应性，然而这种适应性在实践中却十分普遍，这也是几个时代成功建筑的特征（Brand，1995）。

由于建筑本身已经从反馈机制中脱离开来，即使谈论建筑的适应性也是相当地困难。相反，适应性是其他学科最明显的特征。例如，在计算机科学，这种检验是直截了当的，也是必需的：程序是否在运行？这一程序在计算所设想的东西吗？反馈是即时的。如果一个程序崩溃，或者如果它运行，但是给出的结果经过独立检查被认为是错误的，那么该程序则是行不通的。在建筑学中我们确实没有一个可比拟的、可靠的适应性检验，恰恰在本学科基础中的这一空缺已经造成了诸多问题。

在当代建筑师做什么的这一比拟中，我将使用之前讨论的排序算法。作为一个假设的例子，建筑理论家可能采取任意一套变换和比较的方法，并宣称它们是一个程序。他们宁愿仔细避免运行这个程序，因为这将使他们的一个主张迅速失效；这个主张认为，许多行编码的混乱组合实际上可以做任何事情。他们的理由仅仅依靠肤浅的外表：“因为许多行编码看起来像一个程序，这就是编程当中的所有东西”。

而且，他们跟随着法国解构主义哲学家，或许会走得更远，并宣称这一非程序的不可理解性将成为一种哲学优点（Salingaros，2004）。如果某人随机挑选 55 个切换指令，并宣布一个针对 $n=16$ 排序网络的新优胜者，甚至没有在计算机上运行任何程序，我可能也不会感到惊讶。

10. 结论

建筑学需要建立在对适应性设计原理科学认识的基础上。我利用计算机程序（数字排序算法）的演化来证明这一观点，同时亦描述了在设计中的达尔文过程及其作用，并解释了演进的解决方案获得了通常超出个人智慧的复杂性。因此，传统的建成环境是集体智慧（诸如群居昆虫所表现出来的）的产物，这种智慧加深了人们对形态的理解。适应性自上而下和自下而上设计方法的解释是参考那些来源于复杂性理论的成果。过去的误解认为自上而下和自下而上的方法是相互矛盾的，这一误解目前已经为人们所消除。事实上，只要这两种方法真正具有适应性，而且它们从数学上看就是相当的。

我还批评了在过去几十年的广泛应用中非适应性设计方法的任意性。建筑师采用单纯化的图像驱动类型学，取代了适应人类需求的历史解决方案。他们暴露出了对设计角色完全缺乏理解的严重缺陷。他们还把傲慢态度带到专业中来，并把它与那些非适应性设计方法相结合，使建成环境变得更加功能紊乱甚至野蛮。显然，尽管依据适应性原则进行设计的主张被不断重申且广为人知，但当代建筑和城市化的这些趋势却没有减弱的迹象。我认为，现在正是重建一个能更好支持人类生活环境的千载难逢的大好时机。本章为这一行动提供了基础。

参考资料

A

Albert, R. , Jeong, H-W. and Barabási, A-L. (1999) "Diameter of the World-Wide Web", *Nature*, Vol, 401, pp. 130.

Alexander, C. (1964) *Notes on the Synthesis of Form*, Cambridge, Massachusette: Harvard University Press.

Alexander, C. (1965) "A City is Not a Tree", *Architectural Forum* Vol. 122, No. 1, pages 58-61and No. 2, pages 58-62. Translated into many languages. Reprinted in: *Design After Modernism*, Edited by J. Thackara, Thames and Hudson, London (1988) pp. 67-84. Published electronically by *RUDI* (2001): http://www. rudi. net/bookshelf/classics/city/alexander/alexander 1. shtml (editor: link checked April, 2005).

Alexander, C. , Silverstein, M. , Angel, S. , Ishikawa, S. & Abrams, D. (1975) *The Oregon Experiment*, Oxford University Press, New York. French translation: *Une Expérience d'Urbanisme Démocratique*, Éditions Seuil, Paris, 1976.

Alexander, C. , Ishikawa, S. , Silverstein, M. , Jacobson, M. , Fiksdahl-King, I. and Angel, S. (1977) *A Pattern Language*, New York: Oxford University Press. Spanish translation: *Un Lenguaje de Patrones*, Editorial Gustavo Gill, Barcelona, 1980.

Alexander, C. (1979) *The Timeless Way of Building*, Oxford University Press, New York.

Alexander, C. , Neis, H. , Anninou, A. and King, I. (1987) *A New Theory of Urban Design*, New York: Oxford University Press.

Alexander, C. (2002) *The Nature of Order*, Berkeley, California: The Center for Environmental Structure.

Allegrini, P. , Barbi, M. , Grigollini, P. and West, B. J. (1995) "Dynamical Model for DNA Sequences" *Physical Review E*, Vol. 52, 5281-5296.

Allen, P. M. (1997) *Cities and Regions as Self-Organizing Systems: Models of Complexity*, Amsterdam: Gordon and Breach.

B

Bacon, E. N. (1974) *Design of Cities*, Harmondsworth , Middlesex, England, Penguin Books.

Barabási, A. L. (2002) *Linked: The New Science of Networks*, Perseus Publishing, Cambridge, Massachusetts.

Batty, M. and Xie, Y. (1996) "Preliminary Evidence for a Theory of the Fractal City", *Environment and Planning A*, Vol. 28, pp. 1745-1762.

Batty, M. and Longley, P. (1994) *Fractal Cities*, London: Academic Press.

Bollobás, B. (1985) *Random Graphs*, London: Academic Press.

Bonner, J, T., (1988) *The Evolution of Complexity by Means of Natural Selection*, Princeton, New Jersey: Princeton University Press.

Booch, G. (1991) *Object Oriented Design*, Redwood City, California: Benjamin/Cummings.

Bovill, C. (1996) *Fractal Geometry in Architecture and Design*, Boston: Birkhäuser.

Brand, S. (1995) *How Buildings Learn*, New York: Penguin Books.

Buchanan, M. (2002) *Nexus: Small Worlds and the Groundbreaking Science of Networks*, New York: W. W. Norton & Company.

C

Calder, W. A., (1984) *Size, Function and Life History*, Cambridge, Massachusetts: Harvard University Press.

Castells, M. (1989) *The Informational City*, Blackwell, Oxford.

Charles Prince of Wales (1989) *A Vision of Britain*, London: Doubleday.

Collins, G. R. and Collins, C. C. (1986) *City Planning According to Artistic Principles, by Camillo Sitte* (New York, Random House). [*Der Städte-Bau*, Carl Graeser Verlag, Vienna, 1901].

Coplien, J. O. and Schmidt, D., Ed. (1995) *Pattern Languages of Program Design*, Addison-Wesley, Reading, Massachusetts.

Courtois, P.-J. (1985) "On Time and Space Decomposition of Complex Structures", *Communications of the ACM*, Vol. 28, pp. 590-603.

Coward, L. A. (1990) *Pattern* Thinking , New York: Praeger.

Coward, L. A. (2000) "A Functional Architecture Approach to Neural Systems", *Systems Research and Information Systems*, Vol. 9, 69-120.

Coward, L. A. (2001) "The Recommendation Architecture: Lessons from Large-Scale Electronic Systems Applied to Cognition", *Journal of Cognitive Systems Research*, Vol. 2, 111-156.

Cullen, Gordon (1961) *The Concise Townscape*, Oxford: Butterworth.

D

Dovey, K. (1990) "The Pattern Language and its Enemies", *Design Studies* Vol. 11, pp. 3-9.

Drewe, P. (1999) "In Search of New Concepts of Physical and Virtual Space" . In: *Proceedings of the Conference: "Cities in the Global Information Society: an International Perspective"*, University of Newcastle, Newcastle-upon-Tyne, November 22-24.

Published in: M. Schrenk (ed.), *Beitrage zum* 5. *Symposion " Computergestützte Raumplanung" —CORP* 2000, Volume 1, Vienna University of Technology, 37-44.

Drewe, P. (2000) "ICT and Urban Form: Planning and Design Off the Beaten Track", *Delft University of Technology*, Design Studio 'The Network City', Faculty of Architecture.

Droege, P. (ed.), (1997) *Intelligent Environments*, Amsterdam: Elsevier.

Dupuy, G. (1991) *L'Urbanisme Des Réseaux*, Paris: Armand Colin.

Dupuy, G. (1995) *Les Territoires de l'Automobile*, Paris: Anthropos.

E

Edelman, G. M. and Tononi, G. (2000) *A Universe of Consciousness*, New York: Basic Books.

Eilenberger, G. (1985) "Freedom, Science, and Aesthetics", in: *Frontiers of Chaos.* Edited by: H. O. Peitgen and P. H. Richter (Bremen, Germany, MAPART, Forschungsgruppe Komplexe Dynamik der Universität) pp. 29-36.

Elia, M. M. (1996) *Louis Henry Sullivan*, New York, Princeton Architectural Press.

Erickson, T. (2000) "Lingua Francae for Design: Sacred Places and Pattern Languages", in: *Proceedings of the ACM Conference on Designing Interactive Systems 2000*, New York: ACM Press, pages 357-368. [Brooklyn, New York, August 17-19, 2000].

F

Fathy, H. (1973) *Architecture for the Poor*, University of Chicago Press, Chicago.

Fischler, M. A. and Firschein, O. (1987) *Intelligence: The Eye, the Brain, and the Computer*, Reading, Massachusetts: Addison-Wesley.

Frankhauser, P. (1994) *La Fractalité des Structures Urbaines*, Paris: Anthropos.

Friedman, A. (1997) "Design for Change: Flexible Planning Strategies for the 1999s and Beyond". *Journal of Urban Design*, Vol. 2, pp. 277-295.

G

Gabriel, R. (1996) *Patterns of Software.* New York: Oxford University Press.

Gamma, E., Helm, R., Johnson, R. and Vlissides, J. (1995) *Design Patterns*, Reading, Massachusetts: Addison-Wesley.

Garlan, D., Allen, R. and Ockerbloom, J. (1995) "Architectural Mismatch, or Why it's hard to build systems out of existing parts". In: *Proceedings of the Seventeenth International Conference on Software Engineering*, *IEEE Computer Society*, New York: ACM Press, 179-185. Revised version in: *IEEE Software* 12 (November 1995) 17-26.

Garnsworthy, A. and O'Connor, K. (1997) "Knowledge-Based Manufacturing and Regional Change", in: *Intelligent Environments.* Edited by: P. Droege, Amsterdam: Elsevier, pp. 87-97.

Gehl, J. (1987) *Life Between Buildings*, New York: Van Nostrand Reinhold. [reprinted by

Arkitektens Forlag, Copenhagen, Denmark, Fax 45 33912770].
Gleick, J. (1987) *Chaos*, New York: Viking/Penguin.
Graham, S. and Marvin, S. (1996) *Telecommunications and the City*, London: Routledge.
Graham, S. and Marvin, S. (2001) *Splintering Urbanism*, London: Routledge.
Greenberg, M. (1995) *The Poetics of Cities*, Columbus: Ohio State University Press.

H

Habraken, N. J. (1998) *The Structure of the Ordinary*, Cambridge, Massachusetts: MIT Press.
Hallowell, E. M. (1999) "The Human Moment at Work", *Harvard Business Review* (January-February 1999) 58-66.
Hanson, B. and Younés, S. (2001) "Reuniting Urban Form and Urban Process", *Journal of Urban Design* 6: 185-209.
Hester, R. T. (1993) "Sacred Structures and Everyday Life: A Return to Manteo, North Carolina", in: *Dwelling, Seeing, and Designing*, Edited by: David Seamon, New York: State University of New York Press, Pages 271-297.
Heylighen, F. (1999) "Collective Intelligence and its Implementation on the Web", *Computational and Mathematical Organization Theory* 5: 253-280.
Highsmith, J. A. (2000) *Adaptive Software Development.* New York: Dorset House Publishing.
Hillier, W. R. G. and Hanson, J. (1984) *The Social Logic of Space*, Cambridge: Cambridge University Press.
Hillier, B. (1996) *Space is the Machine*, Cambridge: Cambridge University Press.
Hillier, B. (1997) "Cities as Movement Economies", in: *Intelligent Environments.* Edited by: P. Droege, Amsterdam: Elsevier, pp. 295-342. Appears as Chapter 4 of: Bill Hillier (1996) *Space is the Machine*, *Cembridge*: Cambridge University Press.
Hillier, B. (1999) "The Hidden Geometry of Deformed Grids", *Environment and Planning B*, Vol. 26, pp. 169-191.
Hillis, W. Daniel, (1992) "Co-Evolving Parasites Improve Simulated Evolution as an Optimization Procedure". In: *Artificial Life II*, edited by C. G. Langton, C. Taylor, J. D. Farmer & S. Rasmussen. Reading, Massachusetts: Addison-Wesley, pages 313-324.
Hillis, W. D. (1998) *The Pattern on the Stone.* New York: Basic Books.

J

Jacobs, J. (1961) *The Death and Life of Great American Cities*, New York: Vintage Books.
Johnson, S. (2001) *Emergence.* New York: Scribner.

K

Kauffman, S. (1995) *At Home in the Universe*, New York: Oxford University Press.

Kaye, B. H. (1994) *A Random Walk Through Fractal Dimensions*, 2nd Edition, Weinheim, Germany: VCH Verlagsgesellschaft.

Krier, L. (1998) *Architecture: Choice or Fate.* Windsor, Berkshire, England: Andreas Papadakis. French translation: *Architecture: Choix ou Fatalité*, Norma, Paris, 1996. Italian translation: *Architettura: Scelta o Fatalità*, Editori Laterza, Roma-Bari, 1995.

Krier, R. (1979) *Urban Space*, New York: Rizzoli.

Kunstler, J. H. (1996) *Home From Nowhere.* New York: Simon & Schuster.

L

Light, J. (1999) "From City Space to Cyberspace". In: M. Crang, P. Crang, and J. May (eds.), *Virtual Geographies*, London: Routledge, 1999, 109-130.

Lotka, A. J. (1926) "The Frequency Distribution of Scientific Productivity", *J. Washington Academy of Scienses* Vol. 16 317-323.

Lotka, A. J. (1956) *Elements of Mathematical Biology*, New York: Dover.

Lozano, E. E. (1990) *Community Design and the Culture of Cities*, Cambridge: Cambridge University Press.

Lynch, K. (1960) *The Image of the City*, Cambridge, Massachusetts: MIT Press.

M

Madanipour, A. (1996) *Design of Urban Space*, Chichester, England: John Wiley.

Makse, H. A., Havlin, S. and Stanley, H. E. (1995) "Modelling Urban Growth Patterns", *Nature*, Vol. 377, pp. 608-612.

Mandelbrot, B. B. (1983) *The Fractal Geometry of Nature*, New York: Freeman.

Mehaffy, M. W. and Salingaros, N. A. (2002) "The End of the Modern World", *PLANetizen*, www.planetizen.com, January. Reprinted by *Open Democracy*, www.opendemocracy net [Online], February 2002. (editor: checked April 2005).

Meier, R. L. (1962) *A Communications Theory of Urban Growth*, Cambridge, Massachusetts: MIT Press.

Mesarovic, M. D., Macko, D. and Takahara, Y. (1970) *Theory of Hierarchical Multilevel Systems*, New York: Academic Press.

Mikiten, T. M., Salingaros, N. A. and Yu, H. (2000) "Pavements as Embodiments of Meaning for a Fractal Mind", *Nexus Network Journal*, Vol. 2, pp. 63-74.

Miller, G. A. (1956) "The Magical Number Seven Plus or Minus Two: Some Limits on Our Capacity for Processing Information", *The Psychological Review*, Vol. 63, pp. 81-97.

Miller, J. G. (1978) *Living Systems*, New York: McGraw-Hill.

Moughtin, C. (1992) *Urban Design: Street and Square*, Oxford: Butterworth.

Moughtin, C. Oc, T. and Tiesdell, S. (1995) *Urban Design; Ornament and Decoration*,

Oxford, England: Butterworth.

N

Newman, P. and Kenworthy, J. (1999) *Sustainability and Cities*, Washington D. C. : Island Press.

Nyikos, L. , Balazs, L. and Schiller, R. (1994) "Fractal Analysis of Artistic Images: From Cubism to Fractalism", *Fractals* 2, 143-152.

P

Pareto, V. (1897) *Cours d'Economie Politique*, Lausanne, Switzerland.

Parnas, D. L. , Clements, P. C. and Weiss, D. M. (1985) "The Modular Structure of Complex Systems", *IEEE Transactions on Software Engineering* SE-11, 259-266.

Passioura, J. B. (1979) "Accountability, Philosophy, and Plant Physiology", *Search* (*Australian Journal of Science*), Vol. 10 No. 10, pp. 347-350.

Paumier, C. B. (1988) *Designing the Successful Downtown*, Washington, D. C. : Urban Land Institute.

Peters, R. H. (1983) *The Ecological Implications of Body Size*, Cambridge: Cambridge University Press.

Portugali, J. (2000) *Self-organization and Cities*, Heidelberg: Springer-Verlag.

Pree, W. (1995) *Design Patterns for Object-Oriented Software Development*, Reading, Massachusetts: Addison-Wesley.

R

Ribeiro, G. (1997) "An Ecological Approach to the Study of Urban Spaces: the Case of a Shantytown in Brasilia", *Journal of Architectural and Planning Research*, Vol. 14, pp. 289-300.

Robertson, L. (1995) "A New Theory for Urban Design", Urban Design Quarterly, Vol. 56, pp. 11-13.

S

Sahal, D. (1981) *Patterns of Technological Innovation*, Reading, Massachusetts: Addison-Wesley.

Salingaros, N. A. (1995) "The Laws of Architecture from a Physicist's Perspective", *Physics Essays*, Vol. 8, pages 638-643. Traducción en espa ñol: "Las Leyes de la Arquitectura desde la Prespectiva de un Físico", *El Hombre yla Máquina*, No 16 (Abril de 2001) páginas 12-23. Republicado en: *La Simetria* (Febrero de 2002) .

Salingaros, N. A. (1997) "Life and Complexity in Architecture From a Thermodynamic Analogy", *Physics Essays*, Vol. 10, pp. 165-173.

Salingaros, N. A. (1998) "A Scientific Basis for Creating Architectural Forms", *Journal of Architectural and Planning Research* 15, 283-293.

Salingaros, N. A. (1999) "Architecture, Patterns, and Mathematics", *Nexus Network Journal.* Vol 1, pp, 75-85.

Salingaros, N. A. (2000) "Hierarchical Cooperation in Architecture, and the Mathematical Necessity for Ornament", *Journal of Architectural and Planning Research*, Vol. 17, pp. 221-235.

Salingaros, N. A. (2001) "Fractals in the New Architecture", *Archimagazine.* Reprinted in Katarxis No. 3 (September 2004). Traduzione in italiano: "I Frattali Nella Nuova Architettura", *Archimagazine* (2001).

Salingaros, N. A. (2004) "Charles Jencks and the New Paradigm in Architecture" Part 2 of *Anti-Architecture and Deconstruction*, Umbau-Verlag, Solingen, 2004, pp. 41-55. Shortened version in *Chaos & Complexity Letters*, Vol. 1, No. 2 (2004), pp. 101-106.

Salingaros, N. A. and Mikiten, T. M. (2002) "Darwinian Processes and Memes in Architecture: A Memetic Theory of Modernism", *Journal of Memetics—Evolutionary Models of Information Transmission*, Vol. 6. Reprinted in: *DATUTOP Journal of Architectural Theory*, Vol. 23 (2002), pages 117-139.

Shannon, C. E. and Weaver, W. (1949) *The Mathematical Theory of Communication.* University of Illionis Press, Urbana.

Simon, H. A. and Ando, A. (1961) "Aggregation of Variables in Dynamic Systems", *Econometrica*, Vol. 29, pp. 111-138.

Simon, H. A. (1962) "The Architecture of Complexity", *Proceedings of the American Philosophical Society*, Vol. 106, pages 467-482. Reprinted in: Herbert A. Simon, *The Sciences of the Artificial*, M. I. T Press, Cambridge, Massachusetts, 1969. pages. 84-118.

Sörgel, H. (1918) *Einführung in die Architektur-Ästhetik*, Munich, Piloty & Loehle.

Steen, L. A. (1988) "The Science of Patterns", *Science* Vol. 240, pp. 611-616.

Stringer, P. (1975) "The Myths of Architectural Creativity", *Architectural Design*, Vol. 45, pp. 634-635.

V

Van der Ryn, S. and Cowan, S. (1996) *Ecological Design*, Washington, D. C.: Island Press.

W

Ward, V. and Holtham, C. (2000) "The Role of Private and Public Spaces in Knowledge Management". In: *Knowledge Management: Concepts and Controversies*, 10-11February 2000, University of Warwick, Coventry, UK.

Watts, D. J, and Strogatz, S. H. (1998) "Collective Dynamics of 'Small-World' Networks", *Nature*, Vol. 393, pp. 440-442.

Weaver, W. (1948) "Science and Complexity", *American Scientist* Vol. 36, pages 536-544.

West, B. J. and Deering, W. (1994) "Fractal Physiology for Physicists: Lévy Statistics", *Physics Reports* 246 Nos. 1&2, 1-100.

West, B. J. and Deering, B. (1995) *The Lure of Modern Science*, Singapore: World Scientific.

West, B. J. and Salk, J. (1987) "Complexity, Organization and Uncertainty", *European J. Operations Research* 30, 117-128.

West, B. J. and Shlesinger, M. (1990) "The Noise in Natural Phenomena", *American Scientist* 78, 40-45.

Whyte, W. H. (1980) *The Social Life of Small Urban Spaces*, Washington, D. C.: The Conservation Foundation.

Wiedenhoeft, R. (1981) *Cities for People*, New York: Van Nostrand Reinhold.

Willis, J. C., (1922) *Age and Area: A Study in Geographical Distribution and Origin of Species*, Cambridge, England: Cambridge University Press.

Z

Zipf, G. K. (1949) *Human Behavior and the Principle of Least Effort*. Cambridge, Massachusetts: Addison-Wesley.

尼科斯·A·萨林加罗斯

尼科斯·A·萨林加罗斯是一位执业城市设计师和建筑理论家，同时又有科学家和数学家的背景，在建筑理论界有着很大的影响，在最近世界范围内举办的一次"有史以来最杰出的思想家"的网络投票中名列第11位。他目前是美国得克萨斯大学圣安东尼奥分校数学系教授、传统建筑与城市地区国际组织成员。他是建筑理论界著名学者亚历山大的合作伙伴，研究领域集中在城市与建筑理论、复杂性理论和设计哲学方面。他在世界各地与知名业者合作开展业务，并把其来源于数学、科学和建筑学相互关系的独到理论见解应用到建筑和城市设计中。他的作品包括《建筑论语》*1(A Theory of Architecture)、《反建筑与解构主义新论》*2(Anti-Architecture and Deconstruction) 和《城市结构原理》(Prinîples of Urban Structure) 等，曾被译成世界多种语言，在学校、建筑同行和政府机构中流传广泛，被认为是锻造了新人文主义和传统建筑永恒真理相结合的创新思想的科学基础。

阿瑟·范·比尔森

阿瑟·范·比尔森是一位应用物理学家，目前正在代尔夫特理工大学建筑学院城市规划系做关于城市设计与规划中的数学的博士论文。

注：*1《建筑论语》2010年1月出版
ISBN 978-7-112-11548-8 (18818)
16开 49元

*2《反建筑与解构主义新论》2010年1月出版
ISBN 978-7-112-11507-5 (18819)
16开 38元